三角代数及其相关代数上的映射问题

王　宇　著

科　学　出　版　社

北　京

内 容 简 介

本书介绍了近几年关于三角代数及其相关代数上映射问题的研究成果. 前 9 章介绍了多重交换化映射、强交换保持广义导子、Lie 多重导子、双导子、Lie 同构、Jordan 满同态等结果. 后 3 章介绍了函数恒等式和极大左商环在三角环上的应用. 具有一定近世代数基础的读者能够阅读本书的大部分内容.

本书可供代数方向的研究生和相关研究人员使用, 也可作为数学专业大学生的专业课以及毕业论文写作参考书.

图书在版编目(CIP)数据

三角代数及其相关代数上的映射问题/王宇著. —北京: 科学出版社, 2018. 1
ISBN 978-7-03-055901-2

Ⅰ. ①三… Ⅱ. ①王… Ⅲ. ①三角-映射-研究 Ⅳ. ①O124

中国版本图书馆 CIP 数据核字 (2017) 第 306183 号

责任编辑: 李 欣 / 责任校对: 彭珍珍
责任印制: 张 伟 / 封面设计: 陈 敬

科 学 出 版 社 出版
北京东黄城根北街 16 号
邮政编码: 100717
http://www.sciencep.com

北京中石油彩色印刷有限责任公司 印刷
科学出版社发行 各地新华书店经销
*
2018 年 1 月第 一 版 开本: 720 × 1000 1/16
2019 年 1 月第二次印刷 印张: 17 1/4
字数: 331 000

定价: 118.00 元
(如有印装质量问题, 我社负责调换)

前　　言

素环和半素环上的映射问题研究在 21 世纪初就已经取得了实质性的成果. 通过使用极大左商环以及环上函数恒等式理论, 素环和半素环上的一些复杂映射问题已经被完全解决. 例如, 素环上 Lie 同态已经被完整地刻画出来. 人们开始把兴趣投入到非半素环上.

三角代数是一类结构简单的非半素代数, 它包括上三角矩阵代数和套代数这两类常见的代数. 其中, 套代数是一类重要的算子代数. 三角代数上映射问题研究始于 Cheung 在 2001 年发表的一篇论文, 他在若干假设条件下给出了三角代数上交换化线性映射的刻画, 同时确定了三角代数上映射问题的研究模式. 从那时起, 关于三角代数及其相关代数上的映射问题研究成果大量出现. 近几年, 人们开始把三角代数上的映射结果推广到广义矩阵代数以及具有幂等元代数上, 取得了丰富的研究成果. 满足一定条件的具有幂等元代数 (包括广义矩阵代数) 除了包括三角代数, 还包括最常见的全矩阵代数和具有幂等元的素代数.

本书按照所讨论的映射类型分成 12 章.

第 1 章介绍三角代数以及具有幂等元代数的定义及例子.

第 2 章介绍关于三角代数上多重交换化线性映射的结果, 此结果是三角代数上交换化线性映射结果的推广.

第 3 章介绍关于三角环上强交换保持广义导子的一个结果. 此结果无论从假设条件还是从证明过程来看, 都展示了三角代数上映射问题研究的一般步骤.

第 4 章介绍具有幂等元代数上 Lie 导子和 Lie 多重导子的研究成果. 由于 Lie 3-导子包括了 Lie 导子和 Jordan 导子, 研究 Lie 多重导子包括了 Jordan 导子的研究. 此外, 具有幂等元代数上存在奇异 Jordan 导子, 而三角代数不存在奇异 Jordan 导子. 说明了具有幂等元代数上 Lie 多重导子结果不是三角代数上相应结果的平凡推广.

第 5 章介绍广义矩阵代数上非线性 Lie 多重导子的一个结果, 此结果是三角代数上相应结果的推广. 由于非线性映射要比线性映射难处理, 这种推广需要施加新的假设条件以及相对复杂的证明过程.

第 6 章介绍广义矩阵代数上双导子结果, 此结果是三角代数上双导子结果的推广. 和素环上双导子结果不同的是, 三角代数和广义矩阵代数上存在极端双导子. 该章还介绍了三角代数上多重导子的一个结果.

第 7 章介绍了使用弱忠诚双模概念给出的三角代数上 Lie 三重同构与 Lie 同

构的重新刻画, 从而改进了 Benkovič 的结果. Lie 同构问题相对 Lie 导子来说要复杂许多, 需要使用双线性映射的交换迹才能解决, 也就是需要使用环上函数恒等式处理映射的研究方法.

第 8 章讨论了上三角矩阵环上的 Jordan 满同态问题. Jordan 同构在三角环上已经有研究成果出现, 但 Jordan 满同态在三角环上还没有研究成果出现. 该章在上三角矩阵环上取得了两个结果, 为下一步研究三角环上 Jordan 满同态打下了一定的基础.

第 9 章介绍了三角代数上 Jordan σ-导子和 Lie σ-导子. 通过使用左 (右) 弱忠诚双模改进了 Benkovič 关于三角代数上 Jordan σ-导子的一个结果. Lie σ-导子目前只在三角代数上获得了刻画, 素环上还没有研究成果出现.

第 10 章介绍三角环以及具有宽幂等元环上 2 个变量函数恒等式的研究成果. 2 个变量函数恒等式是最基本的函数恒等式, 目前三角环上多个变量函数恒等式还没有研究成果出现. 具有宽幂等元环是通过模来定义的. 如果把环看成自身模时, 具有宽幂等元环是广义矩阵环, 它更接近于全矩阵环和具有幂等元的素环. 具有宽幂等元环上的 2 个变量函数恒等式的标准解形式和素环是一样的. 该章也给出了 2 个变量函数恒等式的一些应用. 通过使用函数恒等式, 改进了已有的关于三角环上交换化可加映射和广义双导子结果. 此外, 使用宽幂等元环上 2 个变量函数恒等式结果改进了 Brešar 关于值包含可加映射结果.

第 11 章介绍关于上三角矩阵代数上函数恒等式的一个有趣结果. 主要结果讨论了上三角矩阵代数的 d-自由子集. 确定一个环的子集是否是 d-自由子集是函数恒等式理论的基本内容.

第 12 章首先介绍了有 “1” 环的极大左商环的定义与性质, 然后介绍了三角环的极大左商环的性质, 最后给出了极大左商环在三角环上映射研究中的两个应用例子. 一是使用三角环的极大左商环, 得到任意三角环上 2 个变量函数恒等式的一种刻画, 从而去掉了原有结果的全部假设条件. 作为应用, 给出了任意三角环上交换化可加映射的一个刻画, 从而去掉了 Cheung 的经典结果中的全部假设条件. 二是使用三角环的极大左商环给出了三角环上双导子的一种刻画, 从而改进了 Benkovič 的一个结果. 说明了三角环和半素环一样, 可以使用极大左商环来处理映射问题.

每章最后一节是一个注记, 用来说明所讨论的映射类型的研究背景、研究现状、创新点，以及有待解决的问题. 其中, 在第 2 章的注记中, 说明了研究三角代数上映射问题的一般步骤. 在每章章末附有所引用的参考文献. 以上各章内容选自作者五年来的研究结果, 其中包括了两个没有公开发表的结果. 本书各章内容基本上是相互独立的, 读者可以选择感兴趣的章节阅读.

三角代数及其相关代数上映射问题研究不仅选题丰富, 所需要的代数基础知识也不多. 只要对近世代数有一定基础的人员可通过阅读本书内容加上所附的参考文献就可以从事此项研究工作. 需要指出的是, 本书中所涉及的映射结果在三角代数与三角环上是通用的. 同样地, 在具有幂等元代数和具有幂等元环上的映射结果也是通用的.

本书可供代数方向的研究生和相关研究人员使用, 也可作为数学专业本科生的专业课以及毕业论文写作参考书.

本书得到了上海师范大学数学高峰学科建设经费的资助. 在本书写作过程中, 得到了杭州电子科技大学朱军教授和山西大学齐霄霏教授的大力支持. 在此表示衷心的感谢!

由于作者的水平有限, 不足之处在所难免, 恳切希望本书出版后, 能得到同行及广大读者的批评指正.

王宇
2017 年 7 月 16 日于上海师范大学

目　录

第 1 章　三角代数及其相关代数

本章首先介绍三角代数的定义和例子, 然后介绍具有幂等元代数的几个常见例子, 其中包括广义矩阵代数的定义. 接下来介绍具有宽幂等元环的定义及例子.

1.1　三角代数与三角环的定义及例子

本书中的代数均指一个有 “1” 的交换环上的代数. 设 A 是一个代数. 1_A 代表 A 的单位元, $Z(A)$ 代表 A 的中心. 在不发生误解的前提下, 我们可用 1 代表 A 的单位元.

首先给出素代数的定义.

定义 1.1.1　设 A 是一个代数. 任取 $a,b \in A$, 若 $aAb=0$, 则有 $a=0$ 或者 $b=0$. 称 A 是一个素代数.

定义 1.1.2　设 A 是一个代数. 任取 $a \in A$, 若 $aAa=0$, 则有 $a=0$. 称 A 是一个半素代数.

易见, 素代数一定是半素代数. 反过来不一定成立. 例如, 若 A 是一个素代数, 则 $A \oplus A$ 是半素代数, 但不是素代数. 半素代数是素代数的亚直和.

下面给出模的定义.

定义 1.1.3　设 A 是一个有 “1” 的环. 设 M 是一个可加子群. 假设 $\circ$ 是 $A \times M$ 到 M 的映射. 为了方便, 我们规定, $a \circ x = ax$ 对任意的 $a \in A$, $x \in M$. 若下面条件成立:

(1) $a(x+y)=ax+ay$,

(2) $(a+b)x=ax+bx$,

(3) $(ab)x=a(bx)$,

(4) $1x=x$,

对所有的 $a,b \in A$, $x,y \in M$, 则称 M 为左 A-模. 类似地, 可以定义右 A-模.

下面给出双模的定义.

定义 1.1.4　设 A 与 B 是两个有 “1” 的环. 若 M 既是左 A-模, 又是右 B-模, 且满足条件

$$(am)b=a(mb)$$

对所有的 $a \in A$, $b \in B$, 以及 $m \in M$, 则称 M 是一个 (A,B)-双模.

下面给出忠实双模的定义.

定义 1.1.5　设 A 与 B 是两个有“1”的代数, M 是一个 (A,B)-双模. 若 $aM=0, a\in A$, 可得 $a=0$, 则称 M 是忠实左 A-模. 类似地, 若 $Mb=0, b\in B$, 可得 $b=0$, 则称 M 是忠实右 B-模. 若 M 既是忠实左 A-模, 又是忠实右 B-模, 则称 M 是忠实 (A,B)-双模.

下面给出三角代数的定义.

定义 1.1.6　设 A 与 B 是两个有“1”的代数, M 是一个忠实 (A,B)-双模. 则

$$U=\mathrm{Tri}(A,M,B)=\left\{\left(\begin{array}{cc} a & m \\ & b \end{array}\right)\ \middle|\ a\in A, m\in M, b\in B\right\}$$

在通常的矩阵加法与乘法下构成的代数称为三角代数.

为了减少使用矩阵符号, 在不发生误解前提下可规定

$$A=\left(\begin{array}{cc} A & 0 \\ & 0 \end{array}\right),\quad M=\left(\begin{array}{cc} 0 & M \\ & 0 \end{array}\right),\quad B=\left(\begin{array}{cc} 0 & 0 \\ & B \end{array}\right).$$

则有

$$U=A+M+B.$$

这样, U 中每一个元素 x 可唯一表成

$$x=a+m+b,$$

这里, $a\in A$, $m\in M$, $b\in B$. 易见

$$AM, MB\subseteq M,\quad MA=0,\quad AB=BA=0,\quad BM=0,\quad M^2=0.$$

下面定义两个自然投射 $\pi_A:U\to A$ 和 $\pi_B:U\to B$ 如下

$$\pi_A:\left(\begin{array}{cc} a & m \\ & b \end{array}\right)\mapsto a\quad \text{以及}\quad \pi_B:\left(\begin{array}{cc} a & m \\ & b \end{array}\right)\mapsto b.$$

为了方便, 用 $a\oplus b$ 代表

$$\left(\begin{array}{cc} a & 0 \\ & b \end{array}\right).$$

性质 1.1.1　设 $U=\mathrm{Tri}(A,M,B)$ 是一个三角代数. 则 U 的中心

$$Z(U)=\{a\oplus b\mid am=mb\ \text{对任意的}\ m\in M\}.$$

并且 $\pi_A(Z(U))\subseteq Z(A)$ 和 $\pi_B(Z(U))\subseteq Z(B)$, 存在一个代数同构 $\tau:\pi_A(Z(U))\to\pi_B(Z(U))$ 使得 $am=m\tau(a)$ 对任意的 $m\in M$.

证明 任取 $x = a + n + b \in Z(U)$, 这里 $a \in A, b \in B, n \in M$. 由 $x1_A = 1_A x$ 可得 $n = 0$. 对任意 $m \in M$, 由 $mx = xm$ 可得 $am = mb$. 由此可见

$$Z(U) \subseteq \{a \oplus b \mid am = mb \text{ 对任意的 } m \in M\}.$$

反过来, 任取 $a \oplus b$, 满足条件 $am = mb$ 对任意 $m \in M$. 我们首先指出 $a \in Z(A)$, $b \in Z(B)$. 任取 $a' \in A$, 可得

$$\begin{aligned}(aa' - a'a)m &= a(a'm) - a'(am) \\ &= a'(mb) - a'mb = a'am - a'am = 0\end{aligned}$$

对所有的 $m \in M$. 由于 M 是一个忠实左 A-模, 得到 $aa' - a'a = 0$. 可见 $a \in Z(A)$. 类似地, 可得 $b \in Z(B)$.

对任意的 $x = a' + m' + b' \in U$, 有

$$\begin{aligned}(a+b)x &= (a+b)(a' + m' + b') \\ &= aa' + am' + bb' \\ &= a'a + m'b + b'b \\ &= (a' + m' + b')(a+b) \\ &= x(a+b).\end{aligned}$$

由此可见, $a \oplus b \in Z(U)$. 因此

$$Z(U) \subseteq \{a \oplus b \mid am = mb \text{ 对任意的 } m \in M\}.$$

任取 $a \oplus b \in Z(U)$, 定义 $\tau(a) = b$. 根据 M 的忠实性, 易知 b 是由 a 唯一决定的. 因此, τ 为从 $\pi_A(Z(U))$ 到 $\pi_B(Z(U))$ 的一个映射. 反过来, 每一个 $b \in \pi_B(Z(U))$, 由 M 的忠实性可知, 只有唯一的 $a \in \pi_A(Z(U))$ 对应 b. 可见, τ 是双射. 下面证明 τ 是一个代数同构.

任取 $a_1, a_2 \in \pi_A(Z(U))$, 有

$$\begin{aligned}(a_1 + a_2)m &= a_1 m + a_2 m \\ &= m\tau(a_1) + m\tau(a_2) \\ &= m(\tau(a_1) + \tau(a_2))\end{aligned}$$

对所有的 $m \in M$. 由此可见

$$(a_1 + a_2) \oplus (\tau(a_1) + \tau(a_2)) \in Z(U).$$

由 τ 的定义可见

$$\tau(a_1 + a_2) = \tau(a_1) + \tau(a_2).$$

接下来, 有

$$(a_1 a_2)m = a_1 m\tau(a_2) = m\tau(a_1)\tau(a_2)$$

对所有的 $m \in M$. 由 τ 的定义可见, $\tau(a_1 a_2) = \tau(a_1)\tau(a_2)$. 故 τ 是一个代数同构. □

性质 1.1.2　三角代数是非半素代数.

证明　设 $U = \mathrm{Tri}(A, M, B)$ 是一个三角代数. 易见, $mUm = 0$ 对每个 $m \in M$. 由此可见, U 是非半素代数. □

性质 1.1.3　三角代数不包含非零中心理想.

证明　设 $U = \mathrm{Tri}(A, M, B)$ 是一个三角代数. 设 I 是 U 的一个中心理想. 对任意的 $a \oplus b \in I$, 则 $(a \oplus b)M \subseteq I$. 可见, $aM \subseteq I$. 由性质 1.1.1 得, $aM = 0$. 由于 M 是忠实左 A-模, 可得 $a = 0$, 从而 $a \oplus b = 0$. 可见, $I = 0$. □

下面给出三角代数的几个常见例子.

例 1.1.1　设 A 是一个有 "1" 的代数. $T_n(A)$ 表示 A 上的 $n \times n$ 上三角矩阵代数 $(n \geqslant 2)$. $T_n(A)$ 可表成如下的三角代数.

$$\begin{pmatrix} A & A^{n-1} \\ & T_{n-1}(A) \end{pmatrix}.$$

易见, $Z(T_n(A)) = Z(A) \cdot I_n$, 这里, I_n 表示 $T_n(A)$ 的单位元.

例 1.1.2　设 A 为一个有 "1" 的代数. n 是一个正整数. 假设 $\bar{k} = (k_1, k_2, \cdots, k_m)$ 是一个由正整数构成的 m-序列, 且 $k_1 + k_2 + \cdots + k_m = n$. 则下面的块上三角矩阵代数 $B_n^{\bar{k}}(A)$ 可看成全矩阵代数 $M_n(A)$ 的一个子代数.

$$B_n^{\bar{k}}(A) = \begin{pmatrix} M_{k_1}(A) & M_{k_1 \times k_2}(A) & \cdots & M_{k_1 \times k_m}(A) \\ 0 & M_{k_2}(A) & \cdots & M_{k_2 \times k_m}(A) \\ \vdots & \vdots & & \vdots \\ 0 & 0 & \cdots & M_{k_m}(A) \end{pmatrix}.$$

若 $n \geqslant 2$, $B_n^{\bar{k}}(A) \neq M_n(A)$ 时, 易见, $B_n^{\bar{k}}(A)$ 可表成一个三角代数. 当 $k_1 = k_2 = \cdots = k_m = 1$ 时, 则 $B_n^{\bar{k}}(A)$ 就是一个上三角矩阵代数.

例 1.1.3　设 H 是复数域 C 上的一个 Hilbert 空间. $B(H)$ 为 H 上全体有界线性算子组成的代数. 若 $\mathcal{N}$ 是 H 的一些闭子空间组成的集合, 并且满足 $\{0\}$, $H \in \mathcal{N}$, 以及 $\mathcal{N}$ 中子空间的交与线性生成是封闭的, 则称 $\mathcal{N}$ 是 H 上的一个套. 集合

$$\mathcal{T}(\mathcal{N}) = \{T \in B(H) \mid T(N) \subseteq N \text{ 对所有的 } N \in \mathcal{N}\}$$

构成 $B(H)$ 的一个子代数. 称 $\mathcal{T}(\mathcal{N})$ 为关于套 $\mathcal{N}$ 的套代数.

我们知道, $Z(\mathcal{T}(\mathcal{N}))=C\cdot 1$ (参见 [1, 推论 19.5]).

一个套代数 $\mathcal{T}(\mathcal{N})$ 称为平凡的, 如果 $\mathcal{N}=\{0,H\}$. 一个非平凡套代数可看成一个三角代数: 取一个 $N\in\mathcal{N}\setminus\{0,H\}$ 以及 H 到 N 的正交投射 E, 则 $\mathcal{N}_1=E(\mathcal{N})$ 和 $\mathcal{N}_2=(1-E)(\mathcal{N})$ 分别为 N 和 $N^{\perp}$ 的套, 易见, $\mathcal{T}(\mathcal{N}_1)=E\mathcal{T}(\mathcal{N})E$, $\mathcal{T}(\mathcal{N}_2)=(1-E)\mathcal{T}(\mathcal{N})(1-E)$ 均为套代数. 并且

$$\mathcal{T}(\mathcal{N})=\begin{pmatrix}\mathcal{T}(\mathcal{N}_1) & E\mathcal{T}(\mathcal{N})(1-E)\\ & \mathcal{T}(\mathcal{N}_2)\end{pmatrix}.$$

下面给出三角环的定义.

定义 1.1.7 设 R 是一个具有非平凡幂等元 e 的有 “1” 的环. 令 $f=1-e$. 若 eRf 是一个忠实的 (eRe,fRf)-双模, 且 $fRe=0$, 则 R 称为一个三角环. 每一个三角环 R 存在如下的 Peirce 分解式:

$$R=eRe+eRf+fRf.$$

下面指出: 每个三角代数可看成一个三角环.

设 $U=\mathrm{Tri}(A,M,B)$ 是一个三角代数. 令

$$e=\begin{pmatrix}1_A & 0\\ & 0\end{pmatrix}\quad 以及\quad f=\begin{pmatrix}0 & 0\\ & 1_B\end{pmatrix}.$$

易见 e 是一个非平凡幂等元. 易见 $e+f=1$ 且 $fUe=0$. 故 U 是一个三角环.

使用性质 1.1.1 的证明方法可得如下结论.

性质 1.1.4 三角环 R 的中心

$$Z(R)=\{c\in eRe+fRf\mid c(exf)=(exf)c\ 对所有的\ x\in R\},$$

且有 $Z(R)e\subseteq Z(eRe)$, $Z(R)f\subseteq Z(fRf)$, 存在唯一的环同构 $\tau:Z(R)e\to Z(R)f$ 使得

$$ece(exf)=(exf)\tau(ece)$$

对任意的 $x\in R$.

1.2 具有幂等元代数

设 A 是一个具有非平凡幂等元 e 的有 “1” 的代数. 令 $f=1-e$. 这样, A 有如下的 Peirce 分解式

$$A=eAe+eAf+fAe+fAf,$$

这里 eAe 和 fAf 是 A 的两个子代数, eAf 是一个 (eAe, fAf)-双模, fAe 是一个 (fAf, eAe)-双模. 这样, 对每一个 $x \in A$, 都有如下表达式

$$x = a + m + n + b,$$

这里, $a \in eAe$, $m \in eAf$, $n \in fAe$, $b \in fAf$.

具有幂等元代数需要施加一定的假设条件. 下面给出具有幂等元代数上施加的两个常见条件:

假定 eAf 是一个忠实 (eAe, fAf)-双模, 也就是, 对每一个 $x \in A$, 下面条件成立:

$$\begin{aligned} exe \cdot eAf = 0 \quad &\text{推出} \quad exe = 0, \\ eAf \cdot fxf = 0 \quad &\text{推出} \quad fxf = 0. \end{aligned} \tag{1.2.1}$$

易见, 下列集合

$$\left\{ \begin{pmatrix} a & m \\ n & b \end{pmatrix} \;\middle|\; \text{对任意的 } a \in eAe, m \in eAf, n \in fAe, b \in fAf \right\}$$

关于矩阵的加法与乘法构成一个代数. 我们称满足条件 (1.2.1) 的代数为广义矩阵代数. 特别地, 当 $fAe = \{0\}$ 时, 满足条件 (1.2.1) 的代数就是三角代数.

例 1.2.1　有 "1" 的代数上的全矩阵代数是广义矩阵代数.

证明　设 A 是一个有 "1" 的代数. 设 $M_n(A)$ $(n \geqslant 2)$ 是 A 上全矩阵代数. 用 e_{ij} 代表通常的矩阵单位. 令 $e = e_{11}$, $f = 1 - e$. 假设 $a \cdot eM_n(A)f = 0$, 这里 $a \in eM_n(A)e$. 取 $e_{12} \in eM_n(A)f$, 则有, $ae_{12} = 0$, 进而, $a = 0$. 即 $eM_n(A)f$ 是一个忠实左 $eM_n(A)e$-模. 类似地, 可得 $eM_n(A)f$ 是忠实右 $fM_n(A)f$-模. 因此, $M_n(A)$ 是广义矩阵代数. □

由素代数的定义可知, 具有非平凡幂等元的有 "1" 的素代数是广义矩阵代数. 特别地, Hilbert 空间上全体有界线性算子构成一个广义矩阵代数.

另一个假设条件是, 对每一个 $x \in A$, 恒有

$$\begin{aligned} exe \cdot eAf = 0 = fAe \cdot exe \quad &\text{推出} \quad exe = 0, \\ eAf \cdot fxf = 0 = fxf \cdot fAe \quad &\text{推出} \quad fxf = 0. \end{aligned} \tag{1.2.2}$$

易见, 条件 (1.2.2) 要比条件 (1.2.1) 弱一些, 它包括了 $eAf = 0$ 的情况. 由于条件 (1.2.2) 具有对称性, 在处理映射问题时会更加方便.

性质 1.2.1　设 A 是满足条件 (1.2.2) 的代数. 则 A 的中心

$$Z(A) = \{a + b \in eAe + fAf \mid am = mb, na = bn \text{ 对任意的 } m \in eAf, n \in fAe\}.$$

并且, 存在唯一的代数同构 $\tau : Z(A)e \to Z(A)f$ 使得 $am = m\tau(a)$ 以及 $na = \tau(a)n$ 对任意的 $m \in eAf, n \in fAe, a \in Z(A)e$.

证明 设 $x = a_0 + m_0 + n_0 + b_0 \in Z(A)$. 由于

$$[x, e] = n_0 - m_0 = 0,$$

可得, $m_0 = 0$ 以及 $n_0 = 0$. 这样, $x = a_0 + b_0$. 进一步, 由 $[x, m] = 0$ 以及 $[x, n] = 0$ 得到

$$a_0 m = m b_0, \quad n a_0 = b_0 n$$

对所有的 $m \in eAf$, $n \in fAe$. 下面指出, $a_0 \in Z(eAe)$ 以及 $b_0 \in Z(fAf)$. 任取 $a \in eAe$, 可得

$$[a, a_0]m = a(a_0 m) - a_0(am) = amb_0 - amb_0 = 0,$$
$$n[a, a_0] = (na)a_0 - (na_0)a = b_0 na - b_0 na = 0$$

对所有的 $m \in eAf$, $n \in fAe$. 由条件 (1.2.2) 可得

$$[a, a_0] = 0$$

对所有的 $a \in eAe$, 从而, $a_0 \in Z(eAe)$. 类似地, 我们可得, $b_0 \in Z(fAf)$, 因此, $Z(A)$ 就是希望的形式.

显然, $Z(A)e$ 是 $Z(A)$ 的子代数, $Z(A)f$ 也是 $Z(A)$ 的子代数. 对任意的 $a \in Z(A)e$, 存在 $b \in Z(A)f$ 使得 $a + b \in Z(A)$. 定义 $\tau(a) = b$, 可见

$$am = m\tau(a) \quad 以及 \quad na = \tau(a)n$$

对所有的 $m \in eAf$, $n \in fAe$. 容易验证, $\tau : Z(A)e \to Z(A)f$ 是一个代数同构. □

性质 1.2.2 设 A 是满足条件 (1.2.2) 的代数. 则 A 不包含非零的中心理想.

证明 设 I 是 A 的一个非零中心理想. 取 $a + b \in I$, 且 $a + b \neq 0$, 这里, $a \in Z(A)e$, $b \in Z(A)f$. 可见

$$(a + b)eAf, \quad fAe(a + b) \subseteq I.$$

由性质 1.2.1 知,

$$aeAf = 0 = fAea.$$

由条件 (1.2.2) 得, $a = 0$. 进而, $b = 0$, 矛盾. □

由性质 1.2.2 可知, 广义矩阵代数不包含非零中心理想. 特别地, 我们有如下结论.

性质 1.2.3　上三角矩阵代数、非平凡套代数, 以及全矩阵代数均不包含非零的中心理想.

下面的假设条件将在后面几章使用.

$$[x, A] \subseteq Z(A) \Longrightarrow x \in Z(A) \tag{1.2.3}$$

对所有的 $x \in A$. 交换代数当然满足条件 (1.2.3). 由 [2, 定理 2] 可知, 任意素代数满足条件 (1.2.3).

性质 1.2.4　满足条件 (1.2.2) 的代数一定满足条件 (1.2.3).

证明　设 $A = eAe + eAf + fAe + fAf$ 是满足条件 (1.2.2) 的代数. 假设对于 $x = exe + exf + fxe + fxf \in A$ 使得

$$[x, A] \subseteq Z(A).$$

由 $[x, e] \in Z(A)$ 得, $fxe - exf \in Z(A)$. 根据性质 1.2.1 得

$$exf = 0 = fxe.$$

由 $[x, eAf] \subseteq Z(A)$ 可见

$$exe \cdot eyf = eyf \cdot fxf$$

对所有的 $y \in A$. 类似地, 可得

$$fye \cdot exe = fxf \cdot fye$$

对所有的 $y \in A$. 再由性质 1.2.1 得, $x = exe + fxf \in Z(A)$. □

特别地, 可得如下性质.

性质 1.2.5　上三角矩阵代数、非平凡套代数, 以及全矩阵代数一定满足条件 (1.2.3).

1.3　具有宽幂等元环

设 A 是一个 "1" 的结合环, M 是一个 A-双模. 令 $[m, a] = ma - am$, $m \in M$, $a \in A$. 对于 $A' \subseteq A$ 和 $M' \subseteq M$, 令

$$C(A', M') = \{m \in M' \mid [m, A'] = 0\}.$$

为了简洁, 令 $C = C(A, M)$ 表示 M 的中心. 特别地, 当 $M = A$ 时, $C = Z(A)$ 为 A 的中心.

设 $e \in A$ 是一个幂等元. 令 $f = 1 - e$. 这样, 每一个 $x \in A$ 能够唯一表成

$$x = exe + exf + fxe + fxf,$$

以及每一个 $m \in M$ 能够唯一表成

$$m = eme + emf + fme + fmf.$$

定义 1.3.1 设 $e \in A$ 是一个幂等元. 考虑下面两个条件:

(1) 任取 $0 \neq m \in M$, 则 $eAm \neq 0$ 和 $mAe \neq 0$;

(2) $C(eAe, eMe) = Ce$.

一个幂等元 $e \in A$ 称为宽幂等元 (对应 M), 如果 e 和 $1-e$ 都满足条件 (1) 和 (2).

设 $a \in A$. 用 $\langle a \rangle$ 代表 a 生成的理想.

引理 1.3.1 假设 $e \in A$ 是一个幂等元, 满足 $\langle e \rangle = \langle 1 - e \rangle = A$. 则 e 是宽幂等元 (对应任意一个 A-双模 M).

证明 由于 e 和 $1 - e$ 是对称的, 我们只证 e 满足条件 (1) 和 (2). 任意 $0 \neq m \in M$, 则 $m = 1m \in \langle e \rangle m$. 可见, $eAm \neq 0$. 类似地, $mAe \neq 0$. 任意 $m = eme \in C(eAe, eMe)$, 则有 $exm = mxe$ 对所有的 $x \in A$. 由假设得, 存在 $x_i, y_i \in A$ 使得 $\sum\limits_{i=1}^{n} x_i e y_i = 1$. 对任意的 $x \in A$, 有

$$xm = 1xm = \sum_{i=1}^{n} x_i e(y_i x)m = \sum_{i=1}^{n} x_i m(y_i x)e = m'xe,$$

这里, $m' = \sum\limits_{i=1}^{n} x_i m y_i$. 由此可见

$$m'(xy)e = xym = x(ym) = xm'ye$$

对所有的 $x, y \in A$. 即, $[m', A]Ae = 0$. 从而, $m' \in C$. 考虑 $xm = m'xe$, 取 $x = 1$ 得, $m = m'e \in Ce$. 因此, $C(eAe, eMe) = Ce$. □

下面给出几个具有宽幂等元的例子.

例 1.3.1 具有非平凡幂等元的单环.

证明 设 A 是一个单环. e 是 A 的一个非平凡幂等元. 易见, $\langle e \rangle = \langle 1-e \rangle = A$. 由引理 1.3.1 知, e 是宽幂等元. □

例 1.3.2 有 "1" 的环上全矩阵环.

证明 设 A 是一个有 "1" 的环. $M_n(A)$ 是 A 上的全矩阵环. 使用引理 1.3.1 易得, e_{11} 是宽幂等元. □

例 1.3.3 一个有 "1" 的环 A 称为恰当无限环, 如果存在 $a_1, a_2, b_1, b_2 \in A$ 使得 $a_1 b_1 = a_2 b_2 = 1$ 以及 $a_1 b_2 = a_2 b_1 = 0$. 恰当无限环包含宽幂等元.

证明 令 $e = b_1 a_1$. 易见, e 为幂等元. 并且, $a_1 e b_1 = 1$, $a_2(1-e)b_2 = 1$. 从而, $\langle e\rangle = \langle 1-e\rangle = A$. 由引理 1.3.1 得, e 是宽幂等元. □

例 1.3.4 ([3, 推论 2.4]) 设 A 是一个素环. 设 $Q_{\mathrm{mr}}(A)$ 是 A 的极大右商环. 则 A 中每一个非平凡幂等元都是宽幂等元 (对应 $Q_{\mathrm{mr}}(A)$).

下面给出一个不是上面四种情况的例子.

例 1.3.5 设 A 是一个有 "1" 的素环. I 是 A 的一个真理想. 令 $\mathcal{A} = A \oplus A$ 以及 $J = I \oplus I$. 则下面的集合

$$K = \left\{ \begin{pmatrix} a & c \\ d & b \end{pmatrix} \;\middle|\; \text{对所有的 } a, b \in \mathcal{A},\ c, d \in J \right\}$$

在通常的矩阵运算下构成一个有 "1" 的环. 令 $e = \begin{pmatrix} 1 & 0 \\ 0 & 0 \end{pmatrix}$, 这里, $1 = (1_A, 1_A)$. 则 e 是一个宽幂等元 (对应 K).

证明 易见, K 是一个有 "1" 的半素环. J 是 K 的一个非平凡理想, 并且 J 本身是一个无单位元半素环. 任取 $a \in K$, 由 $aJ = 0$ 或者 $Ja = 0$ 可看出 $a = 0$.

假设 $eAm = 0$, $m \in K$. 令 $m = \begin{pmatrix} a & c \\ d & b \end{pmatrix}$, 这里, $a, b \in \mathcal{A}$ 和 $c, d \in J$. 则有

$$\begin{pmatrix} 1 & 0 \\ 0 & 0 \end{pmatrix} \begin{pmatrix} x & y \\ 0 & 0 \end{pmatrix} \begin{pmatrix} a & c \\ d & b \end{pmatrix} = 0 \tag{1.3.1}$$

对所有的 $x \in \mathcal{A}$ 以及 $y \in J$. 在 (1.3.1) 中取 $x = 1$ 和 $y = 0$, 得 $a = c = 0$. 在 (1.3.1) 中取 $x = 0$, 可得 $yd = 0 = yb = 0$ 对所有的 $y \in J$. 因此, $d = 0 = b$. 即, $m = 0$. 类似地, 可由 $mKe = 0$ 推出 $m = 0$.

下面指出, $Z(K) = Z(\mathcal{A}) \cdot I_2$. 任取 $\begin{pmatrix} a & c \\ d & b \end{pmatrix} \in Z(K)$, 可得

$$\begin{pmatrix} a & c \\ d & b \end{pmatrix} \begin{pmatrix} x & z \\ 0 & y \end{pmatrix} = \begin{pmatrix} x & z \\ 0 & y \end{pmatrix} \begin{pmatrix} a & c \\ d & b \end{pmatrix} \tag{1.3.2}$$

对所有的 $x, y \in \mathcal{A}$ 和 $z \in J$. 在 (1.3.2) 中取 $y = z = 0$, 得到, $xc = 0 = dx$ 以及 $ax = xa$ 对所有的 $x \in \mathcal{A}$. 因此, $c = 0 = d$ 和 $a \in Z(\mathcal{A})$. 类似地, 取 $x = z = 0$ 可知, $b \in Z(\mathcal{A})$. 进一步, 在 (1.3.2) 中取 $x = y = 0$ 可得 $az = zb$, 从而 $(a - b)z = 0$ 对所有的 $z \in J$. 故有, $a = b$. 这样, $Z(K) = Z(\mathcal{A}) \cdot I_2$. 也就是, $Z(eKe) = Z(\mathcal{A})e$. 这说明 e 满足条件 (1) 和 (2). 类似地, 可得 $1 - e$ 也满足条件 (1) 和 (2). 从而, e 是一个宽幂等元 (相对于 K). □

下面结果的证明方法和性质 1.2.1 的证明方法相同.

命题 1.3.1 设 A 是一个有 "1" 的环. M 是一个 A-双模. 设 C 是 M 的中心. 假设 A 包含一个宽幂等元 (对应 M). 则

$$\mathcal{C} = \{m + n \in eMe + fMf \mid mexf = exfn,\ fxem = nfxe \text{ 对所有的 } x \in A\}.$$

并且, 存在唯一的加群同构 $\tau: Ce \to Cf$, 使得

$$mexf = exf\tau(m) \quad \text{以及} \quad fxem = \tau(m)fxe$$

对所有的 $x \in A$, $m \in Ce$.

由宽幂等元的定义中条件 (1) 易见, 当把环看成自身模时, 具有宽幂等元的环是广义矩阵环, 但不是三角环.

1.4 注 记

三角代数虽然结构简单, 但它包括了上三角矩阵代数与套代数这两类常见的代数. 套代数是一类重要的算子代数. 关于套代数的详细内容可参见文献 [1]. 通过对三角代数施加一定的合理条件, 可由三角代数上的映射结果直接得到上三角矩阵代数与套代数上映射结果. 关于三角代数的详细内容可参见文献 [4, 5].

广义矩阵代数除了包括了三角代数, 还包括了全矩阵代数以及具有幂等元素代数. 关于广义矩阵代数的详细例子可见文献 [6]. 满足条件 (1.2.2) 的代数是广义矩阵代数的有效推广, 此假设条件具有对称性, 能够简化定理证明过程. 详细内容可见文献 [7].

宽幂等元环是由 Brešar 在 2009 年给出的定义 (见文献 [3]). 当把自身看成模时, 它是广义矩阵环. 相比广义矩阵环来说, 宽幂等元环更接近全矩阵环和具有幂等元的素环, 而非三角环.

参 考 文 献

[1] Davidson K R. Nest Algebras. Pitman Research Notes in Mathematics Series, 191. Harlow: Longman Scientific & Technical, 1988.

[2] Posner E C. Derivations in prime rings. Proc. Amer. Math. Soc., 1957, 8: 1093-1100.

[3] Brešar M. Range-inclusive maps in rings with idempotents. Comm. Algebra, 2009, 37: 154-163.

[4] Cheung W S. Commuting maps of triangular algebras. J. London Math. Soc., 2001, 63: 117-127.

[5] Cheung W S. Mappings on triangular algebras. Victoria: University of Victoria, 2000.

[6] Li Y B, Wei F. Semi-centralizing maps of generalized matrix algebras. Linear Algebra Appl., 2012, 436: 1122-1153.

[7] Benkovič D. Lie triple derivations of unital algebras idempotents. Linear and Multilinear Algebra, 2015, 63: 141-165.

第 2 章　三角代数上多重交换化线性映射

本章首先介绍多重交换化线性映射的定义, 然后介绍三角代数上多重交换化线性映射的一种刻画. 作为主要定理的推论, 给出上三角矩阵代数和套代数上多重交换化线性映射的刻画. 本章中涉及的代数均指一个有 “1” 的交换环 R 上的代数, 且 $\frac{1}{2} \in R$.

2.1　k-交换化线性映射的定义

设 A 是一个代数. 给定 $x, y \in A$, 令 $[x, y]_0 = x$, $[x, y]_1 = xy - yx$, 依此类推,

$$[x, y]_k = [[x, y]_{k-1}, y],$$

这里 k 是一个固定正整数.

定义 2.1.1　令

$$Z(A)_k = \{a \in A \mid [a, x]_k = 0 \text{ 对任意的 } x \in A\}.$$

称 $Z(A)_k$ 为 A 的 k-中心.

易见, $Z(A)_1 = Z(A)$ 为 A 的中心. 对于 $a \in A$, 用 $C(a)$ 表示 a 在 A 中的中心化子, 也就是

$$C(a) = \{x \in A \mid [a, x] = 0\}.$$

定义 2.1.2　一个线性映射 $L : A \to A$ 称为 k-交换化的, 如果

$$[L(x), x]_k = 0$$

对所有的 $x \in A$. 特别地, 如果 $[L(x), x] = 0$ 对所有的 $x \in A$, 则 L 称为交换化映射.

定义 2.1.3　一个线性映射 $L : A \to A$ 称为中心化映射, 如果

$$[L(x), x] \in Z(A)$$

对所有的 $x \in A$.

定义 2.1.4　一个 k-交换化线性映射 L 称为标准的, 如果

$$L(x) = \lambda x + \mu(x)$$

对所有的 $x \in A$, 这里 $\lambda \in Z(A)$, $\mu : A \to Z(A)$ 是一个线性映射.

2.2 主要结果

为了证明主要结果, 我们需要下面的简单结果.

引理 2.2.1　设 n 是一个固定正整数. 设 A 是一个代数. 若一个映射 $\varphi : A \to A$ 满足条件

$$\varphi(a+1) = \varphi(a) \quad 以及 \quad \varphi(a)a^n = 0$$

对所有的 $a \in A$, 则 $\varphi = 0$.

证明　由于 $\varphi(a+1) = \varphi(a)$. 用 $a+1$ 代替 a 可得

$$\varphi(a)(a+1)^n = 0.$$

对所有的 $a \in A$. 用 a^{n-1} 右乘此等式得 $\varphi(a)a^{n-1} = 0$ 对所有的 $a \in A$. 重复上述步骤, 得到 $\varphi(a)a^{n-2} = 0$. 最终, 可得 $\varphi(a) = 0$ 对所有的 $a \in A$. □

下面给出三角代数上的 k-交换化线性映射的一种刻画.

定理 2.2.1　设 $U = \mathrm{Tri}(A, M, B)$ 是一个三角代数, 且满足如下条件:

(1) $Z(A)_k = \pi_A(Z(U))$,

(2) $Z(B)_k = \pi_B(Z(U))$,

(3) 存在 $m_0 \in M$ 使得

$$Z(U) = \{a \oplus b \mid a \in Z(A), b \in Z(B),\ am_0 = m_0 b\}.$$

则 U 上的每一个 k-交换化线性映射一定是标准的.

证明　用 1 与 $1'$ 分别代表 A 与 B 的单位元. 假设 L 是 U 的一个 k-交换化线性映射. 令

$$L\begin{pmatrix} a & 0 \\ & 0 \end{pmatrix} = \begin{pmatrix} f_1(a) & g_1(a) \\ & h_{01}(a) \end{pmatrix},$$

$$L\begin{pmatrix} 0 & 0 \\ & b \end{pmatrix} = \begin{pmatrix} f_2(b) & g_2(b) \\ & h_{02}(b) \end{pmatrix},$$

$$L\begin{pmatrix} 0 & m \\ & 0 \end{pmatrix} = \begin{pmatrix} f_3(m) & g_3(m) \\ & h_{03}(m) \end{pmatrix}.$$

从而

$$L\begin{pmatrix} a & m \\ & b \end{pmatrix} = \begin{pmatrix} f(a,b,m) & h_0(a,b,m) \\ & g(a,b,m) \end{pmatrix},$$

这里

$$f(a,b,m)=f_1(a)+f_2(b)+f_3(m),$$
$$g(a,b,m)=g_1(a)+g_2(b)+g_3(m),$$
$$h_0(a,b,m)=h_{01}(a)+h_{02}(b)+h_{03}(m).$$

容易验证

$$\left[L\begin{pmatrix} a & m \\ & b \end{pmatrix}, \begin{pmatrix} a & m \\ & b \end{pmatrix}\right]_i = \begin{pmatrix} [f,a]_i & h_i \\ & [g,b]_i \end{pmatrix},$$

其中

$$h_i = [f,a]_{i-1}m + h_{i-1}b - ah_{i-1} - m[g,b]_{i-1},$$

这里, $i=1,2,\cdots,k$. 由于 L 是 k 交换的, 得到

$$0=\left[L\begin{pmatrix} a & m \\ & b \end{pmatrix}, \begin{pmatrix} a & m \\ & b \end{pmatrix}\right]_k = \begin{pmatrix} [f,a]_k & h_k \\ & [g,b]_k \end{pmatrix}.$$

首先考虑下面等式

$$[f_1(a)+f_2(b)+f_3(m),a]_k=0 \tag{2.2.1}$$

对所有的 $a\in A$, $b\in B$, 以及 $m\in M$. 在 (2.2.1) 中取 $b=0$, $m=0$, 可得

$$[f_1(a),a]_k=0$$

对所有的 $a\in A$. 也就是说, f_1 是 k-交换化线性映射. 在上式中用 $a+1$ 替代 a, 得到

$$[f_1(1),a]_k=0$$

对所有的 $a\in A$. 这样, $f_1(1)\in Z(A)_k=\pi_A(Z(U))$. 进一步, 在 (2.2.1) 取 $m=0$, 得到

$$[f_2(b),a]_k=0$$

对所有的 $a\in A$, $b\in B$. 因此, $f_2(B)\subseteq Z(A)_k=\pi_A(Z(U))$. 由此可得, $f_3(M)\subseteq \pi_A(Z(U))$. 类似地, 由等式

$$[g_1(a)+g_2(b)+g_3(m),b]_k=0$$

对所有的 $a\in A$, $b\in B$, $m\in M$, 可得, g_2 是 k 交换的, $g_2(1')\in\pi_B(Z(U))$, 以及 $g_1(A),g_3(M)\subseteq\pi_B(Z(U))$.

下面考虑

$$h_i = [f,a]_{i-1}m + h_{i-1}b - ah_{i-1} - m[g,b]_{i-1} \tag{2.2.2}$$

对所有的 $1 \leqslant i \leqslant k$, 且 $h_k = 0$. 在 (2.2.2) 中取 $a = 0$, $m = 0$, 得到, $h_i = h_{i-1}b$. 使用 $h_k = 0$, 我们得到, $h_{02}(b)b^k = 0$ 对所有的 $b \in B$. 特别地, $h_{02}(1') = 0$. 因此, $h_{02}(b + 1') = h_{02}(b)$. 根据引理 2.2.1, 我们得到, $h_{02} = 0$. 类似地, 在 (2.2.2) 中取 $b = 0$, $m = 0$, 可得, $h_{01} = 0$. 这样, $h_0 = h_{03}$.

其次, 在 (2.2.2) 中取 $a = 0$ 可得

$$h_i = h_{i-1}b - m[g_2(b), b]_{i-1}, \tag{2.2.3}$$

这里, $i \geqslant 2$, 以及

$$h_1(0,b,m) = (f_2(b) + f_3(m))m + h_{03}(m)b - m(g_2(b) + g_3(m)). \tag{2.2.4}$$

利用等式 (2.2.3), 依次类推, 得到

$$\begin{aligned}0 = h_k &= h_{k-1}b - m[g_2(b), b]_{k-1}\\ &= h_{k-2}b^2 - m[g_2(b), b]_{k-2}b - m[g_2(b), b]_{k-1},\end{aligned}$$

以及

$$0 = h_1b^{k-1} - m[g_2(b), b]b^{k-2} - \cdots - m[g_2(b), b]_{k-1}. \tag{2.2.5}$$

在 (2.2.5) 中取 $b = 1'$ 可得 $h_1(0, 1', m) = 0$. 这样, 由 (2.2.4) 推出

$$0 = (f_2(1') + f_3(m))m + h_{03}(m) - m(g_2(1') + g_3(m)). \tag{2.2.6}$$

类似地, 在 (2.2.2) 中取 $b = 0$, 获得

$$0 = [f_1(a), a]_{k-1}m + \cdots + (-1)^{k-2}a^{k-2}[f_1(a), a]m + (-1)^{k-1}a^{k-1}h_1, \tag{2.2.7}$$

以及

$$h_1(a,0,m) = (f_1(a) + f_3(m))m - ah_{03}(m) - m(g_1(a) + g_3(m)). \tag{2.2.8}$$

在 (2.2.7) 中取 $a = 1$, 我们可见, $h_1(1, 0, m) = 0$. 这样, 由 (2.2.8) 可得

$$0 = (f_1(1) + f_3(m))m - h_{03}(m) - m(g_1(1) + g_3(m)). \tag{2.2.9}$$

比较 (2.2.6) 与 (2.2.9), 获得

$$(f_1(1) + f_2(1') + 2f_3(m))m = m(g_1(1) + g_2(1') + 2g_3(m)). \tag{2.2.10}$$

我们现在指出, $f_3(m)\oplus g_3(m)\in Z(U)$ 对所有的 $m\in M$. 事实上, 令

$$\alpha=f_1(1)+f_2(1')\quad 和 \quad \beta=g_1(1)+g_2(1').$$

则 (2.2.10) 可写成

$$(\alpha+2f_3(m_0))m_0=m_0(\beta+2g_3(m_0)).$$

因此, 由假设条件 (3) 推出

$$(\alpha+2f_3(m_0))\oplus(\beta+2g_3(m_0))\in Z(U),$$

进一步, 由三角代数的中心的结构可得

$$(\alpha+2f_3(m_0))m=m(\beta+2g_3(m_0))$$

对所有的 $m\in M$. 这样

$$\begin{aligned}&(\alpha+2f_3(m_0+m))(m_0+m)\\=&(\alpha+2f_3(m_0))m_0+2f_3(m_0)m\\&+2f_3(m)m_0+(\alpha+2f_3(m))m\\=&m_0(\beta+2g_3(m_0))+2f_3(m_0)m\\&+2f_3(m)m_0+m(\beta+2g_3(m))\end{aligned}$$

以及

$$\begin{aligned}&(\alpha+2f_3(m_0+m))(m_0+m)\\=&(m_0+m)(\beta+2g_3(m_0+m))\\=&m_0(\beta+2g_3(m_0))+2mg_3(m_0)\\&+2m_0g_3(m)+m(\beta+2g_3(m)).\end{aligned}$$

比较上面两个式子可得

$$2f_3(m_0)m+2f_3(m)m_0=2m_0g_3(m)+2mg_3(m_0).\tag{2.2.11}$$

特别地, 由 (2.2.11) 推出

$$4f_3(m_0)m_0=4m_0g_3(m_0).$$

由于 $\frac{1}{2}\in R$, 得到

$$f_3(m_0)m_0=m_0g_3(m_0).$$

根据假设条件 (iii), 我们推出

$$f_3(m_0)m = mg_3(m_0)$$

对任意的 $m \in M$. 这样, (2.2.11) 变成

$$2f_3(m)m_0 = 2m_0g_3(m),$$

从而, $f_3(m)m_0 = m_0g_3(m)$ 对所有的 $m \in M$. 因此, $f_3(m) \oplus g_3(m) \in Z(U)$.

由于 $f_3(m) \oplus g_3(m) \in Z(U)$ 对所有的 $m \in M$, 从 (2.2.6) 和 (2.2.9) 推出

$$h_{03}(m) = -f_2(1')m + mg_2(1') = f_1(1)m - mg_1(1) \tag{2.2.12}$$

对所有的 $m \in M$. 把 (2.2.12) 代入 (2.2.4) 中, 得到

$$h_1(0, b, m) = m(\tau(f_2(b)) - \tau(f_2(1'))b + g_2(1')b - g_2(b)) \tag{2.2.13}$$

对所有的 $m \in M$. 把 (2.2.13) 代入 (2.2.5) 中, 得到

$$\begin{aligned}0 =& M\{\tau(f_2(b))b^{k-1} - \tau(f_2(1'))b^k + g_2(1')b^k - g_2(b)b^{k-1}\\&- [g_2(b), b]b^{k-2} - \cdots - [g_2(b), b]_{k-1}\}.\end{aligned}$$

由于 M 是忠实右 B-模, 由上式得

$$\begin{aligned}0 =& \tau(f_2(b))b^{k-1} - \tau(f_2(1'))b^k + g_2(1')b^k - g_2(b)b^{k-1}\\&-[g_2(b), b]b^{k-2} - \cdots - [g_2(b), b]_{k-1}.\end{aligned}$$

由此可见

$$g_2(b)b^{k-1} + [g_2(b), b]b^{k-2} + \cdots + [g_2(b), b]_{k-1} \in C(b) \tag{2.2.14}$$

对所有的 $b \in B$. 下面指出:

$$[g_2(b), b] = 0$$

对所有的 $b \in B$. 事实上, 由 (2.2.14) 可得

$$[g_2(b)b^{k-1} + [g_2(b), b]b^{k-2} + \cdots + [g_2(b), b]_{k-1}, b]_{k-1} = 0$$

对所有的 $b \in B$. 由于 g_2 是 k-交换化线性映射, 可由上式推出

$$[g_2(b), b]_{k-1}b^{k-1} = 0$$

对所有的 $b \in B$. 利用事实 $g_2(1') \in Z(B)$, 我们可见

$$[g_2(b + 1'), b + 1']_{k-1} = [g_2(b), b]_{k-1}$$

对所有的 $b \in B$. 根据引理 2.2.1, 获得

$$[g_2(b), b]_{k-1} = 0$$

对所有的 $b \in B$. 类似地, 可得

$$0 = [g_2(b), b]_{k-2} = [g_2(b), b]_{k-3} = \cdots = [g_2(b), b]$$

对所有的 $b \in B$. 从而, $[g_2(b), b] = 0$ 对所有的 $b \in B$.

由 (2.2.5) 可得

$$h_1(0, b, m)b^{k-1} = 0$$

对所有的 $b \in B$. 特别地, 有

$$h_1(0, 1', m) = 0 \quad 以及 \quad h_1(0, b + 1', m) = h_1(0, b, m).$$

再根据引理 2.2.1 得, $h_1(0, b, m) = 0$ 对所有的 $b \in B$, $m \in M$.

类似地, 把 (2.2.12) 代入到 (2.2.8) 中, 得

$$h_1(a, 0, m) = (f_1(a) + af_1(1) - a\tau(g_1(1)) - \tau(g_1(a)))m \tag{2.2.15}$$

对所有的 $a \in A$, $m \in M$. 把 (2.2.15) 代入到 (2.2.7) 中, 得到

$$[f_1(a), a]_{k-1} + \cdots + (-1)^{k-2}a^{k-2}[f_1(a), a] + (-1)^{n-1}a^{k-1}f_1(a) \in C(a)$$

对所有的 $a \in A$. 重复上面的步骤可获得

$$[f_1(a), a] = 0$$

对所有的 $a \in A$. 这样, 我们可从 (2.2.7) 得到

$$a^{k-1}h_1(a, 0, m) = 0$$

对所有的 $a \in A$, $m \in M$. 特别地, $h_1(1, 0, m) = 0$ 以及

$$h_1(a + 1, 0, m) = h_1(a, 0, m)$$

对所有的 $a \in A$, $m \in M$. 再根据引理 2.2.1 得到

$$h_1(a, 0, m) = 0$$

对所有的 $a \in A$, $m \in M$.

利用 $h_1(a,0,m)=0$ 对任意的 $a\in A$, $m\in M$, 以及

$$f_3(m)m=mg_3(m)$$

对所有的 $m\in M$, 可由 (2.2.8) 得到

$$ah_{03}(m)=f_1(a)m-mg_1(a) \tag{2.2.16}$$

对所有的 $a\in A$, $m\in M$. 把 (2.2.12) 代入 (2.2.16) 中, 得到

$$(af_1(1)-a\tau(g_1(1)))m=(f_1(a)-\tau(g_1(a)))m$$

对所有的 $a\in A$, $m\in M$. 由于 M 是忠实左 A-模, 上式可得

$$af_1(1)-a\tau(g_1(1))=f_1(a)-\tau(g_1(a)) \tag{2.2.17}$$

对所有的 $a\in A$. 利用 $h_1(0,b,m)=0$ 以及

$$f_3(m)m=mg_3(m)$$

对所有的 $b\in B$, $m\in M$, 可由 (2.2.4) 得到

$$h_{03}(m)b=-f_2(b)m+mg_2(b) \tag{2.2.18}$$

对所有的 $b\in B$, $m\in M$. 把 (2.2.12) 代入 (2.2.18) 中, 我们获得

$$m(\tau(f_1(1))b-g_1(1)b)=m(-\tau(f_2(b))+g_2(b))$$

对所有的 $b\in B$, $m\in M$. 从而

$$\tau(f_1(1))b-g_1(1)b=-\tau(f_2(b))+g_2(b) \tag{2.2.19}$$

对所有的 $b\in B$. 令

$$\mu(u)=L(u)-\lambda u,$$

这里

$$\lambda=(f_1(1)-\tau(g_1(1)))\oplus(\tau(f_1(1))-g_1(1))\in Z(U).$$

我们最后指出, $\mu(U)\subseteq Z(U)$. 事实上, 由于

$$f_3(m)\oplus g_3(m)\in Z(U)$$

对所有的 $m \in M$. 我们可使用 (2.2.12), (2.2.17), 以及 (2.2.19) 得到

$$
\begin{aligned}
\mu\begin{pmatrix} a & m \\ & b \end{pmatrix} &= (f_1(a) - f_1(1)a + \tau(g_1(1))a) \oplus g_1(a) + f_3(m) \oplus g_3(m) \\
&\quad + f_2(b) \oplus (g_2(b) - \tau(f_1(1))b + g_1(1)b) \\
&= \tau(g_1(a)) \oplus g_1(a) + f_3(m) \oplus g_3(m) \\
&\quad + f_2(b) \oplus \tau(f_2(b)) \in Z(U).
\end{aligned}
$$

□

由上面定理可直接得到三角代数上交换化线性映射的一种刻画.

推论 2.2.1　设 $U = \mathrm{Tri}(A, M, B)$ 是一个三角代数, 且满足如下条件:

(i) $Z(A) = \pi_A(Z(U))$,

(ii) $Z(B) = \pi_B(Z(U))$,

(iii) 存在 $m_0 \in M$ 使得

$$
Z(U) = \{a \oplus b \mid a \in Z(A), b \in Z(B),\ am_0 = m_0 b\}.
$$

则 U 的每一个交换化线性映射一定是标准的.

下面推论将在 2.3 节使用.

推论 2.2.2　设 $U = \mathrm{Tri}(A, M, B)$ 是一个三角代数. 若

$$
Z(A)_k = R \cdot 1 = Z(B)_k,
$$

则 U 上的每一个 k-交换化线性映射一定是标准的.

证明　由于

$$
R \cdot 1 \subseteq \pi_A(Z(U)) \subseteq Z(A) \subseteq Z(A)_k = R \cdot 1,
$$

我们得到, $Z(A)_k = \pi_A(Z(U))$. 类似地, $Z(B)_k = \pi_B(Z(U))$. 这样, 定理 2.2.1 的假设条件 (1) 和 (2) 成立. 显然, 定理 2.2.1 的假设条件 (3) 也成立. 因此, 此结果可由定理 2.2.1 得到. □

2.3　应　用

在给出主要定理的应用之前, 我们需要如下引理.

引理 2.3.1　设 $U = \mathrm{Tri}(A, M, B)$ 是一个三角代数. 假设 $a, b \in U$, 满足条件

$$
au + ub \in Z(U)
$$

对所有的 $u \in U$, 则 $a = -b \in Z(U)$.

证明 令

$$a=\begin{pmatrix} a_1 & a_2 \\ & a_3 \end{pmatrix} \quad 与 \quad b=\begin{pmatrix} b_1 & b_2 \\ & b_3 \end{pmatrix}.$$

则有

$$\begin{pmatrix} a_1 & a_2 \\ & a_3 \end{pmatrix}\begin{pmatrix} x & m \\ & y \end{pmatrix}+\begin{pmatrix} x & m \\ & y \end{pmatrix}\begin{pmatrix} b_1 & b_2 \\ & b_3 \end{pmatrix}\in Z(U)$$

对所有的 $x\in A, m\in M$, 以及 $y\in B$. 上面等式可导出

$$(a_1x+xb_1)\oplus(a_3y+yb_3)\in Z(U), \tag{2.3.1}$$

$$a_1m+a_2y+xb_2+mb_3=0 \tag{2.3.2}$$

对所有的 $x\in A, m\in M$, 以及 $b\in B$. 在 (2.3.2) 中取 $x=y=0$, 得到

$$a_1m+mb_3=0$$

对所有的 $m\in M$. 这样, 由三角代数的中心结构可知, $a_1\oplus(-b_3)\in Z(U)$. 在 (2.3.1) 中取 $x=1$, $y=0$, 得到 $a_1=-b_1$. 进一步, 可见 $b_2=0$. 类似地, 我们可得到, $a_3=-b_3$ 与 $a_2=0$. 因此, $a=-b\in Z(U)$. □

我们用 $T_n(R)$ 表示 R 上的上三角矩阵代数. 用 $\mathcal{N}$ 表示一个复数域 C 上的 Hilbert 空间的一个套. $\mathcal{T}(\mathcal{N})$ 代表关于 $\mathcal{N}$ 的套代数.

引理 2.3.2 $Z(T_n(R))_k=R\cdot 1$ 以及 $Z(\mathcal{T}(\mathcal{N}))_k=C\cdot 1$ 对任意的正整数 k.

证明 首先考虑上三角矩阵代数. 对 k 使用归纳法. 当 $k=1$ 时, 可知

$$Z(T_n(R))_1=Z(T_n(R))=R\cdot 1.$$

下面考虑 $k>1$ 情况. 任取 $a\in Z(T_n(R))_k$, 有

$$[d(x),x]_{k-1}=0$$

对所有的 $x\in T_n(R)$, 这里, $d(x)=[a,x]$ 对所有的 $x\in T_n(R)$. 把 $T_n(R)$ 看成如下的三角代数

$$\begin{pmatrix} R & R^{n-1} \\ & T_{n-1}(R) \end{pmatrix}.$$

由归纳假设得

$$Z(T_{n-1}(R))_{k-1}=R\cdot 1.$$

由于 d 是 $T_n(R)$ 上的 $(k-1)$-交换化线性映射, 由推论 2.2.2 可得, 存在 $\lambda\in R$ 与 $\mu: T_n(R)\to R\cdot 1$ 使得

$$d(x)=[a,x]=\lambda x+\mu(x)$$

对所有的 $x \in T_n(R)$. 由此可得

$$(a-\lambda)x + x(-a) \in R \cdot 1$$

对所有的 $x \in T_n(R)$. 根据引理 2.3.1 可知, $a \in R \cdot 1$. 故有, $Z(T_n(R))_k = R \cdot 1$.

下面考虑套代数. 同样对 k 使用归纳法. 当 $k=1$ 时, 可由 $Z(\mathcal{T}(\mathcal{N})) = C \cdot 1$ 得知结论成立 (参见 [1, 推论 19.5]). 下面考虑 $k>1$ 的情况.

任取 $a \in Z(\mathcal{T}(\mathcal{N}))_k$. 则

$$[d(x), x]_{k-1} = 0$$

对所有的 $x \in \mathcal{T}(\mathcal{N})$, 这里 $d(x) = [a, x]$ 对所有的 $x \in \mathcal{T}(\mathcal{N})$. 若 $\mathcal{T}(\mathcal{N})$ 是一个平凡套代数, 则 $\mathcal{T}(\mathcal{N})$ 是中心闭素代数. 根据 [2, 定理 1] 可知, $d=0$. 也就是, $a \in C \cdot 1$. 因此, $Z(\mathcal{T}(\mathcal{N}))_k = C \cdot 1$.

下面假设 $\mathcal{T}(\mathcal{N})$ 是一个非平凡套代数. 把 $\mathcal{T}(\mathcal{N})$ 看成如下的三角代数

$$\begin{pmatrix} \mathcal{T}(\mathcal{N}_1) & E\mathcal{T}(\mathcal{N})(1-E) \\ & \mathcal{T}(\mathcal{N}_2) \end{pmatrix}.$$

由归纳假设知

$$Z(\mathcal{T}(\mathcal{N}_1))_{k-1} = Z(\mathcal{T}(\mathcal{N}_2))_{k-1} = C \cdot 1.$$

由于 d 是 $\mathcal{T}(\mathcal{N})$ 上的 $(k-1)$-交换化线性映射, 由推论 2.2.2 可得, 存在 $\lambda \in C$ 与 $\mu : \mathcal{T}(\mathcal{N}) \to C \cdot 1$ 使得

$$d(x) = [a, x] = \lambda x + \mu(x)$$

对所有的 $x \in \mathcal{T}(\mathcal{N})$. 按照上面的证明方法可得, $a \in C \cdot 1$. 因此, $Z(\mathcal{T}(\mathcal{N}))_k = C \cdot 1$.

□

下面我们给出上三角矩阵代数与套代数上的 k-交换化线性映射的刻画.

推论 2.3.1 上三角矩阵代数上的每一个 k-交换化线性映射均具有标准形式.

证明 可由推论 2.2.2 与引理 2.3.2 直接得到. □

推论 2.3.2 套代数上的每一个 k-交换化线性映射均具有标准形式.

证明 设 $\mathcal{T}(\mathcal{N})$ 是一个套代数. 若 $\mathcal{T}(\mathcal{N})$ 是一个平凡套代数, 则 $\mathcal{T}(\mathcal{N})$ 是一个中心素代数. 由 [3, 定理 1] 可知结论成立. 若 $\mathcal{T}(\mathcal{N})$ 是一个非平凡套代数, 则此结果可由推论 2.2.2 与引理 2.3.2 得到. □

2.4 注　　记

1993 年, Brešar 首先研究了素环上交换化可加映射 (见文献 [4]). 他证明了素环上每一个交换化可加映射一定是标准的. 素环上的 k-交换化可加映射要比交换

化可加映射复杂许多. Brešar 于 1995 年证明了中心素代数上每一个 k-交换化可加映射都是标准的 (见文献 [3]). 1998 年, Beidar 与 Martindale 使用环上函数恒等式理论讨论了素环上 k-交换化可加映射 (见文献 [5]). 关于交换化映射及其应用的详细介绍可参见文献 [6].

三角代数上的映射问题研究始于 Cheung 在 2001 年发表的一篇论文 (见文献 [7]). 他在此论文中给出了三角代数上交换化线性映射的一种刻画 (见 [7, 定理 8]). 他所给出的三个假设条件已经成为研究三角代数上映射问题的首选假设条件 (见推论 2.2.1 的假设条件). 例如, Xiao 和 Wei 通过使用这三个假设条件给出了广义矩阵代数上交换化线性映射的一种刻画 (见文献 [8]).

本章的主要内容是讨论三角代数上的 k-交换化线性映射. 主要方法是使用了所谓的 k-中心概念. 通过使用此概念加上一些证明技巧得到了三角代数上 k-交换化线性映射的一种刻画. 作为定理的推论得到, 任意上三角矩阵代数与套代数上每一个 k-交换化线性映射一定是标准的. 本章的内容可见文献 [9].

通过本章的结果可见, 研究三角代数上映射一般分为三个步骤:

(1) 在三角代数上设定若干假设条件, 给出定理的具体形式. 这些假设条件应该在上三角矩阵代数以及套代数上自然成立, 这样才能把三角代数上的映射结果直接应用到上三角矩阵代数与套代数上. 当然, 所施加的假设条件越简明越好.

(2) 给出定理的有效的证明方法. 证明方法大致分三个方面:

(A) 使用矩阵运算或者幂等元分解方法, 这是基本的研究方法.

(B) 在算子代数上的映射结果的证明中抽象出假设条件和代数证明方法.

(C) 借鉴 (半) 素环上映射结果的证明方法. 目前已经采用了极大左商环和函数恒等式这两种研究方法.

(3) 作为主要定理的应用, 给出上三角矩阵代数以及套代数上相应映射的刻画.

本书中使用的证明方法基本属于 (A) 和 (C). 需要说明的是, 假设条件与证明方法是相互影响的, 选择不同的方法会需要不同的假设条件. 有些映射结果甚至没有施加任何假设条件 (见第 12 章中的结果).

参 考 文 献

[1] Davidson K R. Nest Algebras. Pitman Research Notes in Mathematics Series, 191. Harlow: Longman Scientific & Technical, 1988.

[2] Lanski C. An engel condition with derivation for left. ideals. Proc. Amer. Math. Soc., 1997, 125: 339-345.

[3] Brešar M. Applying the theorem on functional identities. Nova J. Math. Game Th. Algebra, 1995, 4: 43-54.

[4] Brešar M. Centralizing mappings and derivations in prime rings. J. Algebra, 1993, 156: 385-394.

[5] Beidar K I, Martindale W S. On functional identities in prime rings with involution. J. Algebra, 1998, 203: 491-532.

[6] Brešar M. Commuting maps: A survey. Taiwanese J. Math., 2004, 8: 361-397.

[7] Cheung W S. Commuting maps of triangular algebras. J. London Math. Soc., 2001, 63: 117-127.

[8] Xiao Z K, Wei F. Commuting mappings of generalized matrix algebras. Linear Algebra Appl., 2010, 433: 2178-2197.

[9] Du Y Q, Wang Y. k-Commuting maps on triangular algebras. Linear Algebra Appl., 2012, 436: 1367-1375.

第 3 章　三角环上的强交换保持广义导子

本章首先介绍三角环上导子与广义导子的表达形式, 然后给出三角环上强交换保持广义导子对的一种刻画. 作为主要结果的推论, 给出上三角矩阵代数与套代数上强交换保持广义导子的刻画.

3.1　定义及性质

设 R 是一个结合环. 令 $[x,y]=xy-yx$ 代表 $x,y\in R$ 的交换子. 用 $[R,R]$ 代表 R 的所有交换子生成的可加子群.

定义 3.1.1　一个可加映射 $d:R\to R$ 称为导子, 如果

$$d(xy)=d(x)y+xd(y)$$

对所有的 $x,y\in R$.

定义 3.1.2　一个可加映射 $g:R\to R$ 称为广义导子, 如果存在 R 的一个导子 d 使得

$$g(xy)=g(x)y+xd(y)$$

对所有的 $x,y\in R$.

显然, 导子一定是广义导子. 易见, 一个映射 $g:x\mapsto ax+xb$, 这里 $a,b\in R$, 是一个广义导子. 称此广义导子 g 为内广义导子.

定义 3.1.3　一个可加映射 $f:R\to R$ 称为强交换保持映射, 如果

$$[f(x),f(y)]=[x,y]$$

对所有的 $x,y\in R$.

定义 3.1.4　设 f 和 g 是 R 的两个可加映射. 如果

$$[f(x),g(y)]=[x,y]$$

对所有的 $x,y\in R$, 则称 f 和 g 是一对强交换保持对.

3.2　三角环上导子与广义导子

设 A 与 B 是两个 "1" 的环. 设 M 是一个忠实 (A,B)-双模. 则

$$U=\mathrm{Tri}(A,M,B)=\left\{\left(\begin{array}{cc}a & m\\ & b\end{array}\right)\ \middle|\ a\in A,m\in M,b\in B\right\}$$

在通常的矩阵运算下构成一个环. 我们称 U 为三角环.

下面结果给出了三角环上导子的刻画, 它的证明参见文献 [1].

命题 3.2.1 设 $U = \mathrm{Tri}(A, M, B)$ 是一个三角环. 则 U 上的一个可加映射 d 是导子的充分必要条件是

$$d\begin{pmatrix} a & m \\ & b \end{pmatrix} = \begin{pmatrix} p_A(a) & as - sb + f(m) \\ & p_B(b) \end{pmatrix}$$

对所有的 $a \in A$, $b \in B$, $m \in M$, 这里 $s \in M$, 且

(1) p_A 是 A 的一个导子, $f(am) = p_A(a)m + af(m)$,

(2) p_B 是 B 的一个导子, $f(mb) = mp_B(b) + f(m)b$.

证明 假设 d 是 U 的一个导子. 则 d 可表成如下形式:

$$d\begin{pmatrix} a & m \\ & b \end{pmatrix} = \begin{pmatrix} p_A(a) + q_B(b) + k_1(m) & r_1(a) - r_2(b) + f(m) \\ & p_B(b) + q_A(a) + k_2(m) \end{pmatrix}.$$

令 $d(1 \oplus 0) = \begin{pmatrix} i & s \\ & j \end{pmatrix}$. 由于

$$\begin{aligned} \begin{pmatrix} i & s \\ & j \end{pmatrix} &= d(1 \oplus 0) = d((1 \oplus 0)(1 \oplus 0)) \\ &= d(1 \oplus 0)(1 \oplus 0) + (1 \oplus 0)d(1 \oplus 0) \\ &= \begin{pmatrix} 2i & s \\ & 0 \end{pmatrix}, \end{aligned}$$

可见, $i = 0$, $j = 0$. 考虑

$$\begin{aligned} \begin{pmatrix} p_A(a) & r_1(a) \\ & q_A(a) \end{pmatrix} &= d(a \oplus 0) = d((a \oplus 0)(1 \oplus 0)) \\ &= d(a \oplus 0)(1 \oplus 0) + (a \oplus 0)d(1 \oplus 0) \\ &= \begin{pmatrix} p_A(a) & r_1(a) \\ & q_A(a) \end{pmatrix}\begin{pmatrix} 1 & 0 \\ & 0 \end{pmatrix} + \begin{pmatrix} a & 0 \\ & 0 \end{pmatrix}\begin{pmatrix} 0 & s \\ & 0 \end{pmatrix} \\ &= \begin{pmatrix} p_A(a) & as \\ & 0 \end{pmatrix}, \end{aligned}$$

可见, $r_1(a) = as$, $q_A = 0$. 由于

$$
\begin{aligned}
0 &= d((1 \oplus 0)(0 \oplus b)) \\
&= (1 \oplus 0)d(0 \oplus b) + d(1 \oplus 0)(0 \oplus b) \\
&= \begin{pmatrix} 1 & 0 \\ & 0 \end{pmatrix} \begin{pmatrix} q_B(b) & -r_2(b) \\ & p_B(b) \end{pmatrix} + \begin{pmatrix} 0 & s \\ & 0 \end{pmatrix} \begin{pmatrix} 0 & 0 \\ & b \end{pmatrix} \\
&= \begin{pmatrix} q_B(b) & sb - r_2(b) \\ & 0 \end{pmatrix},
\end{aligned}
$$

可得, $r_2(b) = sb$, $q_B = 0$. 进一步, 由于

$$
\begin{aligned}
0 &= d\left(\begin{pmatrix} 0 & m \\ & 0 \end{pmatrix} \begin{pmatrix} 1 & 0 \\ & 0 \end{pmatrix} \right) \\
&= d\begin{pmatrix} 0 & m \\ & 0 \end{pmatrix} \begin{pmatrix} 1 & 0 \\ & 0 \end{pmatrix} + \begin{pmatrix} 0 & m \\ & 0 \end{pmatrix} d\begin{pmatrix} 1 & 0 \\ & 0 \end{pmatrix} \\
&= \begin{pmatrix} k_1(m) & f(m) \\ & k_2(m) \end{pmatrix} \begin{pmatrix} 1 & 0 \\ & 0 \end{pmatrix} + \begin{pmatrix} 0 & m \\ & 0 \end{pmatrix} \begin{pmatrix} 0 & s \\ & 0 \end{pmatrix} \\
&= \begin{pmatrix} k_1(m) & 0 \\ & 0 \end{pmatrix},
\end{aligned}
$$

可见, $k_1 = 0$. 类似地, 由于

$$
\begin{aligned}
\begin{pmatrix} k_1(m) & f(m) \\ & k_2(m) \end{pmatrix} &= d\left(\begin{pmatrix} 1 & 0 \\ & 0 \end{pmatrix} \begin{pmatrix} 0 & m \\ & 0 \end{pmatrix} \right) \\
&= d\begin{pmatrix} 1 & 0 \\ & 0 \end{pmatrix} \begin{pmatrix} 0 & m \\ & 0 \end{pmatrix} + \begin{pmatrix} 1 & 0 \\ & 0 \end{pmatrix} \begin{pmatrix} k_1(m) & f(m) \\ & k_2(m) \end{pmatrix} \\
&= \begin{pmatrix} k_1(m) & f(m) \\ & 0 \end{pmatrix},
\end{aligned}
$$

可见, $k_2 = 0$. 这样, 我们已经得到 d 的表达形式. 下面证明 p_A 和 p_B 均为导子. 由于

$$
\begin{aligned}
&\begin{pmatrix} p_A(aa') & aa's - sbb' \\ & p_B(bb') \end{pmatrix} \\
&= d(aa' \oplus bb') \\
&= d(a \oplus b)(a' \oplus b') + (a \oplus b)d(a' \oplus b')
\end{aligned}
$$

$$=\begin{pmatrix} p_A(a) & as-sb \\ & p_B(b) \end{pmatrix}\begin{pmatrix} a' & 0 \\ & b' \end{pmatrix}+\begin{pmatrix} a & 0 \\ & b \end{pmatrix}\begin{pmatrix} p_A(a') & a's-sb' \\ & p_B(b') \end{pmatrix}$$

$$=\begin{pmatrix} p_A(a)a'+ap_A(a') & aa's-sbb' \\ & p_B(b)b'+bp_B(b') \end{pmatrix},$$

可见 p_A 和 p_B 均为导子. 由于

$$\begin{aligned}\begin{pmatrix} 0 & f(am) \\ & 0 \end{pmatrix} &= d\left(\begin{pmatrix} a & 0 \\ & b \end{pmatrix}\begin{pmatrix} 0 & m \\ & 0 \end{pmatrix}\right) \\ &= d\begin{pmatrix} a & 0 \\ & 0 \end{pmatrix}\begin{pmatrix} 0 & m \\ & 0 \end{pmatrix}+d\begin{pmatrix} a & 0 \\ & 0 \end{pmatrix}\begin{pmatrix} 0 & m \\ & 0 \end{pmatrix} \\ &= \begin{pmatrix} p_A(a) & as \\ & 0 \end{pmatrix}\begin{pmatrix} 0 & m \\ & 0 \end{pmatrix}+\begin{pmatrix} a & 0 \\ & 0 \end{pmatrix}\begin{pmatrix} 0 & f(m) \\ & 0 \end{pmatrix} \\ &= \begin{pmatrix} 0 & p_A(a)m+af(m) \\ & 0 \end{pmatrix},\end{aligned}$$

我们得到

$$f(am)=p_A(a)m+af(m).$$

类似地, 可得

$$f(mb)=mp_B(b)+f(m)b.$$

反过来, 假设 d 是 U 的一个可加映射, 满足

$$d\begin{pmatrix} a & m \\ & b \end{pmatrix}=\begin{pmatrix} p_A(a) & as-sb+f(m) \\ & p_B(b) \end{pmatrix},$$

并且, (1) 和 (2) 成立. 则有

$$\begin{aligned}& d\left(\begin{pmatrix} a & m \\ & b \end{pmatrix}\begin{pmatrix} a' & m' \\ & b' \end{pmatrix}\right) \\ =& d\begin{pmatrix} aa' & am'+mb' \\ & bb' \end{pmatrix} \\ =& \begin{pmatrix} p_A(aa') & aa's-sbb'+f(am'+mb') \\ & p_B(bb') \end{pmatrix} \\ =& \begin{pmatrix} p_A(a)a'+ap_A(a') & \begin{matrix} aa's+p_A(a)m'+af(m') \\ -sbb'+mp_B(b')+f(m)b' \end{matrix} \\ & p_B(b)b'+bp_B(b') \end{pmatrix}\end{aligned}$$

$$
\begin{aligned}
&= \begin{pmatrix} p_A(a) & as - sb + f(m) \\ & p_B(b) \end{pmatrix} \begin{pmatrix} a' & m' \\ & b' \end{pmatrix} \\
&\quad + \begin{pmatrix} a & m \\ & b \end{pmatrix} \begin{pmatrix} p_A(a') & a's - sb' + f(m') \\ & p_B(b') \end{pmatrix} \\
&= d\begin{pmatrix} a & m \\ & b \end{pmatrix} \begin{pmatrix} a' & m' \\ & b' \end{pmatrix} + \begin{pmatrix} a & m \\ & b \end{pmatrix} d\begin{pmatrix} a' & m' \\ & b' \end{pmatrix}.
\end{aligned}
$$

由此可见, d 是一个导子. □

我们指出, 命题 3.2.1 中的条件 “p_A 和 p_B 是导子” 是可以去掉的. 具体如下.

命题 3.2.2　设 $U = \mathrm{Tri}(A, M, B)$ 是一个三角环. 则 U 上的一个可加映射 d 是导子的充分必要条件是

$$
d\begin{pmatrix} a & m \\ & b \end{pmatrix} = \begin{pmatrix} p_A(a) & as - sb + f(m) \\ & p_B(b) \end{pmatrix}
$$

对所有的 $a \in A, b \in B, m \in M$, 这里 $s \in M$, 且

(1) $f(am) = p_A(a)m + af(m)$,

(2) $f(mb) = mp_B(b) + f(m)b$.

证明　我们只需证明充分条件. 假设 (1) 成立. 则有

$$
f(aa'm) = p_A(aa')m + aa'f(m).
$$

另外, 得

$$
\begin{aligned}
f(aa'm) &= p_A(a)a'm + af(a'm) \\
&= p_A(a)a'm + ap_A(a')m + aa'f(m).
\end{aligned}
$$

比较上面两个式子得

$$
p_A(aa')m = p_A(a)a'm + ap_A(a')m
$$

对所有的 $m \in M$. 由于 M 是忠实左 A-模, 得到

$$
p_A(aa') = p_A(a)a' + ap_A(a'),
$$

也就是, p_A 是 A 的一个导子. 类似地, 可由 (2) 得到, p_B 是 B 的一个导子. 这样, 由命题 3.2.1 可得 d 是一个导子. □

下面给出三角环上广义导子的一种刻画.

命题 3.2.3 设 $U=\mathrm{Tri}(A,M,B)$ 是一个三角环. 设 g 是 U 上的一个广义导子. 则有

$$g\begin{pmatrix} a & m \\ & b \end{pmatrix}=\begin{pmatrix} a_0a+p_A(a) & as+tb+a_0m+f(m) \\ & b_0b+p_B(b) \end{pmatrix}$$

对所有的 $a\in A$, $b\in B$, $m\in M$, 这里 $a_0\in A$, $b_0\in B$, $s,t\in M$, 且

(1) p_A 是 A 的一个导子, $f(am)=p_A(a)m+af(m)$,

(2) p_B 是 B 的一个导子, $f(mb)=mp_B(b)+f(m)b$.

证明 由于 g 是 U 上的一个广义导子, 我们得到

$$g(xy)=g(x)y+xd(y)$$

对所有的 $x,y\in U$, 这里 d 是 U 的一个导子. 取 $x=1$, 得到

$$g(y)=g(1)y+d(y)$$

对所有的 $y\in U$. 根据命题 3.2.1 可知

$$d\begin{pmatrix} a & m \\ 0 & b \end{pmatrix}=\begin{pmatrix} p_A(a) & as-sb+f(m) \\ & p_B(b) \end{pmatrix}$$

对所有的 $a\in A$, $b\in B$, $m\in M$, 这里 $s\in M$, 且有

(1) p_A 是 A 的一个导子, $f(am)=p_A(a)m+af(m)$,

(2) p_B 是 B 的一个导子, $f(mb)=mp_B(b)+f(m)b$.

令

$$g(1)=\begin{pmatrix} a_0 & m_0 \\ & b_0 \end{pmatrix}.$$

则有

$$\begin{aligned} g\begin{pmatrix} a & m \\ & b \end{pmatrix}&=\begin{pmatrix} a_0 & m_0 \\ & b_0 \end{pmatrix}\begin{pmatrix} a & m \\ & b \end{pmatrix}+\begin{pmatrix} p_A(a) & as-sb+f(m) \\ & p_B(b) \end{pmatrix} \\ &=\begin{pmatrix} a_0a+p_A(a) & as+tb+a_0m+f(m) \\ & b_0b+p_B(b) \end{pmatrix} \end{aligned}$$

对所有的 $a\in A$, $b\in B$, $m\in M$, 这里 $t=m_0-s$. □

3.3 主要结果

关于三角环的中心结果将在定理证明中经常使用.

性质 3.3.1　设 $U = \mathrm{Tri}(A, M, B)$ 是一个三角环. 则 U 的中心

$$Z(U) = \{a \oplus b \mid am = mb \text{ 对任意的 } m \in M\}.$$

并且 $\pi_A(Z(U)) \subseteq Z(A)$ 以及 $\pi_B(Z(U)) \subseteq Z(B)$, 存在一个环同构 $\tau : \pi_A(Z(U)) \to \pi_B(Z(U))$ 使得 $am = m\tau(a)$ 对任意的 $m \in M$.

下面给出本章的主要结果.

定理 3.3.1　设 $U = \mathrm{Tri}(A, M, B)$ 是一个三角环, 并且 A 与 B 至少有一个不包含非零中心理想. 假设 g_1 与 g_2 是两个广义导子, 满足下面条件:

$$[g_1(x), g_2(y)] = [x, y]$$

对所有的 $x, y \in U$. 则存在可逆元 $\lambda \in Z(U)$ 和 $u \in U$, 使得

$$g_1(x) = \lambda^{-1}x + [x, u] \quad \text{与} \quad g_2(x) = \lambda^2 g_1(x)$$

对所有的 $x \in U$, 并且, $u[U, U] = 0 = [U, U]u$.

证明　不妨假设 A 不包含非零中心理想. 由命题 3.2.3 可设

$$g_1\begin{pmatrix} a & m \\ & b \end{pmatrix} = \begin{pmatrix} a_0 a + p_A(a) & as + tb + a_0 m + f(m) \\ & b_0 b + p_B(b) \end{pmatrix}$$

以及

$$g_2\begin{pmatrix} a' & m' \\ & b' \end{pmatrix} = \begin{pmatrix} a'_0 a' + p'_A(a') & a's' + t'b' + a'_0 m' + f'(m') \\ & b'_0 b' + p'_B(b') \end{pmatrix}$$

对所有的 $a, a' \in A$, $b, b' \in B$, $m, m' \in M$, 这里 $a_0, a'_0 \in A$, $b_0, b'_0 \in B$, $s, s', t, t' \in M$. 并且满足下列条件

(1) p_A, p'_A 是 A 的两个导子, 且

$$f(am) = p_A(a)m + af(m) \quad \text{与} \quad f'(a'm') = p'_A(a')m' + a'f'(m'),$$

(2) p_B, p'_B 是 B 的两个导子, 且

$$f(mb) = mp_B(b) + f(m)b \quad \text{与} \quad f'(m'b') = m'p'_B(b') + f'(m')b'.$$

由假设条件得

$$\left[g_1\begin{pmatrix} a & m \\ & b \end{pmatrix}, g_2\begin{pmatrix} a' & m' \\ & b' \end{pmatrix}\right] = \left[\begin{pmatrix} a & m \\ & b \end{pmatrix}, \begin{pmatrix} a' & m' \\ & b' \end{pmatrix}\right] \tag{3.3.1}$$

对所有的 $a, a' \in A$, $b, b' \in B$, 以及 $m, m' \in M$. 下面的证明将分成几个步骤.

步骤 1 我们指出

$$a_0(a'_0m' + f'(m')) = m', \tag{3.3.2}$$

$$a'_0(a_0m + f(m)) = m \tag{3.3.3}$$

对所有的 $m, m' \in M$.

在 (3.3.1) 中取 $a = 1_A$, $b = m = 0$, 以及 $a' = b' = 0$, 得到

$$\left[\begin{pmatrix} a_0 & s \\ & 0 \end{pmatrix}, \begin{pmatrix} 0 & a'_0m' + f'(m') \\ & 0 \end{pmatrix}\right] = \left[\begin{pmatrix} 1_A & 0 \\ & 0 \end{pmatrix}, \begin{pmatrix} 0 & m' \\ & 0 \end{pmatrix}\right]$$

对所有的 $m' \in M$. 从而

$$a_0(a'_0m' + f'(m')) = m'$$

对所有的 $m' \in M$. 类似地, 在 (3.3.1) 中取 $a = b = 0$, $a' = 1_A$, 以及 $b' = m' = 0$, 可得

$$a'_0(a_0m + f(m)) = m$$

对所有的 $m \in M$.

步骤 2 我们指出, $a_0 + b_0, a'_0 + b'_0 \in Z(U)$.

在 (3.3.1) 中取 $a = 1_A$, $b = 1_B$, $m = 0$, $a' = b' = 0$, 得到

$$\left[\begin{pmatrix} a_0 & s+t \\ & b_0 \end{pmatrix}, \begin{pmatrix} 0 & a'_0m' + f'(m') \\ & 0 \end{pmatrix}\right] = 0$$

对所有的 $m' \in M$. 由此可见

$$a_0(a'_0m' + f'(m')) - (a'_0m' + f'(m'))b_0 = 0$$

对所有的 $m' \in M$. 用 a_0 左乘上面的式子, 获得

$$a_0(a_0(a'_0m' + f'(m'))) = (a_0(a'_0m' + f'(m')))b_0$$

对所有的 $m' \in M$. 将 (3.3.2) 代入上面式子中, 可得

$$a_0m' = m'b_0$$

对所有的 $m' \in M$. 因此, $a_0 + b_0 \in Z(U)$. 类似地, 我们可以得出, $a'_0 + b'_0 \in Z(U)$.

步骤 3 我们指出

$$a_0p'_A(a) = 0, \quad b_0p'_B(b) = 0, \quad a'_0p_A(a) = 0, \quad b'_0p_B(b) = 0$$

对所有的 $a \in A, b \in B$.

在 (3.3.2) 中用 $m'b$ 代替 m', 得到

$$a_0(a_0'm'b + f'(m')b + m'p_B'(b)) = m'b$$

对所有的 $b \in B, m' \in M$. 用 $b \in B$ 右乘 (3.3.2), 获得

$$a_0(a_0'm' + f'(m'))b = m'b$$

对所有的 $b \in B, m' \in M$. 比较上面两个等式可得, $a_0m'p_B'(b) = 0$. 由于 $a_0 + b_0 \in Z(U)$, 我们可见, $m'b_0p_B'(b) = 0$ 对所有的 $b \in B, m' \in M$. 由于 M 是忠实 B-右模, 可得 $b_0p_B'(b) = 0$ 对所有的 $b \in B$. 类似地, 在 (3.3.2) 中用 am' 代替 m', 可得

$$a_0(a_0'am' + af'(m') + p_A'(a)m') = am'$$

对所有的 $a \in A, m' \in M$. 用 $a \in A$ 左乘 (3.3.2) 可得

$$a_0(a_0'am' + af'(m')) = am'$$

对所有的 $a \in A, m' \in M$. 比较上面两个等式可推出, $a_0p_A'(a)m' = 0$ 对所有的 $a \in A, m' \in M$. 由 M 的忠实性得, $a_0p_A'(a) = 0$ 对所有的 $a \in A$. 由于 g_1 与 g_2 是对称的, 可类似得到, $a_0'p_A(a) = 0$ 与 $b_0'p_B(b) = 0$ 对所有的 $a \in A, b \in B$.

步骤 4　我们指出, $a_0' = a_0^{-1}$ 与 $b_0' = b_0^{-1}$, 且有

$$f = f' = 0, \quad p_A = p_A' = 0, \quad p_B = p_B' = 0.$$

在 (3.3.1) 中取 $m = m' = 0, b = b' = 0$, 得到

$$\begin{aligned} &\left[\begin{pmatrix} a_0a + p_A(a) & as \\ & 0 \end{pmatrix}, \begin{pmatrix} a_0'a' + p_A(a') & a's' \\ & 0 \end{pmatrix}\right] \\ &= \left[\begin{pmatrix} a & 0 \\ & 0 \end{pmatrix}, \begin{pmatrix} a' & 0 \\ & 0 \end{pmatrix}\right] \end{aligned} \tag{3.3.4}$$

对所有的 $a, a' \in A$. 这样, 由 (3.3.4) 可得

$$[a_0a + p_A(a), a_0'a' + p_A'(a')] = [a, a'] \tag{3.3.5}$$

对所有的 $a, a' \in A$. 用 $a_0 \in Z(A)$ 乘 (3.3.5) 可得

$$a_0[a_0a + p_A(a), a_0'a' + p_A'(a')] = a_0[a, a']$$

对所有的 $a, a' \in A$. 由于 $a_0, a'_0 \in Z(A)$, $a_0 p'_A(a') = a'_0 p_A(a) = 0$ 对所有的 $a, a' \in A$, 我们可从上面等式推出

$$\begin{aligned}[a_0 a, a'] &= a_0[a_0 a + p_A(a), a'_0 a' + p'_A(a')]\\ &= [a_0 a + p_A(a), a_0 a'_0 a' + a_0 p'_A(a')]\\ &= [a_0 a + p_A(a), a_0 a'_0 a']\\ &= [a'_0 a_0 a + a'_0 p_A(a), a_0 a']\\ &= [a'_0 a_0 a, a_0 a']\\ &= [a'_0 a_0^2 a, a'],\end{aligned}$$

进而

$$[a_0 a - a'_0 a_0^2 a, a'] = 0$$

对所有的 $a, a' \in A$. 因此

$$a_0(1_A - a'_0 a_0)a \in Z(A)$$

对所有的 $a \in A$. 也就是说, $a_0(1_A - a'_0 a_0)A$ 是 A 的一个中心理想. 由假设可知, $a_0(1_A - a'_0 a_0) = 0$. 用 $(1_A - a'_0 a_0)$ 乘 (3.3.2) 可得

$$(1_A - a'_0 a_0)m' = (1_A - a'_0 a_0)a_0(a'_0 m' + f'(m')) = 0$$

对所有的 $m' \in M$. 即, $(1_A - a'_0 a_0)M = 0$. 由于 M 是忠实左 A-模, 得到

$$1_A - a'_0 a_0 = 0,$$

即, $a'_0 a_0 = 1_A$. 这样, $a'_0 = a_0^{-1}$ 是 $\pi_A(Z(U))$ 中的可逆元. 考虑 $a_0 + b_0, a'_0 + b'_0 \in Z(U)$, 我们容易验证, $b'_0 = b_0^{-1}$ 也是 $\pi_B(Z(U))$ 中的可逆元.

从上面的讨论可知, (3.3.2) 和 (3.3.3) 可表成

$$m' + a_0 f'(m') = m' \quad 与 \quad m + a'_0 f(m) = m$$

对所有的 $m, m' \in M$. 故有 $a_0 f'(m') = 0$ 以及 $a'_0 f(m) = 0$. 从而

$$f(m) = f'(m') = 0$$

对所有的 $m' \in M$. 考虑 $a'_0 = a_0^{-1}$ 和 $b'_0 = b_0^{-1}$, 可从步骤 3 推出

$$p_A = p'_A = 0 \quad 以及 \quad p_B = p'_B = 0.$$

步骤 5 我们指出, $s = -t$, $s' = t'$, $s' = (a'_0)^2 s$, 且有

$$[A, A]s' = 0 = s[B, B].$$

在 (3.3.1) 中取 $m=m'=0$, 得到

$$
\begin{aligned}
&\left[\begin{pmatrix} a_0a+p_A(a) & as+tb \\ & b_0b+p_B(b) \end{pmatrix}, \begin{pmatrix} a'_0a'+p_A(a') & a's'+t'b' \\ & b'_0b'+p'_B(b') \end{pmatrix}\right] \\
&=\left[\begin{pmatrix} a & 0 \\ & b \end{pmatrix}, \begin{pmatrix} a' & 0 \\ & b \end{pmatrix}\right]
\end{aligned}
\tag{3.3.6}
$$

对所有的 $a,a'\in A$, $b,b'\in B$. 由 (3.3.6) 可得

$$
a_0a(a's'+t'b')+(as+tb)b'_0b'-a'_0a'(as+tb)-(a's'+t'b')b_0b=0 \tag{3.3.7}
$$

对所有的 $a,a'\in A$, $b,b'\in B$. 在 (3.3.7) 中取 $b=b'=0$, 得到

$$
a_0aa's'-a'_0a'as=0 \tag{3.3.8}
$$

对所有的 $a,a'\in A$. 在 (3.3.8) 中取 $a=a'=1_A$, 得到, $a_0s'=a'_0s$. 这样, 由 (3.3.8) 可得

$$
a_0(aa'-a'a)s'=0,
$$

从而, $(aa'-a'a)s'=0$. 即, $[A,A]s'=0$. 考虑 $a_0s'=a'_0s$, 我们容易验证, $[A,A]s=0$.

在 (3.3.7) 中取 $a=a'=0$, 得到

$$
tbb'_0b'-t'b'b_0b=0 \tag{3.3.9}
$$

对所有的 $b,b'\in B$. 在 (3.3.9) 中取 $b=b'=1_B$, 可得 $tb'_0=t'b_0$. 这样, 由 (3.3.9) 可推出, $t[b,b']b'_0=0$. 由于 b'_0 是可逆元, 我们得到 $t[b,b']=0$. 即, $t[B,B]=0$.

在 (3.3.7) 中取 $a=0$, $b'=0$, $a'=1_A$, 以及 $b=1_B$, 得出

$$
a'_0t=-s'b_0.
$$

进一步, 在 (3.3.7) 中取 $a'=0$, $b=0$, $a=1_A$, 以及 $b'=1_B$, 可得 $a_0t'=-sb'_0$. 使用 $a_0s'=a'_0s$, 我们容易验证, $s=-t$, $s'=-t'$, 以及 $s'=(a'_0)^2s$.

令 $\lambda=a'_0\oplus b'_0$. 则有 $\lambda^{-1}=a_0\oplus b_0$. 使用步骤 2、步骤 4, 以及步骤 5 中的等式, 我们获得

$$
\begin{aligned}
g_1\begin{pmatrix} a & m \\ & b \end{pmatrix} &= \begin{pmatrix} a_0a & as+tb+a_0m \\ & b_0b \end{pmatrix} \\
&=\lambda^{-1}\begin{pmatrix} a & m \\ & b \end{pmatrix}+\left[\begin{pmatrix} a & m \\ & b \end{pmatrix}, \begin{pmatrix} 0 & s \\ & 0 \end{pmatrix}\right]
\end{aligned}
$$

以及

$$g_2\begin{pmatrix} a & m \\ & b \end{pmatrix} = \lambda\begin{pmatrix} a & m \\ & b \end{pmatrix} + \left[\begin{pmatrix} a & m \\ & b \end{pmatrix}, \begin{pmatrix} 0 & (a_0')^2 s \\ & 0 \end{pmatrix}\right]$$
$$= \lambda\begin{pmatrix} a & m \\ & b \end{pmatrix} + \left[\begin{pmatrix} a & m \\ & b \end{pmatrix}, \lambda^2\begin{pmatrix} 0 & s \\ & 0 \end{pmatrix}\right]$$
$$= \lambda^2 g_1\begin{pmatrix} a & m \\ & b \end{pmatrix}$$

对所有的 $a \in A$, $b \in B$, $m \in M$. 令 $u = \begin{pmatrix} 0 & s \\ & 0 \end{pmatrix}$. 根据步骤 5, 容易验证, $u[U,U] = 0 = [U,U]u$. □

引理 3.3.1 $U = \mathrm{Tri}(A,M,B)$ 是一个三角环. 假设存在 $u \in U$ 使得

$$u[U,U] = 0 = [U,U]u.$$

则

$$u = \begin{pmatrix} 0 & m_0 \\ & 0 \end{pmatrix},$$

这里 $m_0 \in M$, 且 $[A,A]m_0 = 0 = m_0[B,B]$.

证明 令 $u = \begin{pmatrix} a_0 & m_0 \\ & b_0 \end{pmatrix}$. 任取 $m \in M$, 由于 $\begin{pmatrix} 0 & m \\ & 0 \end{pmatrix} \in [U,U]$, 得到

$$\begin{pmatrix} a_0 & m_0 \\ & b_0 \end{pmatrix}\begin{pmatrix} 0 & m \\ & 0 \end{pmatrix} = \begin{pmatrix} 0 & m \\ & 0 \end{pmatrix}\begin{pmatrix} a_0 & m_0 \\ & b_0 \end{pmatrix}.$$

由此看出, $a_0 m = 0 = m b_0$ 对所有的 $m \in M$. 由 M 的忠实性推出, $a_0 = 0 = b_0$. 因此, $u = \begin{pmatrix} 0 & m_0 \\ & 0 \end{pmatrix}$. 容易验证, $[A,A]m_0 = 0 = m_0[B,B]$. □

应用定理 3.3.1 和引理 3.3.1, 我们得到如下结论.

推论 3.3.1 $U = \mathrm{Tri}(A,M,B)$ 是一个三角环. 假设 $1_A \in [A,A]$ 或者 $1_B \in [B,B]$. 假设 g_1, g_2 是 U 的两个广义导子, 且有

$$[g_1(x), g_2(y)] = [x,y]$$

对所有的 $x, y \in U$. 则存在 $\lambda \in Z(U)$, 使得 $g_1(x) = \lambda^{-1}x$ 以及 $g_2(x) = \lambda^2 x$ 对所有的 $x \in U$.

证明　不妨假设 $1_A \in [A,A]$. 下面指出, A 不包含非零中心理想. 事实上, 若 I 是 A 的一个非零中心理想, 则 $I = I1_A \subseteq I[A,A] = [IA,A] = 0$, 矛盾. 由定理 3.3.1 可知

$$g_1(x) = \lambda^{-1}x + [x,u] \quad 以及 \quad g_2(x) = \lambda^2 g_1(x)$$

对所有的 $x \in U$, 这里, $\lambda \in Z(U)$, $u \in U$, 且 $u[U,U] = 0 = [U,U]u$. 最后, 只需证明 $u = 0$.

由引理 3.3.1 得到

$$u = \begin{pmatrix} 0 & m_0 \\ & 0 \end{pmatrix},$$

这里 $m_0 \in M$, 且 $[A,A]m_0 = 0 = m_0[B,B]$. 由于 $1_A \in [A,A]$, 可得 $m_0 = 0$, 从而 $u = 0$. 证毕. □

3.4　应　　用

假设 $n \geqslant 2$. 设 R 是一个有 "1" 的环. $T_n(R)$ 是 R 上的上三角矩阵环. 则 $T_n(R)$ 可看成如下的三角环:

$$\begin{pmatrix} R & R^{n-1} \\ & T_{n-1}(R) \end{pmatrix}.$$

应用定理 3.3.1, 我们得到如下结论.

推论 3.4.1　假定 $n \geqslant 3$. 设 R 是一个有 "1" 的环. 假设 g_1, g_2 是 $T_n(R)$ 的两个广义导子, 且有

$$[g_1(x), g_2(y)] = [x,y]$$

对所有的 $x, y \in T_n(R)$. 则存在 $\lambda \in Z(R)$ 以及 $S \in T_n(R)$, 这里

$$S[T_n(R), T_n(R)] = 0 = [T_n(R), T_n(R)]S,$$

使得

$$g_1(x) = \lambda^{-1}x + [x,S] \quad 与 \quad g_2(x) = \lambda^2 g_1(x)$$

对所有的 $x \in T_n(R)$.

证明　容易验证, $T_{n-1}(R)$ 不包含非零中心理想. 因此, 由定理 3.3.1 可知结论成立. □

作为推论 3.3.1 的一个推论, 我们得到如下结论.

推论 3.4.2 假定 $n \geqslant 2$. 设 R 是一个有 "1" 的非交换环, 且 $1 \in [R, R]$. 假设 g_1, g_2 是 $T_n(R)$ 的两个广义导子, 满足

$$[g_1(x), g_2(y)] = [x, y]$$

对所有的 $x, y \in T_n(R)$. 则存在 $\lambda \in Z(R)$ 使得

$$g_1(x) = \lambda^{-1}x \quad 与 \quad g_2(x) = \lambda^2 x$$

对所有的 $x \in T_n(R)$.

使用定理 3.3.1, 我们可得如下结论.

推论 3.4.3 假定 $n \geqslant 2$. 设 R 是一个有 "1" 的非交换素环. 假设 g_1, g_2 是 $T_n(R)$ 的两个广义导子, 满足

$$[g_1(x), g_2(y)] = [x, y]$$

对所有的 $x, y \in T_n(R)$. 则存在 $\lambda \in Z(R)$ 使得

$$g_1(x) = \lambda^{-1}x \quad 与 \quad g_2(x) = \lambda x$$

对所有的 $x \in T_n(R)$.

证明 易见, R 不包含非零中心理想. 由定理 3.3.1 可知, 存在 $\lambda \in Z(R)$ 使得

$$g_1(x) = \lambda^{-1}x + [x, S] \quad 与 \quad g_2(x) = \lambda^2 g_1(x)$$

对所有的 $x \in T_n(R)$, 这里, $S \in T_n(R)$, 且

$$S[T_n(R), T_n(R)] = 0 = [T_n(R), T_n(R)]S.$$

下面我们指出, $S = 0$. 令

$$S = \sum_{\substack{i,j=1 \\ i \leqslant j}}^{n} a_{ij}e_{ij},$$

这里 $a_{ij} \in R$. 特别地, 可得 $A[R, R] = 0$. 从而 $a_{ij}[R, R] = 0$ 对每一个 a_{ij}. 由于 R 是非交换素环, 我们容易验证 $a_{ij} = 0$. 因此, $S = 0$. □

一个套代数 $\mathcal{T}(\mathcal{N})$ 称为平凡的, 如果 $\mathcal{N} = \{0, H\}$. 一个非平凡套代数可看成一个三角代数: 取一个 $N \in \mathcal{N} \setminus \{0, H\}$ 以及 H 到 N 的正交投射 E, 则 $\mathcal{N}_1 = E(\mathcal{N})$ 和 $\mathcal{N}_2 = (1-E)(\mathcal{N})$ 分别为 N 和 $N^{\perp}$ 的套, 易见, $\mathcal{T}(\mathcal{N}_1) = E\mathcal{T}(\mathcal{N})E$, $\mathcal{T}(\mathcal{N}_2) = (1-E)\mathcal{T}(\mathcal{N})(1-E)$ 均为套代数. 并且

$$\mathcal{T}(\mathcal{N}) = \begin{pmatrix} \mathcal{T}(\mathcal{N}_1) & E\mathcal{T}(\mathcal{N})(1-E) \\ & \mathcal{T}(\mathcal{N}_2) \end{pmatrix}.$$

应用定理 3.3.1 到套代数上, 我们得到如下结论.

推论 3.4.4　设 $\mathcal{N}$ 是一个复数域 C 上的 Hilbert 空间 H 上的套, 且 $\dim(H) \geqslant 3$. 假设 g_1, g_2 是 $\mathcal{T}(\mathcal{N})$ 的两个广义导子, 并且

$$[g_1(x), g_2(y)] = [x, y]$$

对所有的 $x, y \in \mathcal{T}(\mathcal{N})$. 则存在 $\lambda \in C$ 以及 $S \in \mathcal{T}(\mathcal{N})$, 且

$$S[\mathcal{T}(\mathcal{N}), \mathcal{T}(\mathcal{N})] = 0 = [\mathcal{T}(\mathcal{N}), \mathcal{T}(\mathcal{N})]S,$$

使得

$$g_1(x) = \lambda^{-1}x + [x, S] \quad 与 \quad g_2(x) = \lambda^2 g_1(x)$$

对所有的 $x \in \mathcal{T}(\mathcal{N})$.

证明　若 $\mathcal{N}$ 是一个平凡套, 则 $\mathcal{T}(\mathcal{N})$ 是一个非交换素代数. 由 [6, 推论 2.12] 可知结论成立. 我们现在假设 $\mathcal{N}$ 是一个非平凡套. 由于 $\dim(H) > 2$, 我们易见, $\dim(\mathcal{T}(\mathcal{N}_1)) > 1$ 或者 $\dim(\mathcal{T}(\mathcal{N}_2)) > 1$. 不妨假设 $\dim(\mathcal{T}(\mathcal{N})_1) > 1$. 这样, $\mathcal{T}(\mathcal{N}_1)$ 是一个非交换素代数或者是一个三角代数. 这样, $\mathcal{T}(\mathcal{N}_1)$ 不包含非零中心理想 (参见性质 1.1.3). 因此, 由定理 3.3.1 可知结论成立. □

一个套称为连续的, 如果对每一个 $N \in \mathcal{N}$, 总有

$$\inf\{M \in \mathcal{N} \mid N \subset M\} = N.$$

关于套代数的详细内容可参见文献 [2].

应用推论 3.4.4 可得如下结论.

推论 3.4.5　设 $\mathcal{N}$ 是一个复数域 C 上的 Hilbert 空间 H 上的连续套, 且 $\dim(H) \geqslant 3$. 假设 g_1, g_2 是 $\mathcal{T}(\mathcal{N})$ 的两个广义导子, 并且

$$[g_1(x), g_2(y)] = [x, y]$$

对所有的 $x, y \in \mathcal{T}(\mathcal{N})$. 则存在 $\lambda \in C$ 使得

$$g_1(x) = \lambda^{-1}x \quad 与 \quad g_2(x) = \lambda^2 g_1(x)$$

对所有的 $x \in \mathcal{T}(\mathcal{N})$.

证明　由推论 3.4.4 可得, 存在 $\lambda \in C$ 以及 $S \in \mathcal{T}(\mathcal{N})$, 且

$$S[\mathcal{T}(\mathcal{N}), \mathcal{T}(\mathcal{N})] = 0 = [\mathcal{T}(\mathcal{N}), \mathcal{T}(\mathcal{N})]S,$$

使得

$$g_1(x) = \lambda^{-1}x + [x, S] \quad 与 \quad g_2(x) = \lambda^2 g_1(x)$$

对所有的 $x \in \mathcal{T}(\mathcal{N})$. 下面指出, $S = 0$. 由 [1, 命题 2.6] 可知, 具有连续套的套代数上每一个元可表成两个交换子之和. 因此, $[\mathcal{T}(\mathcal{N}), \mathcal{T}(\mathcal{N})] = \mathcal{T}(\mathcal{N})$. 由此可见, $S = 0$. □

3.5 注 记

1994 年, Bell 和 Daif 给出了半素环上强交换保持导子对的刻画 (见文献 [3]). 同年, Brešar 和 Miers 证明如下结果:

设 R 是一个半素环, f 是 R 的一个强交换保持可加映射. 则存在一个可逆元 $\lambda \in C$, 一个可加映射 $\xi : R \to C$, 且 $\lambda^2 = 1$, 使得 $f(x) = \lambda x + \xi(x)$ 对所有的 $x \in R$, 这里 $\lambda^2 = 1$, C 是 R 的扩展形心.

同时, 他们证明了如下结果:

若 f 与 g 是 R 的一个强交换保持满可加映射对, 则存在一个可逆元 $\lambda \in C$, 可加映射 $\xi, \eta : R \to C$ 使得 $f(x) = \lambda x + \xi(x)$, 以及 $g(x) = \lambda^{-1}x + \eta(x)$ 对所有的 $x \in R$ (见文献 [4, 定理 2]).

2008 年, Ma 等研究了半素环上强交换保持广义导子对 (见文献 [5]). 2012 年, Liu 给出了素环的单侧理想上强交换保持广义导子对的刻画 (见文献 [6]).

2004 年, Benkovič 和 Eremita 讨论了三角代数上交换保持映射问题 (见文献 [7]). 2012 年, Qi 和 Hou 给出了三角环上强交换保持满可加映射对的一种刻画 (见文献 [8]).

本章首先给出了三角环上导子与广义导子的刻画. 主要结果给出了三角环上强交换保持广义导子对的一种刻画. 作为主要结果的推论, 给出了上三角矩阵环与套代数上强交换保持广义导子对的一种刻画. 主要结果只有 "不包含非零中心理想" 这一个假设条件. 说明此假设条件确实简单实用. 本章内容可见文献 [9].

环与代数上各种保持映射问题是一个内容丰富的研究方向, 但三角代数上保持映射问题目前只有上面提到的几个结果, 还有许多问题需要解决.

参 考 文 献

[1] Marcoux L W, Sourour A R. Lie isomorphisms of nest algebras. J. Functional Analysis, 1999, 164: 163-180.

[2] Davidson K R. Nest Algebras. Pitman Research Notes in Mathematics Series 191. Harlow: Longman Scientific & Technical, 1988.

[3] Bell H E, Daif M N. On commutativity and strong commutativity preserving maps. Canad. Math. Bull., 1994, 37: 443-447.

[4] Brešar M, Miers C R. Strong commutativity preserving maps of semiprime rings. Canad. Math. Bull., 1994, 37: 457-460.

[5] Ma J, Xu X W, Niu F W. Strong commutativity preserving generalized derivations on semiprime rings. Acta Math. Sin. (Engl. Ser), 2008, 24: 1835-1842.

[6] Liu C K. Strong commutativity preserving generalized derivations on right ideals. Monatsh Math., 2012, 166: 453-465.

[7] Benkovič D, Eremita D. Commuting traces and commmutativity preserving maps on triangular algebras. J. Algebra, 2004, 280: 797-824.

[8] Qi X F, Hou J C. Strong commutativity preserving maps on triangular rings. Operators and Matrices, 2012, 6: 147-158.

[9] Yuan H, Wang Y, Wang Y, Du Y Q. Strong commutativity preserving generalized derivations on triangular rings. Operators and Matrices, 2014, 3: 773-783.

第 4 章　具有幂等元代数上的 Lie 导子与 Lie 多重导子

本章首先介绍广义矩阵代数上的 Lie 导子结果, 然后介绍具有幂等元代数上 Lie 多重导子结果.

4.1　定义与性质

本章中所涉及的代数均指一个有 “1” 的交换环 R 上的代数, 且 $\frac{1}{2} \in R$. 设 A 是一个代数. 令 $[x, y] = xy - yx$ 与 $x \circ y = xy + yx$.

定义 4.1.1　一个线性映射 $d : A \to A$ 称为导子, 如果

$$d(xy) = d(x)y + xd(y)$$

对所有的 $x, y \in A$.

若 $d(x) = [x, a]$, 对所有的 $x \in A$, 这里 $a \in A$. 我们称 d 为由 a 诱导的内导子.

定义 4.1.2　一个线性映射 $d : A \to A$ 称为反导子, 如果

$$d(xy) = d(y)x + yd(x)$$

对所有的 $x, y \in A$.

定义 4.1.3　一个线性映射 $\delta : A \to A$ 称为 Lie 导子, 如果

$$\delta([x, y]) = [\delta(x), y] + [x, \delta(y)]$$

对所有的 $x, y \in A$.

易见, 一个导子或反导子的负一定是 Lie 导子.

定义 4.1.4　一个线性映射 $\delta : A \to A$ 称为 Jordan 导子, 如果

$$\delta(x \circ y) = \delta(x) \circ y + x \circ \delta(y)$$

对所有的 $x, y \in A$.

易见, 一个导子或反导子一定是 Jordan 导子. 令

$$p_1(x_1) = x_1, \quad p_2(x_1, x_2) = [x_1, x_2],$$

以及

$$p_n(x_1, x_2, \cdots, x_n) = [p_{n-1}(x_1, x_2, \cdots, x_{n-1}), x_n]$$

对任意的 $n \geqslant 2$.

定义 4.1.5　一个线性映射 $\varphi: A \to A$ 称为 Lie n-导子, 如果

$$\varphi(p_n(x_1, x_2, \cdots, x_n)) = \sum_{i=1}^{n} p_n(x_1, x_2, \cdots, x_{i-1}, \varphi(x_i), x_{i+1}, \cdots, x_n)$$

对所有的 $x_1, x_2, \cdots, x_n \in A$.

易见, Lie 2-导子就是 Lie 导子, 每一个 Lie 导子一定是 Lie n-导子. 由熟知的公式

$$[[x, y], z] = x \circ (y \circ z) - y \circ (x \circ z)$$

可知, 每一个 Jordan 导子也是一个 Lie 3-导子. 由此可见, Lie 3-导子包括了 Lie 导子与 Jordan 导子.

命题 4.1.1　设 A 是一个代数. 设 φ 是 A 的一个 Lie n-导子, 这里 $n \geqslant 2$. 则 φ 可看成一个 Lie n-导子, 这里 $n \geqslant 4$.

证明　不妨假设 $n = 3$. 我们指出, φ 是一个 Lie 5-导子. 事实上,

$$\begin{aligned}
\varphi(p_5(x_1, x_2, x_3, x_4, x_5)) &= \varphi([[p_3(x_1, x_2, x_3), x_4], x_5]) \\
&= [[\varphi(p_3(x_1, x_2, x_3)), x_4], x_5] + [[p_3(x_1, x_2, x_3), \varphi(x_4)], x_5] \\
&\quad + [[p_3(x_1, x_2, x_3), x_4], \varphi(x_5)] \\
&= [[p_3(\varphi(x_1), x_2, x_3), x_4], x_5] + [[p_3(x_1, \varphi(x_2), x_3), x_4], x_5] \\
&\quad + [[p_3(x_1, x_2, \varphi(x_3)), x_4], x_5] + [[p_3(x_1, x_2, x_3), \varphi(x_4)], x_5] \\
&\quad + [[p_3(x_1, x_2, x_3), x_4], \varphi(x_5)] \\
&= \sum_{i=1}^{5} p_5(x_1, \cdots, x_{i-1}, \varphi(x_i), x_{i+1}, \cdots, x_5),
\end{aligned}$$

这样, φ 是一个 Lie 5-导子. □

本章需要使用下面的假设条件:

$$[x, A] \subseteq Z(A) \Longrightarrow x \in Z(A) \tag{4.1.1}$$

对所有的 $x \in A$.

设 A 代表一个具有非平凡幂等元 e 的有 “1” 的代数. 令 $f = 1 - e$. 则

$$A = eAe + eAf + fAe + fAf.$$

定义 4.1.6 一个 Jordan 导子 $\delta: A \to A$ 称为一个奇异 Jordan 导子, 如果下面条件成立:

$$\delta(eAe + fAf) = 0, \quad \delta(eAf) \subseteq fAe, \quad \delta(fAe) \subseteq eAf.$$

由奇异 Jordan 导子的定义可得如下结论.

注释 4.1.1 $A = eAe + eAf + fAe + fAf$ 上的任一非零奇异 Jordan 导子一定不是导子.

证明 假设 δ 是 A 的一个非零奇异 Jordan 导子, 且它也是导子. 由于 $\delta(e) = 0$, 我们得到

$$\delta(m) = \delta(em) = \delta(e)m + e\delta(m) = e(f\delta(m)e) = 0$$

对所有的 $m \in eAf$. 类似地, 可得 $\delta(fAe) = 0$. 可见 $\delta = 0$, 矛盾. □

注释 4.1.2 设 δ 是 $A = eAe + eAf + fAe + fAf$ 上的任一奇异 Jordan 导子, 同时又是反导子. 则

$$\delta(eAf)eAf = 0 = fAe\delta(fAe).$$

证明 任取 $x, y \in A$, 得

$$0 = \delta(exfeyf) = \delta(eyf)exf + eyf\delta(exf).$$

用 f 右乘上式得, $\delta(eyf)exf = 0$. 因此, $\delta(eAf)eAf = 0$. 类似地, 可得 $fAe\delta(fAe) = 0$. □

4.2 广义矩阵代数上的 Lie 导子

设 $A = eAe + eAf + fAe + fAf$ 是一个代数. 假设 eAf 是忠实 (eAe, fAf)-双模, 也就是

$$exe \cdot eAf = \{0\} \quad 推出 \quad exe = 0,$$
$$eAf \cdot fxf = \{0\} \quad 推出 \quad fxf = 0$$

对任意的 $x \in A$. 则称 A 是一个广义矩阵代数. 为了证明方便, A 可以写成如下的矩阵形式:

$$A = \begin{pmatrix} eAe & eAf \\ fAe & fAf \end{pmatrix}.$$

下面是本节的主要结果.

定理 4.2.1 设 $A = eAe + eAf + fAe + fAf$ 是一个广义矩阵代数. 假设下列条件成立:

(1) $Z(eAe) = Z(A)e$ 以及 $Z(fAf) = Z(A)f$,

(2) eAe 或者 fAf 不包含非零中心理想.

假设 $\delta : A \to A$ 是一个线性映射, 且有

$$\delta([x, y]) = [\delta(x), y] + [x, \delta(y)]$$

对所有的 $x, y \in A$, $xy = 0$. 则存在 A 的一个导子 d, 以及一个线性映射 $\tau : A \to Z(A)$, 使得

$$\delta = d + \tau,$$

这里, $\tau([x, y]) = 0$ 对所有的 $x, y \in A$, 且 $xy = 0$.

证明 令

$$U = \begin{pmatrix} eAe & eAf \\ 0 & fAf \end{pmatrix}.$$

显然, U 是一个三角代数. 我们首先指出, $Z(U) = Z(A)$. 由性质 1.2.1 知, $Z(A) \subseteq Z(U)$. 反之, 任取 $a \oplus b \in Z(U)$, 则有

$$am = mb \quad 对所有的 \quad m \in eAf.$$

这样, $m(b - \tau(a)) = 0$ 对所有的 $m \in eAf$. 由于 eAf 是一个忠实右 fAf-模, 得 $b - \tau(a) = 0$, 从而, $b = \tau(a)$. 由此可见, $a \oplus b \in Z(A)$. 故有 $Z(A) = Z(U)$.

由于 φ 是可加的, 假设

$$\delta\begin{pmatrix} a & m \\ n & b \end{pmatrix} = \begin{pmatrix} * & f_1(a) + f_2(b) + f_3(m) + f_4(n) \\ g_1(a) + g_2(b) + g_3(m) + g_4(n) & * \end{pmatrix}$$

对所有的 $a \in eAe, b \in fAf, m \in eAf$, 以及 $n \in fAe$. 由于

$$\begin{pmatrix} 0 & 0 \\ 0 & b \end{pmatrix}\begin{pmatrix} a & m \\ 0 & 0 \end{pmatrix} = \begin{pmatrix} 0 & 0 \\ 0 & 0 \end{pmatrix},$$

得到

$$\begin{aligned}\delta\begin{pmatrix} 0 & -mb \\ 0 & 0 \end{pmatrix} &= \delta\left(\left[\begin{pmatrix} 0 & 0 \\ 0 & b \end{pmatrix}, \begin{pmatrix} a & m \\ 0 & 0 \end{pmatrix}\right]\right) \\ &= \left[\delta\begin{pmatrix} 0 & 0 \\ 0 & b \end{pmatrix}, \begin{pmatrix} a & m \\ 0 & 0 \end{pmatrix}\right] + \left[\begin{pmatrix} 0 & 0 \\ 0 & b \end{pmatrix}, \delta\begin{pmatrix} a & m \\ 0 & 0 \end{pmatrix}\right].\end{aligned}$$

由此可得

$$\begin{pmatrix} * & * \\ -g_3(mb) & * \end{pmatrix} = \left[\begin{pmatrix} * & * \\ g_2(b) & * \end{pmatrix}, \begin{pmatrix} a & m \\ 0 & 0 \end{pmatrix}\right] + \left[\begin{pmatrix} 0 & 0 \\ 0 & b \end{pmatrix}, \begin{pmatrix} * & * \\ g_1(a)+g_3(m) & * \end{pmatrix}\right].$$

由上式可见

$$-g_3(mb) = g_2(b)a + bg_1(a) + bg_3(m) \tag{4.2.1}$$

对所有的 $a \in eAe$, $b \in fAf$, 以及 $m \in eAf$. 在 (4.2.1) 中取 $m = 0$ 可得

$$g_2(b)a + bg_1(a) = 0$$

对所有的 $a \in eAe$, $b \in fAf$. 特别地

$$g_1(e) + g_2(f) = 0, \quad g_1(a) = g_1(e)a, \quad g_2(b) = -bg_1(e).$$

这样, 由 (4.2.1) 可得到

$$g_3(mb) = -bg_3(m).$$

对所有的 $m \in eAf$. 在此式中取 $b = f$ 得到, $2g_3(m) = 0$ 对所有的 $m \in eAf$. 故有 $g_3 = 0$.

类似地, 我们可由

$$\begin{pmatrix} a & 0 \\ 0 & 0 \end{pmatrix}\begin{pmatrix} 0 & 0 \\ n & b \end{pmatrix} = \begin{pmatrix} 0 & 0 \\ 0 & 0 \end{pmatrix}$$

推出

$$f_1(a) = af_1(e), \quad f_2(b) = -f_1(e)b, \quad f_4 = 0.$$

对所有的 $a \in eAe$, $b \in fAf$. 因此

$$\delta\begin{pmatrix} a & m \\ n & b \end{pmatrix} = \begin{pmatrix} * & af_1(1) - f_1(1)b + f_3(m) \\ g_1(1)a - bg_1(1) + g_4(n) & * \end{pmatrix}.$$

定义 $\delta_1 : A \to A$ 如下

$$\delta_1\begin{pmatrix} a & m \\ n & b \end{pmatrix} = \left[\begin{pmatrix} a & m \\ n & b \end{pmatrix}, \begin{pmatrix} 0 & f_1(e) \\ -g_1(e) & 0 \end{pmatrix}\right].$$

易见

$$(\delta + \delta_1)\begin{pmatrix} a & m \\ n & b \end{pmatrix} = \begin{pmatrix} * & f_3(m) \\ g_4(n) & * \end{pmatrix}.$$

用 $\delta+\delta_1$ 替代 δ, 不妨假设

$$\delta\begin{pmatrix} a & m \\ n & b \end{pmatrix}=\begin{pmatrix} * & f_3(m) \\ g_4(n) & * \end{pmatrix}. \tag{4.2.2}$$

由此可见, δ 诱导一个 U 上的线性映射, 且有

$$\delta([x,y])=[\delta(x),y]+[x,\delta(y)]$$

对所有的 $x,y\in U$, $xy=0$. 根据 [10, 定理 2.1], 存在一个 U 上的导子 d_1, 以及一个线性映射 $\mu: U\to Z(A)$, 且有 $\mu([x,y])=0$, $xy=0$, 使得

$$\delta(x)=d_1(x)+\mu(x) \tag{4.2.3}$$

对所有的 $x\in U$. 根据命题 3.2.1 可知

$$d_1\begin{pmatrix} a & m \\ 0 & b \end{pmatrix}=\begin{pmatrix} p_1(a) & as-sb+f(m) \\ 0 & p_2(b) \end{pmatrix} \tag{4.2.4}$$

对所有的 $a\in eAe$, $b\in fAf$, 以及 $m\in eAf$, 这里 $s\in eAf$, 并且

(i) p_1 是 eAe 上的一个导子, $f(am)=p_1(a)m+af(m)$,

(ii) p_2 是 fAf 上的一个导子, $f(mb)=mp_2(b)+f(m)b$.

把 (4.2.2) 和 (4.2.4) 代入到 (4.2.3) 中, 得到

$$f_3(m)=as-sb+f(m)$$

对所有的 $a\in eAe$, $b\in fAf$, 以及 $m\in eAf$. 由此可见, $s=0$ 和 $f_3=f$. 因此

$$\delta\begin{pmatrix} a & m \\ 0 & b \end{pmatrix}=\begin{pmatrix} p_1(a) & f(m) \\ 0 & p_B(b) \end{pmatrix}+\mu\begin{pmatrix} a & m \\ 0 & b \end{pmatrix} \tag{4.2.5}$$

对所有的 $a\in eAe$, $b\in fAf$, 以及 $m\in eAf$. 由于 $f_4=0$, 我们可知, 存在一个线性映射 $h_1: fAe\to eAe$ 以及 $h_2: fAe\to fAf$ 使得

$$\delta\begin{pmatrix} 0 & 0 \\ n & 0 \end{pmatrix}=\begin{pmatrix} h_1(n) & 0 \\ g_4(n) & h_2(n) \end{pmatrix}$$

对所有的 $n\in fAe$. 由于

$$\begin{pmatrix} a & 0 \\ 0 & 0 \end{pmatrix}\begin{pmatrix} 0 & 0 \\ n & 0 \end{pmatrix}=\begin{pmatrix} 0 & 0 \\ 0 & 0 \end{pmatrix},$$

得到

$$\delta\begin{pmatrix} 0 & 0 \\ -na & 0 \end{pmatrix} = \delta\left(\left[\begin{pmatrix} a & 0 \\ 0 & 0 \end{pmatrix}, \begin{pmatrix} 0 & 0 \\ n & 0 \end{pmatrix}\right]\right)$$
$$= \left[\delta\begin{pmatrix} a & 0 \\ 0 & 0 \end{pmatrix}, \begin{pmatrix} 0 & 0 \\ n & 0 \end{pmatrix}\right] + \left[\begin{pmatrix} a & 0 \\ 0 & 0 \end{pmatrix}, \delta\begin{pmatrix} 0 & 0 \\ n & 0 \end{pmatrix}\right].$$

再由 (4.2.5) 得

$$\begin{pmatrix} -h_1(na) & 0 \\ -g_4(na) & -h_2(na) \end{pmatrix} = \left[\begin{pmatrix} p_1(a) & 0 \\ 0 & 0 \end{pmatrix}, \begin{pmatrix} 0 & 0 \\ n & 0 \end{pmatrix}\right]$$
$$+ \left[\begin{pmatrix} a & 0 \\ 0 & 0 \end{pmatrix}, \begin{pmatrix} h_1(n) & 0 \\ g_4(n) & h_2(n) \end{pmatrix}\right].$$

这样, 由上式可得

$$\begin{aligned} h_1(na) &= -ah_1(n) + h_1(n)a, \\ h_2(na) &= 0, \\ g_4(na) &= np_1(a) + g_4(n)a \end{aligned}$$

对所有的 $a \in eAe, n \in fAe$. 在上式中取 $a = e$ 可推出, $h_1 = 0$ 与 $h_2 = 0$. 这样, 有

$$\delta\begin{pmatrix} 0 & 0 \\ n & 0 \end{pmatrix} = \begin{pmatrix} 0 & 0 \\ g_4(n) & 0 \end{pmatrix}.$$

类似地, 由 $\begin{pmatrix} 0 & 0 \\ 0 & b \end{pmatrix}\begin{pmatrix} 0 & 0 \\ n & 0 \end{pmatrix} = \begin{pmatrix} 0 & 0 \\ 0 & 0 \end{pmatrix}$ 可推出

$$g_4(bn) = p_2(b)n + bg_4(n)$$

对所有的 $b \in fAf, n \in fAe$. 令 $g = g_4$, 以及

$$\mu\begin{pmatrix} a & m \\ 0 & b \end{pmatrix} = \begin{pmatrix} \mu_1(a,b,m) & 0 \\ 0 & \mu_2(a,b,m) \end{pmatrix}.$$

考虑上面所得关系式, 有

$$\delta\begin{pmatrix} a & m \\ n & b \end{pmatrix} = d_1\begin{pmatrix} a & m \\ 0 & b \end{pmatrix} + \delta\begin{pmatrix} 0 & 0 \\ n & 0 \end{pmatrix} + \mu\begin{pmatrix} a & m \\ 0 & b \end{pmatrix}$$
$$= \begin{pmatrix} p_1(a) + \mu_1(a,b,m) & f(m) \\ g(n) & p_2(b) + \mu_2(a,b,m) \end{pmatrix}. \tag{4.2.6}$$

由于

$$\begin{pmatrix} 0 & 0 \\ n & 1 \end{pmatrix}\begin{pmatrix} 0 & m \\ 0 & -nm \end{pmatrix} = \begin{pmatrix} 0 & 0 \\ 0 & 0 \end{pmatrix},$$

得到

$$-\delta\begin{pmatrix} mn & m \\ -nmn & -nm \end{pmatrix} = \delta\left(\left[\begin{pmatrix} 0 & 0 \\ n & 1 \end{pmatrix}, \begin{pmatrix} 0 & m \\ 0 & -nm \end{pmatrix}\right]\right)$$
$$= \left[\delta\begin{pmatrix} 0 & 0 \\ n & 1 \end{pmatrix}, \begin{pmatrix} 0 & m \\ 0 & -nm \end{pmatrix}\right] + \left[\begin{pmatrix} 0 & 0 \\ n & 1 \end{pmatrix}, \delta\begin{pmatrix} 0 & m \\ 0 & -nm \end{pmatrix}\right].$$

把 (4.2.6) 代入上式可得

$$p_1(mn) = mg(n) + f(m)n - \mu_1(mn, -nm, m), \tag{4.2.7}$$

$$p_2(nm) = g(n)m + nf(m) + \mu_2(mn, -nm, m) \tag{4.2.8}$$

对所有的 $m \in eAf$, $n \in fAe$.

不妨假设, eAe 不包含非零中心理想. 由 (4.2.7) 可得

$$p_1(amn) - amg(n) - f(am)n = -\mu_1(amn, -nam, am)$$

对所有的 $a \in eAe$, $m \in fAf$, 以及 $n \in fAe$. 上式展开得

$$p_1(a)mn + ap_1(mn) - amg(n) - p_1(a)mn - af(m)n = -\mu_1(amn, -nam, am)$$

对所有的 $a \in eAe$, $m \in fAf$, 以及 $n \in fAe$. 使用 (4.2.7), 由上式得

$$a\mu_1(mn, -nm, m) = \mu_1(amn, -nam, am)$$

对所有的 $a \in eAe$, $m \in eAf$, 以及 $n \in fAe$. 由此可见, $A\mu_1(mn, -nm, m)$ 是 eAe 的一个中心理想. 故有, $\mu_1(mn, -nm, m) = 0$ 对所有的 $m \in eAf$, $n \in fAe$. 由于

$$\mu_1(mn, -nm, m) \oplus \mu_2(mn, -nm, m) \in Z(A)$$

对所有的 $m \in eAf$, $n \in fAe$, 由中心的结构知

$$\mu_2(mn, -nm, m) = 0.$$

这样, 由 (4.2.7) 和 (4.2.8) 推出

$$p_1(mn) = mg(n) + f(m)n \quad 与 \quad p_2(nm) = g(n)m + nf(m)$$

对所有的 $m \in eAf, n \in fAe$. 定义

$$d\begin{pmatrix} a & m \\ n & b \end{pmatrix} = \begin{pmatrix} p_1(a) & f(m) \\ g(n) & p_1(b) \end{pmatrix}$$

对所有的 $a \in eAe, m \in eAf, n \in fAe, b \in fAf$. 容易验证, d 是 A 的一个导子. 令

$$\tau\begin{pmatrix} a & m \\ n & b \end{pmatrix} = \mu\begin{pmatrix} a & m \\ 0 & b \end{pmatrix}$$

对所有的 $a \in eAe, m \in eAf, n \in fAe, b \in fAf$. 则有

$$\delta(x) = d(x) + \tau(x)$$

对所有的 $x \in A$. □

设 A 是一个有 "1" 的代数. 设 $M_n(A)$ $(n \geqslant 2)$ 是 A 上的全体 $n \times n$ 矩阵组成的代数. 则 $M_n(A)$ 可表成一个广义矩阵代数

$$\begin{pmatrix} A & M_{1\times(n-1)}(A) \\ M_{(n-1)\times 1}(A) & M_{(n-1)\times(n-1)}(A) \end{pmatrix}.$$

由性质 1.2.3 可知, $M_n(A)$ 不包含非零中心理想.

作为定理 4.2.1 的一个推论, 有如下结论.

推论 4.2.1 设 $M_n(A)$ 是 A 上的全矩阵代数, 这里 $n \geqslant 3$. 假设 $\delta : M_n(A) \to M_n(A)$ 是一个线性映射, 使得

$$\delta([x, y]) = [\delta(x), y] + [x, \delta(y)]$$

对所有的 $x, y \in M_n(A)$, 且 $xy = 0$. 则存在 $M_n(A)$ 上的一个导子 d, 以及一个线性映射 $\tau : M_n(A) \to Z(A) \cdot I_n$, 使得

$$\delta = d + \tau,$$

并且, $\tau([x, y]) = 0$ 对所有的 $x, y \in M_n(A)$, 且 $xy = 0$.

对于 $n = 2$ 情况, 有如下结论.

推论 4.2.2 设 A 是一个有 "1" 的非交换素代数. 假设 $\delta : M_n(A) \to M_n(A)$ 是一个线性映射, 使得

$$\delta([x, y]) = [\delta(x), y] + [x, \delta(y)]$$

对所有的 $x, y \in M_n(A)$, $xy = 0$. 则存在 $M_n(A)$ 上的一个导子 d, 以及一个线性映射 $\tau : M_n(A) \to Z(A) \cdot I_n$, 使得

$$\delta = d + \tau,$$

并且, $\tau([x, y]) = 0$ 对所有的 $x, y \in M_n(A)$, $xy = 0$.

证明　注意到 $M_2(A)$ 可表成如下广义矩阵代数

$$\begin{pmatrix} A & A \\ A & A \end{pmatrix}.$$

由于 A 是非交换素代数, 易见, A 不包含非零中心理想. 则此结果可由定理 4.2.1 得到. □

4.3　具有幂等元代数上的 Lie 多重导子

假设 $A = eAe + eAf + fAe + fAf$ 满足下面条件:

$$\begin{aligned} exe \cdot eAf = 0 = fAe \cdot exe \quad \text{推出} \quad exe = 0, \\ eAf \cdot fxf = 0 = fxf \cdot fAe \quad \text{推出} \quad fxf = 0 \end{aligned} \tag{4.3.1}$$

对所有的 $x \in A$.

下面的简单结果将在定理证明中使用.

注释 4.3.1　设 $A = eAe + eAf + fAe + fAf$ 是一个满足条件 (4.3.1) 的代数. 假设 $c \in eAe + fAf$, 满足下面条件

$$[c, m] = 0 = [c, n]$$

对所有的 $m \in eAf, n \in fAe$. 则 $c \in Z(A)$.

证明　易见, $c = ece + fcf$. 由假设得

$$ecem = mfcf \quad \text{与} \quad fcfn = nece$$

对所有的 $m \in eAf, n \in fAe$. 由性质 1.2.1 得, $c \in Z(A)$. □

下面我们给出本节的主要结果.

定理 4.3.1　设 $A = eAe + eAf + fAe + fAf$ 是一个 $(n-1)$-扭自由代数, 且满足条件 (4.3.1). 假设下面条件成立:

(1) $Z(eAe) = Z(A)e$ 以及 $Z(fAf) = Z(A)f$,

(2) eAe 与 fAf 至少有一个不包含非零中心理想,

(3) 当 $n \geqslant 3$ 时, eAe 与 fAf 至少有一个满足条件 (4.1.1).

则每一个 Lie n-导子 $\varphi : A \to A$ 具有如下形式

$$\varphi = d + \delta + \gamma,$$

这里, $d : A \to A$ 是一个导子, $\delta : A \to A$ 既是奇异 Jordan 导子又是反导子, 以及 $\gamma : A \to Z(A)$ 是一个线性映射, 且 $\gamma(p_n(A, A, \cdots, A)) = 0$. 当 n 是偶数时, $\delta = 0$.

证明 由命题 4.1.1 可知, 我们有时可以假设 $n \geqslant 4$. 令

$$x_0 = e\varphi(e)f - f\varphi(e)e.$$

定义 $d: A \to A$ 如下

$$d(x) = [x, x_0]$$

对所有的 $x \in A$. 显然, $\varphi' = \varphi - d$ 也是一个 Lie n-导子. 由于

$$\begin{aligned}\varphi'(e) &= \varphi(e) - [e, e\varphi(e)f - f\varphi(e)e]\\ &= \varphi(e) - e\varphi(e)f - f\varphi(e)e\\ &= e\varphi(e)e + f\varphi(e)f,\end{aligned}$$

我们可见 $e\varphi'(e)f = f\varphi'(e)e = 0$. 这样, 用 φ' 替代 φ, 不妨假设

$$e\varphi(e)f = f\varphi(e)e = 0.$$

我们将证明分成若干步骤:

步骤 1 我们指出

$$\varphi(a) = e\varphi(a)e + f\varphi(a)f \quad 以及 \quad \varphi(b) = e\varphi(b)e + f\varphi(b)f$$

对所有的 $a \in eAe$, $b \in fAf$. 使用 $[a, e] = 0$ 可得

$$\begin{aligned}0 &= \varphi(p_n(a, e, \cdots, e))\\ &= p_{n-1}([\varphi(a), e], e, \cdots, e) + p_{n-1}([a, \varphi(e)], e, \cdots, e)\\ &= (-1)^{n-1}e\varphi(a)f + f\varphi(a)e + (-1)^{n-2}e[a, \varphi(e)]f + f[a, \varphi(e)]e. \quad (4.3.2)\end{aligned}$$

在 (4.3.2) 中左乘 e, 再右乘 f 可得

$$0 = (-1)^{n-1}e\varphi(a)f + (-1)^{n-2}e[a, \varphi(e)]f.$$

由于 $e\varphi(e)f = 0$, 得到 $e[a, \varphi(e)]f = 0$. 由此可见, $e\varphi(a)f = 0$. 类似地, 可从 $f\varphi(e)e = 0$ 推出 $f\varphi(a)e = 0$. 这样, $\varphi(a) = e\varphi(a)e + f\varphi(a)e$ 对所有的 $a \in eAe$. 类似地, 我们可证另一个等式成立.

步骤 2 我们指出 $\varphi(e), \varphi(f) \in Z(A)$ 以及

$$\begin{aligned}\varphi(m) &= e\varphi(m)f + (-1)^{n-1}f\varphi(m)e = e\varphi(m)f + f\varphi(m)e;\\ \varphi(t) &= (-1)^{n-1}e\varphi(t)f + f\varphi(t)e = e\varphi(t)f + f\varphi(t)e\end{aligned}$$

对所有的 $m \in eAf, t \in fAe$. 并且, 当 n 是偶数时,

$$f\varphi(eAf)e = 0 \quad 与 \quad e\varphi(fAe)f = 0.$$

根据步骤 1, 对每一个 $m \in eAf$, 则有

$$\begin{aligned}\varphi((-1)^{n-1}m) &= \varphi(p_n(m, e, \cdots, e))\\ &= p_n(\varphi(m), e, \cdots, e) + p_n(m, \varphi(e), e, \cdots, e)\\ &\quad + \cdots + p_n(m, e, \cdots, e, \varphi(e))\\ &= (-1)^{n-1}e\varphi(m)f + f\varphi(m)e + (-1)^{n-2}(n-1)[m, \varphi(e)]. \quad (4.3.3)\end{aligned}$$

对 (4.3.3) 式左乘 e, 再右乘 f 得到

$$(n-1)[m, \varphi(e)] = 0$$

对所有的 $m \in eAf$. 由于 A 是 $(n-1)$-扭自由的, 得到

$$[m, \varphi(e)] = 0$$

对所有的 $m \in eAf$. 类似地, 有

$$\varphi(t) = (-1)^{n-1}e\varphi(t)f + f\varphi(t)e + (n-1)[t, \varphi(e)] \tag{4.3.4}$$

对所有的 $t \in fAe$. 对 (4.3.4) 式左乘 f, 再右乘 e 可得

$$[t, \varphi(e)] = 0$$

对所有的 $t \in fAe$. 由注释 4.3.1 得, $\varphi(e) \in Z(A)$. 类似地, $\varphi(f) \in Z(A)$. 由此可得

$$\begin{aligned}\varphi(m) &= e\varphi(m)f + (-1)^{n-1}f\varphi(m)e,\\ \varphi(t) &= (-1)^{n-1}e\varphi(t)f + f\varphi(t)e\end{aligned} \tag{4.3.5}$$

对所有的 $m \in eAf, t \in fAe$. 这样, 我们得到

$$\begin{aligned}\varphi(m) &= e\varphi(m)f + f\varphi(m)e,\\ \varphi(t) &= e\varphi(t)f + f\varphi(t)e\end{aligned} \tag{4.3.6}$$

对所有的 $m \in eAf, t \in fAe$. 假设 n 是偶数. 由 (4.3.5) 得到

$$\begin{aligned}\varphi(m) &= e\varphi(m)f - f\varphi(m)e,\\ \varphi(t) &= -e\varphi(t)f + f\varphi(t)e\end{aligned} \tag{4.3.7}$$

对所有的 $m \in eAf, t \in fAe$. 比较 (4.3.6) 与 (4.3.7) 可得到

$$f\varphi(m)e = 0 \quad 与 \quad e\varphi(t)f = 0$$

对所有的 $m \in eAf, t \in fAe$.

步骤 3 我们指出

$$\varphi(am) = \varphi(a)m + a\varphi(m) - m\varphi(a) + (-1)^{n-1}\varphi(m)a, \tag{4.3.8}$$

$$\varphi(mb) = \varphi(m)b + m\varphi(b) - \varphi(b)m + (-1)^{n-1}b\varphi(m), \tag{4.3.9}$$

$$\varphi(ta) = \varphi(t)a + t\varphi(a) - \varphi(a)t + (-1)^{n-1}a\varphi(t), \tag{4.3.10}$$

$$\varphi(bt) = \varphi(b)t + b\varphi(t) - t\varphi(b) + (-1)^{n-1}\varphi(t)b \tag{4.3.11}$$

对所有的 $a \in A, m \in eAf, t \in fAe, b \in fAf$.

使用 $\varphi(f) \in Z(A)$, 再根据步骤 1 与步骤 2 可得

$$\begin{aligned}\varphi(am) &= \varphi(p_n(a, m, f, \cdots, f))\\ &= p_{n-1}([\varphi(a), m], f, \cdots, f) + p_{n-1}([a, \varphi(m)], f, \cdots, f)\\ &= \varphi(a)m - m\varphi(a) + a\varphi(m) + (-1)^{n-1}\varphi(m)a.\end{aligned}$$

进一步, 我们得到

$$\begin{aligned}\varphi(mb) &= \varphi(p_n(m, b, f, \cdots, f))\\ &= p_{n-1}([\varphi(m), b], f, \cdots, f) + p_{n-1}([m, \varphi(b)], f, \cdots, f)\\ &= \varphi(m)b + (-1)^{n-1}b\varphi(m) + m\varphi(b) - \varphi(b)m.\end{aligned}$$

类似地, 我们可得到其余等式成立.

步骤 4 我们指出, $e\varphi(B)e \subseteq Z(A)$ 与 $f\varphi(A)f \subseteq Z(B)$.

任取 $a \in A, m \in eAf, b \in fAf$. 使用 $[a, b] = 0$ 可得

$$\begin{aligned}0 &= \varphi(p_n(a, b, m, f, \cdots, f))\\ &= p_{n-1}([\varphi(a), b] + [a, \varphi(b)], m, f, \cdots, f)\\ &= [[f\varphi(a)f, b] + [a, e\varphi(b)e], m].\end{aligned}$$

类似地, 有

$$[[f\varphi(a)f, b] + [a, e\varphi(b)e], t] = 0$$

对所有的 $t \in fAe$. 因此

$$[a, e\varphi(b)e] + [f\varphi(a)f, b] \in Z(A).$$

特别地, 有

$$[a, e\varphi(b)e] \in Z(eAe) \quad 以及 \quad [f\varphi(a)f, b] \in Z(fAf)$$

对所有的 $a \in eAe$, $b \in fAf$. 首先假设 $n \geqslant 3$.

不妨假设, A 满足 (4.1.1). 则有 $e\varphi(b)e \in Z(eAe)$ 对所有的 $b \in fAf$. 根据中心结构可见

$$[f\varphi(a)f, b] = 0$$

对所有的 $a \in eAe$, $b \in fAf$. 也就是, $f\varphi(a)f \in Z(fAf)$ 对所有的 $a \in eAe$.

下面假设 $n = 2$. 有

$$0 = \varphi([a, b]) = [f\varphi(a)f, b] + [a, e\varphi(b)e]$$

对所有的 $a \in eAe$, $b \in fAf$. 由此得到

$$[f\varphi(a)f, b] = 0 \quad 以及 \quad [a, e\varphi(b)e] = 0$$

对所有的 $a \in eAe$, $b \in fAf$.

定义 $d : A \to A$ 如下:

$$\begin{aligned} d(a) &= e\varphi(a)e - \tau^{-1}(f\varphi(a)f), \\ d(m) &= e\varphi(m)f, \\ d(b) &= f\varphi(b)f - \tau(e\varphi(b)e), \\ d(t) &= f\varphi(t)e \end{aligned}$$

对所有的 $a \in eAe$, $m \in eAf$, $t \in fAe$, $b \in fAf$. 再定义 $\delta : A \to A$ 如下:

$$\begin{aligned} \delta(a) = 0, \quad \delta(m) = f\varphi(m)e, \\ \delta(b) = 0, \quad \delta(t) = e\varphi(t)f \end{aligned}$$

对所有的 $a \in eAe$, $m \in eAf$, $t \in fAe$, $b \in fAf$. 令

$$\gamma = \varphi - d - \delta.$$

可见, $\gamma : A \to Z(A)$.

步骤 5　我们指出

$$d(aa') = d(a)a' + ad(a') \quad 与 \quad d(bb') = d(b)b' + bd(b')$$

对所有的 $a, a' \in A$, $b, b' \in B$. 对 (4.3.8) 与 (4.3.9) 用 e 左乘, 再用 f 右乘得到

$$d(am) = d(a)m + ad(m) \quad 与 \quad d(mb) = d(m)b + md(b) \tag{4.3.12}$$

对所有的 $a \in eAe$, $b \in fAf$, 以及 $m \in eAf$. 对 (4.3.10) 与 (4.3.11), 用 f 左乘, 然后用 e 右乘, 得到

$$d(ta) = d(t)a + td(a) \quad 与 \quad d(bt) = d(b)t + bd(t) \tag{4.3.13}$$

对所有的 $a \in eAe$, $b \in fAf$, 以及 $t \in fAe$. 对任意的 $a, a' \in eAe$, $m \in eAf$, 使用 (4.3.12) 可得

$$d(aa'm) = d(aa')m + aa'd(m).$$

另一方面, 可得

$$\begin{aligned} d(aa'm) &= d(a)a'm + ad(a'm) \\ &= d(a)a'm + ad(a')m + aa'd(m). \end{aligned}$$

比较上面两个等式可知

$$(d(aa') - d(a)a' - ad(a'))eAf = 0.$$

类似地, 使用 (4.3.13) 可得

$$fAe(d(aa') - d(a)a' - ad(a')) = 0$$

对所有的 $a, a' \in eAe$. 这样, 由条件 (4.3.1) 得到

$$d(aa') = d(a)a' + ad(a')$$

对所有的 $a, a' \in eAe$. 类似地, 我们可证明另一个等式成立.

步骤 6　我们指出, d 是一个导子.

对任意的 $m, m' \in eAf$, $t \in fAe$, 一方面, 根据步骤 2 可得

$$\begin{aligned} \varphi([[m,t],m']) &= \varphi(p_n(m,t,m',f,\cdots,f)) \\ &= p_n(\varphi(m),t,m',f,\cdots,f) + p_n(m,\varphi(t),m',f,\cdots,f) \\ &\quad + p_n(m,t,\varphi(m'),f,\cdots,f) \\ &= [[\varphi(m),t] + [m,\varphi(t)],m'] + p_n(m,t,\varphi(m'),f,\cdots,f) \\ &= [[\varphi(m),t] + [m,\varphi(t)],m'] + p_n(m,t,e\varphi(m')f,f,\cdots,f) \\ &\quad + p_n(m,t,f\varphi(m')e,f,\cdots,f) \\ &= [[\varphi(m),t] + [m,\varphi(t)],m'] + [[m,t],e\varphi(m')f] \\ &\quad + (-1)^{n-3}[[m,t],f\varphi(m')e]. \end{aligned}$$

另一方面, 根据步骤 1 与步骤 2 可得

$$\begin{aligned}\varphi([[m,t],m']) &= \varphi(p_n([m,t],m',f,\cdots,f))\\&= p_n([\varphi([m,t]),m',f,\cdots,f)+p_n([m,t],\varphi(m'),f,\cdots,f)\\&= [\varphi([m,t]),m']+p_n([m,t],e\varphi(m')f,f,\cdots,f)\\&\quad+p_n([m,t],f\varphi(m')e,f,\cdots,f)\\&= [\varphi([m,t]),m']+[[m,t],e\varphi(m')f]\\&\quad+(-1)^{n-2}[[m,t],f\varphi(m')e].\end{aligned}$$

比较上面两个式子, 可得

$$[\varphi([m,t])-[\varphi(m),t]-[m,\varphi(t)],m']+2(-1)^{n-2}[[m,t],f\varphi(m')e]=0$$

对所有的 $m,m'\in eAf$, $t\in fAe$. 由于上面式子的左边的第一项属于 eAf, 而第二项属于 fAe, 得到

$$[\varphi([m,t])-[\varphi(m),t]-[m,\varphi(t)],m']=0. \tag{4.3.14}$$

类似地, 对任意的 $m\in eAf$, $t,t'\in fAe$, 一方面, 有

$$\begin{aligned}\varphi([[m,t],t']) &= \varphi(p_n(m,t,t',e,\cdots,e))\\&= p_n(\varphi(m),t,t',e,\cdots,e)+p_n(m,\varphi(t),t',e,\cdots,e)\\&\quad+p_n(m,t,\varphi(t'),e,\cdots,e)\\&= [[\varphi(m),t]+[m,\varphi(t)],t']+p_n(m,t,\varphi(t'),e,\cdots,e)\\&= [[\varphi(m),t]+[m,\varphi(t)],t']+p_n(m,t,e\varphi(t')f,e,\cdots,e)\\&\quad+p_n(m,t,f\varphi(t')e,e,\cdots,e)\\&= [[\varphi(m),t]+[m,\varphi(t)],t']+(-1)^{n-3}[[m,t],e\varphi(t')f]\\&\quad+[[m,t],f\varphi(t')e].\end{aligned}$$

另一方面, 有

$$\begin{aligned}\varphi([[m,t],t']) &= \varphi(p_n([m,t],t',e,\cdots,e))\\&= p_n([\varphi([m,t]),t',e,\cdots,e)+p_n([m,t],\varphi(t'),e,\cdots,e)\\&= [\varphi([m,t]),t']+p_n([m,t],e\varphi(t')f,e,\cdots,e)\\&\quad+p_n([m,t],f\varphi(t')e,e,\cdots,e)\\&= [\varphi([m,t]),t']+(-1)^{n-2}[[m,t],e\varphi(t')f]\\&\quad+[[m,t],f\varphi(t')e].\end{aligned}$$

比较上面两个式子得出

$$[\varphi([m,t])-[\varphi(m),t]-[m,\varphi(t)],t']+2(-1)^{n-2}[[m,t],e\varphi(t')f]=0$$

对所有的 $m\in eAf$, $t,t'\in fAe$. 由此可见

$$[\varphi([m,t])-[\varphi(m),t]-[m,\varphi(t)],t']=0. \tag{4.3.15}$$

这样, 由 (4.3.14) 与 (4.3.15) 可得

$$\varphi([m,t])-[\varphi(m),t]-[m,\varphi(t)]\in Z(A)$$

对所有的 $m\in eAf$, $t\in fAe$. 进而

$$(e\varphi([m,t])e-\varphi(m)t-m\varphi(t))+(f\varphi([m,t])f+t\varphi(m)+\varphi(t)m)\in Z(A)$$

对所有的 $m\in eAf$, $t\in fAe$. 由 d 的定义可知

$$(d(mt)-d(m)t-md(t))+(-d(tm)+d(t)m+td(m))\in Z(A) \tag{4.3.16}$$

对所有的 $m\in eAf$, $t\in fAe$.

下面不妨假设 eAe 不包含非零中心理想. 令

$$\varepsilon(m,t)=d(mt)-d(m)t-md(t)$$

对所有的 $m\in eAf$, $t\in fAe$. 易见 $\varepsilon(m,t)\in Z(eAe)$ 对所有的 $m\in eAf$, $t\in fAe$. 由步骤 5 以及 (4.3.12) 可得

$$\begin{aligned}\varepsilon(am,t)&=d(amt)-d(am)t-amd(t)\\&=d(a)mt+ad(mt)-d(a)mt-ad(m)t-amd(t)\\&=ad(m)t+amd(t)+a\varepsilon(m,t)-ad(m)t-amd(t)\\&=a\varepsilon(m,t)\end{aligned}$$

对所有的 $a\in eAe$, $m\in eAf$, 以及 $t\in fAe$. 由此可见, $eAe\varepsilon(m,t)$ 是 eAe 的中心理想. 故有 $\varepsilon(m,t)=0$ 对所有的 $m\in eAf$, $t\in fAe$. 从而

$$d(mt)=d(m)t+md(t) \tag{4.3.17}$$

对所有的 $m\in eAf$, $t\in fAe$. 进一步, 由 (4.3.16) 式得到

$$d(tm)=d(t)m+td(m) \tag{4.3.18}$$

对所有的 $m \in eAf$, $t \in fAe$. 由 (4.3.12), (4.3.13), (4.3.17), 以及 (4.3.18) 可知, [1, 引理 2.3] 的所有假设条件都成立. 因此, d 是一个导子.

步骤 7　我们指出

$$(eAf + fAe)\delta(eAf + fAe) = 0 = \delta(eAf + fAe)(eAf + fAe)$$

对任意的 $m, m' \in eAf$, $t \in fAe$, 使用 $[m, m'] = 0$ 加上步骤 2, 可得

$$\begin{aligned}
0 &= \varphi(p_n(m, m', m'', f, \cdots, f)) \\
&= p_n(\varphi(m), m', m'', f, \cdots, f) + p_n(m, \varphi(m'), m'', f, \cdots, f) \\
&= [[f\varphi(m)e, m'], m''] + [[m, f\varphi(m')e], m''] \\
&= [[f\varphi(m)e, m'] + [m, f\varphi(m')e], m''].
\end{aligned}$$

我们有

$$\begin{aligned}
0 &= \varphi(p_n(m, m', t, e, \cdots, e)) \\
&= p_n(\varphi(m), m', t, e, \cdots, e) + p_n(m, \varphi(m'), t, e, \cdots, e) \\
&= [[f\varphi(m)e, m'], t] + [[m, f\varphi(m')e], t] \\
&= [f\varphi(m)e, m'] + [m, f\varphi(m')e], t].
\end{aligned}$$

比较上面两个式子可得

$$[f\varphi(m)e, m'] + [m, f\varphi(m')e] \in Z(A) \tag{4.3.19}$$

对所有的 $m, m' \in eAf$. 另一方面, 有

$$\begin{aligned}
0 &= \varphi(p_n(m, f, \cdots, f, m')) \\
&= p_n(\varphi(m), f, \cdots, f, m') + p_n(m, f, \cdots, f, \varphi(m')) \\
&= (-1)^{n-2}[f\varphi(m)e, m'] + [m, f\varphi(m')e].
\end{aligned}$$

先假设 n 是偶数. 由步骤 2 可得, $f\varphi(eAf)e = 0$. 下面假设 n 是奇数. 由上面的式子得到

$$-[f\varphi(m)e, m'] + [m, f\varphi(m')e] = 0 \tag{4.3.20}$$

对所有的 $m, m' \in eAf$. 比较 (4.3.19) 与 (4.3.20) 可推出

$$[f\varphi(m)e, m'] \in Z(A)$$

对所有的 $m, m' \in eAf$. 也就是

$$f\varphi(m)em' - m'f\varphi(m)e \in Z(A)$$

对任意的 $m, m' \in eAf$. 故有

$$f\varphi(m)eAf \subseteq Z(fAf) \quad 以及 \quad eAf\varphi(m)e \subseteq Z(eAe)$$

对所有的 $m \in eAf$.

下面不妨假设 eAe 不包含非零中心理想. 由于 $eAf\varphi(m)e$ 是 eAe 的一个中心理想, 得到 $eAf\varphi(m)e = 0$ 对所有的 $m \in eAf$. 进一步, $f\varphi(m)eAf = 0$ 对所有的 $m \in eAf$. 这样

$$eAf\varphi(eAf)e = 0 = f\varphi(eAf)eAf.$$

类似地, 可得

$$fAe\varphi(fAe)f = 0 = e\varphi(fAe)fAe.$$

考虑 δ 的定义, 我们可得此步骤成立.

步骤 8 我们最后指出, δ 既是奇异 Jordan 导子又是反导子.

用 f 左乘 (4.3.8) 与 (4.3.9), 再右乘 e 可得

$$f\varphi(am)e = f\varphi(m)ea \quad 与 \quad f\varphi(mb)e = bf\varphi(m)e$$

对所有的 $a \in eAe, b \in fAf$, 以及 $m \in eAf$. 考虑 δ 的定义可得

$$\delta(am) = \delta(m)a \quad 与 \quad \delta(mb) = b\delta(m) \tag{4.3.21}$$

对所有的 $a \in eAe, b \in fAf$, 以及 $m \in eAf$. 类似地, 可由 (4.3.10) 与 (4.3.11) 得出

$$\delta(ta) = a\delta(t) \quad 与 \quad \delta(bt) = \delta(t)b \tag{4.3.22}$$

对所有的 $a \in eAe, b \in fAf$, 以及 $t \in fAe$.

对任意的 $x = a + m + t + b$, $y = a' + m' + t' + b' \in A$, 这里 $a, a' \in eAe$, $m, m' \in eAf$, $t, t' \in fAe$, 以及 $b, b' \in fAf$. 使用步骤 7, (4.3.21), 以及 (4.3.22), 可得

$$\begin{aligned}
\delta(xy) &= \delta(aa') + \delta(am') + \delta(mt') + \delta(mb') + \delta(ta') + \delta(tm') \\
&\quad + \delta(bt') + \delta(bb') \\
&= \delta(m')a + b'\delta(m) + a'\delta(t) + \delta(t')b \\
&= \delta(y)x + y\delta(x),
\end{aligned}$$

也就是说, δ 是一个反导子. □

作为定理 4.3.1 的一个直接推论, 我们有如下推论.

推论 4.3.1　设 A 是一个代数, 且满足条件 (4.3.1). 假设下面条件成立:

(1) $Z(eAe) = Z(A)e$ 以及 $Z(fAf) = Z(A)f$,

(2) eAe 与 fAf 至少有一个不包含非零中心理想,

(3) eAe 与 fAf 至少有一个满足条件 (4.1.1).

则 A 上的每一个 Lie 3-导子 Δ 可表成

$$\Delta = d + \delta + \gamma,$$

这里 $d: A \to A$ 是一个导子, $\delta: A \to A$ 既是一个奇异 Jordan 导子, 又是一个反导子, 以及 $\gamma: A \to Z(A)$ 是一个线性映射.

把定理 4.3.1 应用到全矩阵代数上, 我们得到如下推论.

推论 4.3.2　设 A 是一个有 "1" 的 $(n-1)$-扭自由代数. 则 $M_s(A)$ $(s \geqslant 3)$ 上每一个 Lie n-导子 φ 可表成

$$\varphi = d + \gamma,$$

这里, d 是 $M_s(A)$ 上的一个导子, $\gamma: M_s(A) \to Z(A) \cdot I_s$ 是一个线性映射.

证明　令 $e = e_{11}$, $f = 1 - e$. 则有 $eM_s(A)e = Ae$, $fM_s(A)f = M_{s-1}(A)$. 我们知道, $M_s(A)$ 满足条件 (4.3.1). 易见, $fM_s(A)f$ 不包含非零中心理想. 由性质 1.2.4 知, $fM_s(A)f$ 满足条件 (4.1.1). 这样, 定理 4.3.1 的所有假设条件均成立. 由定理 4.3.1 得, 存在 $M_s(A)$ 上的一个导子 d, 一个奇异 Jordan 导子 δ, 且 δ 是反导子, 以及 $\gamma: M_s(A) \to Z(A) \cdot I_s$ 使得

$$\varphi = d + \delta + \gamma.$$

最后指出, $\delta = 0$. 由注释 4.1.2 知, $\delta(eM_s(A)f)eM_s(A)f = 0$. 特别地,

$$\delta(eM_s(A)f)e_{12} = 0.$$

从而, $\delta(eM_s(A)f) = 0$. 类似地, $\delta(fM_s(A)e) = 0$. 故有 $\delta = 0$.　□

推论 4.3.3　设 A 是一个 $(n-1)$-扭自由的有 "1" 的非交换素代数. 则 $M_2(A)$ 上每一个 Lie n-导子 φ 可表成

$$\varphi = d + \gamma,$$

这里, d 是 $M_2(A)$ 的一个导子, $\gamma: M_2(A) \to Z(A) \cdot I_2$ 是一个线性映射.

证明　令 $e = e_{11}$, $f = e_{22}$. 则 $eM_s(A)e = A$, $fM_2(A)f = A$. 由于 A 是非交换素环, 易见 A 不包含非零中心理想. 此外, A 一定满足条件 (4.1.1) (参见 [2, 引理 3]). 这样, 由定理 4.3.1 得, 存在 $M_2(A)$ 上的一个导子 d, 一个奇异 Jordan 导子 δ, 且 δ 是反导子, 以及 $\gamma: M_2(A) \to Z(A) \cdot I_2$ 使得

$$\varphi = d + \delta + \gamma.$$

使用推论 4.3.2 的证明方法可得, $\delta = 0$.　□

4.4 注　记

早在 1957 年, Herstein 证明了特征不为 2 的素环上的 Jordan 导子一定是导子 (参见文献 [3]). 素环上 Lie 导子问题就要复杂许多. 具有幂等元的素环上的 Lie 导子问题可以使用传统方法加上极大左商环的方法进行研究 (参见文献 [4—6]). 一般素环上 Lie 导子问题需要使用极大左商环加上环上函数恒等式方法才能获得解决 (参见文献 [7]). 作者认为 Lie 导子比 Jordan 导子复杂的原因是, Lie 导子的讨论要涉及环的中心结构, 而 Jordan 导子一般不涉及中心结构.

2003 年, Cheung 讨论了三角代数上 Lie 导子的结构 (见文献 [8]). 三角代数上 Lie 导子能够用常规的矩阵运算得到刻画的原因是三角代数的中心具有良好的结构. 2006 年, Zhang 和 Yu 证明了任意 2-扭自由的三角代数上的每一个 Jordan 导子一定是导子 (见文献 [9]). 2011 年, Ji 与 Qi 研究了三角代数上部分元素满足 Lie 导子定律的线性映射 (见文献 [10]). 2012 年, 三角代数上非线性 Lie 多重导子也获得了刻画 (参见文献 [11]).

2012 年, Benkovič 和 Širovnik 研究了具有幂等元代数上的 Jordan 导子 (见文献 [1]). 他们发现了具有幂等元代数上存在奇异 Jordan 导子, 而在三角代数上不存在这类 Jordan 导子. 2015 年, Benkovič 讨论了具有幂等元代数上的 Lie 3-导子, 此结果包括了关于 Lie 导子与 Jordan 导子的相应结果 (见文献 [12]).

本章讨论了广义矩阵代数上在部分元素上满足 Lie 导子定律的线性映射. 主要工作是引入了 “不包含非零中心理想” 这个假设条件. 到目前为止, 有多篇论文采用了此假设条件. 我们将在其他几章中看到此假设条件的使用情况.

本章讨论了具有幂等元代数上的 Lie 多重导子, 从而推广了文献 [12] 中的部分结果. 主要工作是在文献 [12] 的假设条件下证明了奇异 Jordan 导子也是反导子, 从而改进了文献 [12] 中的部分结果. 本章的内容可见文献 [13, 14].

参 考 文 献

[1] Benkovič D, Širovnik N. Jordan derivations of unital algebras with idempotents. Linear Algebra Appl., 2012, 437: 2271-2284.

[2] Posner E C. Derivations in prime rings. Proc. Amer. Math. Soc., 1957, 8: 1093-1100.

[3] Herstein I N. Jordan derivations of prime rings. Proc. Amer. Math. Soc., 1957, 8: 1104-1110.

[4] Martindale W S. Lie isomorphisms of prime rings. Trans. Amer. Math. Soc., 1969, 142: 437-455.

[5] Martindale W S. Lie isomorphisms of the skew elements of a simple ring with involution. J. Algebra, 1975, 36: 408-415.

[6] Qi X F, Hou J C. Characterization of Lie derivations on prime rings. Comm. Algebras, 2011, 39: 3824-3835.

[7] Brešar M. Commuting traces of biadditive mappings, commutativity preserving mappings and Lie mappings. Trans. Amer. Math. Soc., 1993, 335: 525-546.

[8] Cheung W S. Lie derivations of triangular algebras. Linear and Multilinear Algebra, 2003, 51: 299-310.

[9] Zhang J H, Yu W Y. Jordan derivations of triangular algebras. Linear Algebra Appl., 2006, 419: 251-255.

[10] Ji P S, Qi W Q. Charactrizations of Lie derivations of triangular algebras. Linear Algebra Appl., 2011, 435: 1137-1146.

[11] Benkovič D, Eremita D. Multiplicative Lie n-derivations of triangular rings. Linear Algebra Appl., 2012, 436: 4223-4240.

[12] Benkovič D. Lie triple derivations of unital algebras with idempotents. Linear and Multilinear Algebra, 2015, 63: 141-165.

[13] Du Y Q, Wang Y. Lie derivations of generalized matrix algebras. Linear Algebra Appl., 2012, 437: 2719-2726.

[14] Wang Y. Lie n-derivations of unital algebras with idempotents. Linear Algebra Appl., 2014, 458: 512-525.

第 5 章　广义矩阵代数上非线性 Lie 多重导子

本章主要介绍广义矩阵代数上非线性 Lie 多重导子的一个结果. 作为主要结果的推论, 我们给出上三角矩阵代数与套代数上非线性 Lie 多重导子的刻画.

5.1　定义与性质

本章所涉及的代数均指一个有 “1” 的交换环 R 上的代数, 且 $\frac{1}{2} \in R$.

定义 5.1.1　设 A 是一个代数. 一个映射 $d: A \to A$ 称为非线性导子, 如果

$$d(xy) = d(x)y + xd(y)$$

对所有的 $x, y \in A$.

定义 5.1.2　设 A 是一个代数. 一个映射 $d: A \to A$ 称为非线性 Lie 导子, 如果

$$d([x, y]) = [d(x), y] + [x, d(y)]$$

对所有的 $x, y \in A$.

定义 5.1.3　设 A 是一个代数. 一个映射 $d: A \to A$ 称为非线性 Jordan 导子, 如果

$$d(x \circ y) = d(x) \circ y + x \circ d(y)$$

对所有的 $x, y \in A$.

令 $p_1(x_1) = x_1$, $p_2(x_1, x_2) = [x_1, x_2]$, 以及

$$p_n(x_1, x_2, \cdots, x_n) = [p_{n-1}(x_1, x_2, \cdots, x_{n-1}), x_n]$$

对任意的 $n \geqslant 2$.

定义 5.1.4　设 A 是一个代数. 一个映射 $\varphi: A \to A$ 称为非线性 Lie n-导子, 如果

$$\varphi(p_n(x_1, x_2, \cdots, x_n)) = \sum_{i=1}^{n} p_n(x_1, \cdots, x_{i-1}, \varphi(x_i), x_{i+1}, \cdots, x_n)$$

对所有的 $x_1, x_2, \cdots, x_n \in A$.

命题 5.1.1　设 A 是一个代数. 设 φ 是 A 的一个非线性 Lie n-导子, 这里 $n \geqslant 2$. 则 φ 可看成一个非线性 Lie n-导子, 这里 $n \geqslant 4$.

证明　不妨假设 $n=3$. 我们指出, φ 是一个非线性 Lie 5-导子. 事实上,

$$\begin{aligned}\varphi(p_5(x_1,x_2,x_3,x_4,x_5)) &= \varphi([[p_3(x_1,x_2,x_3),x_4],x_5]) \\ &= [[\varphi(p_3(x_1,x_2,x_3)),x_4],x_5]+[[p_3(x_1,x_2,x_3),\varphi(x_4)],x_5] \\ &\quad +[[p_3(x_1,x_2,x_3),x_4],\varphi(x_5)] \\ &= [[p_3(\varphi(x_1),x_2,x_3),x_4],x_5]+[[p_3(x_1,\varphi(x_2),x_3),x_4],x_5] \\ &\quad +[[p_3(x_1,x_2,\varphi(x_3)),x_4],x_5]+[[p_3(x_1,x_2,x_3),\varphi(x_4)],x_5] \\ &\quad +[[p_3(x_1,x_2,x_3),x_4],\varphi(x_5)] \\ &= \sum_{i=1}^{5} p_5(x_1,\cdots,x_{i-1},\varphi(x_i),x_{i+1},\cdots,x_5),\end{aligned}$$

这样, φ 是一个 Lie 5-导子. □

设 A 是一个代数. 对每一个 $a\in A$

$$[a,A]\subseteq Z(A)\Longrightarrow a\in Z(A), \tag{5.1.1}$$

则称 A 满足条件 (5.1.1).

5.2　主要结果

设 $A=eAe+eAf+fAe+fAf$ 是一个广义矩阵代数. 也就是, eAf 是一个忠实 (eAe,fAf)-双模. 对每一个 $x\in A$, 都有如下唯一表达式

$$x=a+m+n+b,$$

这里, $a\in eAe$, $m\in eAf$, $n\in fAe$, $b\in fAf$.

下面关于广义矩阵代数的中心结果将在定理证明中经常使用 (见性质 1.2.1).

性质 5.2.1　设 $A=eAe+eAf+fAe+fAf$ 是一个广义矩阵代数. 则 A 的中心

$$Z(A)=\{a+b\in eAe+fAf \mid am=mb, na=bn \text{ 对所有 } m\in eAf, n\in fAe\}.$$

并且, 存在唯一的代数同构 $\tau: Z(A)e\to Z(A)f$ 使得 $am=m\tau(a)$ 以及 $na=\tau(a)n$ 对任意的 $m\in eAf$, $n\in fAe$, $a\in Z(A)e$.

下面的简单结果将在定理证明中使用.

性质 5.2.2　设 $A=eAe+eAf+fAf$ 是一个三角代数. 则 A 的中心

$$Z(A)=\{c\in eAe+fAf \mid [c,m]=0 \text{ 对所有 } m\in eAf\}.$$

证明 任取 $m \in eAf$. 易见, $[c,m]=0$ 等价于 $ecem=mfcf$. 由性质 5.2.1 的特殊情况 $(fAe=0)$ 得, $c=ece+fcf\in Z(A)$. □

下面给出广义矩阵代数上非线性 Lie n-导子的一种刻画.

定理 5.2.1 设 $A=eAe+eAf+fAe+fAf$ 是一个 $(n-1)$-扭自由的广义矩阵代数. 假设下列条件成立.

(1) $Z(eAe)=Z(A)e$ 与 $Z(fAf)=Z(A)f$,

(2) eAe 或者 fAf 不包含非零中心理想,

(3) 若 $n\geqslant 3$, 则 eAe 与 fAf 满足 (5.1.1),

(4) 当 n 是奇数时, 且 $fAe\neq 0$, 则对每一个 $m\in eAf$, 由 $mfAe=0=fAem$ 推出 $m=0$,

(5) 当 n 是奇数时, 则对每一个 $t\in fAe$, 由 $eAft=0=teAf$ 推出 $t=0$.

假设 $\varphi: A\to A$ 是一个非线性 Lie n-导子, 则存在 A 的一个导子 δ, 一个映射 $\gamma: A\to Z(A)$, 且零化 $p_n(A,A,\cdots,A)$, 使得

$$\varphi(x)=\delta(x)+\gamma(x)$$

对所有的 $x\in A$.

证明 根据命题 5.1.1, 我们有时假设 φ 是一个非线性 n-导子, 且 $n\geqslant 4$. 令

$$U=eAe+eAf+fAf.$$

则 U 本身是一个三角代数. 容易验证, $Z(U)=Z(A)$. 事实上, 由性质 1.2.1 知, $Z(A)\subseteq Z(U)$. 反之, 任取 $a\oplus b\in Z(U)$, 则有

$$am=mb \quad 对所有的 \quad m\in eAf.$$

这样, $m(b-\tau(a))=0$ 对所有的 $m\in eAf$. 由于 eAf 是一个忠实右 fAf-模, 得 $b-\tau(a)=0$, 从而, $b=\tau(a)$. 由此可见, $a\oplus b\in Z(A)$. 故有 $Z(A)=Z(U)$.

我们首先指出, $\varphi(0)=0$. 事实上, 我们有

$$\begin{aligned}\varphi(0)&=\varphi(p_n(0,0,\cdots,0))\\&=\sum_{i=1}^{n}p_n(0,\cdots,0,\varphi(0),0,\cdots,0)=0,\end{aligned}$$

定义 $\varphi_1: A\to A$ 如下

$$\varphi_1(x)=\varphi(x)-[\varphi(f),x].$$

由于

$$\begin{aligned}\varphi_1(f) &= \varphi(f) - [\varphi(f), f] \\ &= \varphi(f) - e\varphi(f)f + f\varphi(f)e,\end{aligned}$$

我们可见, $e\varphi_1(f)f = 0$. 用 φ_1 替代 φ, 不妨假设 $e\varphi(f)f = 0$. 下面的证明将分成若干步骤.

步骤 1　我们指出, $e\varphi(x)f = 0$ 对所有的 $x \in eAe \cup fAf$.

任取 $x \in eAe \cup fAf$. 使用 $\varphi(0) = 0$, 得到

$$\begin{aligned}0 =& \varphi(p_n(x, f, \cdots, f)) \\ =& p_{n-1}([\varphi(x), f], f, \cdots, f) + p_{n-1}([x, \varphi(f)], f, \cdots, f) \\ &+ p_{n-1}([x, f], \varphi(f), \cdots, f) + \cdots + p_{n-1}([x, f], f, \cdots, \varphi(f)) \\ =& e\varphi(x)f + (-1)^{n-1}f\varphi(x)e + e[x, \varphi(f)]f + (-1)^{n-2}f[x, \varphi(f)]e.\end{aligned}$$

上式左乘 e, 然后右乘 f 可得

$$0 = e\varphi(x)f + e[x, \varphi(f)]f.$$

由于 $e\varphi(f)f = 0$ 我们可见, $e[x, \varphi(f)]f = 0$. 进而, $e\varphi(x)f = 0$.

定义 $\varphi_2 : A \to A$ 如下

$$\varphi_2(x) = \varphi(x) - [\varphi(e), x].$$

由步骤 1 可得

$$e\varphi_2(e)f = e\varphi(e)f - e[\varphi(e), e]f = 0.$$

另一方面, 有

$$\varphi_2(e) = \varphi(e) - [\varphi(e), e] = \varphi(e) - f\varphi(e)e$$

从而, $f\varphi_2(e)e = 0$. 这样, 用 φ_2 替代 φ, 我们不妨假设

$$e\varphi(e)f = f\varphi(e)e = 0.$$

步骤 2　我们指出

$$f\varphi(x)e = 0 \quad 和 \quad \varphi(x) = e\varphi(x)e + f\varphi(x)f$$

对所有的 $x \in eAe \cup fAf$.

任取 $x \in eAe \cup fAf$. 注意到 $[x,e]=0$. 根据步骤 1, 我们可得

$$\begin{aligned}0=&\varphi(p_n(x,e,\cdots,e))\\=&p_{n-1}([\varphi(x),e],e,\cdots,e)+p_{n-1}([x,\varphi(e)],e,\cdots,e)\\&+p_{n-1}([x,e],\varphi(e),\cdots,e)+\cdots+p_{n-1}([x,e],e,\cdots,\varphi(e))\\=&f\varphi(x)e+f[x,\varphi(e)]e=f\varphi(x)e.\end{aligned}$$

因此

$$\varphi(x)=e\varphi(x)e+f\varphi(x)f$$

对所有的 $x \in eAe \cup fAf$.

步骤 3 我们指出, $\varphi(-e)\in Z(A)$, 以及

$$f\varphi(m)e=0 \quad 与 \quad \varphi(m)=e\varphi(m)f$$

对所有的 $m\in eAf$.

任取 $m\in eAf$, 根据步骤 2 可得

$$\begin{aligned}\varphi(m)&=\varphi(p_n(m,-e,\cdots,-e))\\&=p_n([\varphi(m),-e,\cdots,-e)+p_n(m,\varphi(-e),-e,\cdots,-e)\\&\quad+\cdots+p_n(m,-e,\cdots,\varphi(-e))\\&=e\varphi(m)f+(-1)^{n-1}f\varphi(m)e+(n-1)[m,\varphi(-e)].\end{aligned}$$

对上式左乘 e, 右乘 f 得

$$(n-1)[m,\varphi(-e)]=0 \quad 以及 \quad [m,\varphi(-e)]=0$$

对所有的 $m\in eAf$. 因此

$$\varphi(-e)=e\varphi(-e)e+f\varphi(-e)f\in Z(A),$$

以及

$$\varphi(m)=e\varphi(m)f+(-1)^{n-1}f\varphi(m)e \tag{5.2.1}$$

对所有的 $m\in eAf$. 下面证明 $f\varphi(m)e=0$ 对所有的 $m\in eAf$.

首先假设 n 是偶数. 由 (5.2.1) 可得

$$\varphi(m)=e\varphi(m)f-f\varphi(m)e \tag{5.2.2}$$

对所有的 $m\in eAf$. 对 (5.2.2) 左乘 f, 然后右乘 e 得, $2f\varphi(m)e=0$. 从而, $f\varphi(m)e=0$ 对所有的 $m\in eAf$.

现假设 n 是奇数. 由 (5.2.1) 得

$$\varphi(m) = e\varphi(m)f + f\varphi(m)e.$$

任取 $m, m', m'' \in eAf$, 由于 $[m, m'] = 0$, 我们使用上面式子得

$$\begin{aligned}0 &= \varphi(p_n(m, m', m'', -e, \cdots, -e))\\&= p_n([\varphi(m), m', m'', -e, \cdots, -e) + p_n(m, \varphi(m'), m'', -e, \cdots, -e)\\&= [[f\varphi(m)e, m'], m''] + [[m, f\varphi(m')e], m'']\\&= [[f\varphi(m)e, m'] + [m, f\varphi(m')e], m''].\end{aligned}$$

由此可见

$$[f\varphi(m)e, m'] + [m, f\varphi(m')e] \in Z(A).$$

另一方面, 由于 $\varphi(-e) \in Z(A)$, 可得

$$\begin{aligned}0 &= \varphi(p_n(m, -e, \cdots, -e, m'))\\&= p_n([\varphi(m), -e, \cdots, -e, m') + p_n(m, -e, \cdots, -e, \varphi(m'))\\&= [-f\varphi(m)e, m'] + [m, f\varphi(m')e].\end{aligned}$$

比较上面两式得到, $2[f\varphi(m)e, m'] \in Z(A)$ 以及

$$[f\varphi(m)e, m'] \in Z(A)$$

对所有的 $m, m' \in eAf$. 即

$$f\varphi(m)em' - m'f\varphi(m)e \in Z(A). \tag{5.2.3}$$

从而, $f\varphi(m)eAf \subseteq Z(fAf)$ 与 $eAf\varphi(m)e \subseteq Z(eAe)$.

下面不妨设 eAe 不包含非零的中心理想. 由于 $eAf\varphi(m)e$ 是 eAe 的中心理想, 得到 $eAf\varphi(m)e = 0$. 根据中心性质, 我们可由 (5.2.3) 看出, $f\varphi(m)eAf = 0$. 使用条件 (5) 可见, $f\varphi(m)e = 0$ 对所有的 $m \in eAf$. 这样, 我们可由 (5.2.1) 得出, $\varphi(m) = e\varphi(m)f$ 对所有的 $m \in eAf$.

步骤 4 我们指出, $\varphi(-m) = -\varphi(m)$ 对所有的 $m \in eAf$, 以及 $\varphi(f) \in Z(A)$.

考虑步骤 3 可得

$$\begin{aligned}\varphi(-m) &= \varphi(p_n(-e, m, -e, \cdots, -e))\\&= p_{n-1}([\varphi(-e), m], -e, \cdots, -e) + p_{n-1}([-e, \varphi(m)], -e, \cdots, -e)\\&\quad + \cdots + p_n([-e, m], -e, \cdots, \varphi(-e))\\&= p_{n-1}([-e, \varphi(m)], -e, \cdots, -e)\\&= -\varphi(m).\end{aligned}$$

从而, $\varphi(-m)=-\varphi(m)$ 对所有的 $m\in eAf$. 由于 $\varphi(-e)\in Z(A)$, 得

$$\begin{aligned}-\varphi(m)&=\varphi(p_n(f,m,-e,\cdots,-e))\\&=p_{n-1}([\varphi(f),m],-e,\cdots,-e)+p_{n-1}([f,\varphi(m)],-e,\cdots,-e)\\&=[\varphi(f),m]-\varphi(m).\end{aligned}$$

进而, $[\varphi(f),m]=0$ 对所有的 $m\in eAf$. 故有 $\varphi(f)\in Z(A)$.

步骤 5 我们指出, $\varphi(exf)=e\varphi(x)f$ 以及 $f\varphi(x)e=0$ 对所有的 $x\in U$.

任取 $x\in U$, 由于 $\varphi(f)\in Z(A)$, 有

$$\begin{aligned}\varphi(exf)=\varphi(p_n(x,f,\cdots,f))&=p_n(\varphi(x),f,\cdots,f)\\&=e\varphi(x)f+(-1)^{n-1}f\varphi(x)e.\end{aligned}$$

由于 $\varphi(exf)\in eAf$ 对所有的 $x\in U$, 由上式得 $f\varphi(x)e=0$. 从而, $\varphi(exf)=e\varphi(x)f$ 对所有的 $x\in U$.

步骤 6 我们指出

$$\varphi(u_1+u_{12})-\varphi(u_1)-\varphi(u_{12})\in Z(A)$$

对所有的 $u_1\in eAe\cup fAf$ 以及 $u_{12}\in eAf$.

任取 $a\in eAe$, $m,m'\in eAf$, 由于 $\varphi(f)\in Z(A)$, 考虑步骤 5, 有

$$\begin{aligned}\varphi(am')&=\varphi(p_n(a+m,m',f,\cdots,f))\\&=p_{n-1}([\varphi(a+m),m'],f,\cdots,f)+p_{n-1}([a+m,\varphi(m')],f,\cdots,f)\\&=[e\varphi(a+m)e+f\varphi(a+m)f,m']+[a,\varphi(m')].\end{aligned}$$

另一方面, 考虑步骤 3, 有

$$\begin{aligned}\varphi(am')&=\varphi(p_n(a,m',f,\cdots,f))\\&=p_{n-1}([\varphi(a),m'],f,\cdots,f)+p_{n-1}([a,\varphi(m')],f,\cdots,f)\\&=[\varphi(a),m']+[a,\varphi(m')].\end{aligned}$$

上面两式比较得

$$[e\varphi(a+m)e+f\varphi(a+m)f-\varphi(a),m']=0.$$

从而

$$\varphi(a+m)-e\varphi(a+m)f-\varphi(a)\in Z(A),$$

进而

$$\varphi(a+m)-\varphi(m)-\varphi(a)\in Z(A).$$

类似地, 可得

$$\varphi(b+m)-\varphi(b)-\varphi(m)\in Z(A)$$

对所有的 $b\in fAf$, $m\in eAf$.

步骤 7　我们指出, φ 是在 eAf 上可加.

任取 $m,m'\in eAf$, 由步骤 6 可得

$$\begin{aligned}\varphi(m+m')&=\varphi(p_n(f+m,-e-m',f,\cdots,f))\\&=p_{n-1}([\varphi(f+m),-e-m'],f,\cdots,f)\\&\quad+p_{n-1}([f+m,\varphi(-e-m')],f,\cdots,f)\\&=p_{n-1}([\varphi(f)+\varphi(m),-e-m'],f,\cdots,f)\\&\quad+p_{n-1}([f+m,\varphi(-e)-\varphi(m')],f,\cdots,f)\\&=\varphi(m)+\varphi(m').\end{aligned}$$

步骤 8　我们指出

$$\varphi(a+m+b)-\varphi(a)-\varphi(m)-\varphi(b)\in Z(A)$$

对所有的 $a\in eAe$, $m\in eAf$, $b\in fAf$.

对任意的 $m'\in eAf$, 由步骤 5 得

$$\begin{aligned}\varphi([m',a+m+b])&=\varphi(p_n(m',a+m+b,-e,\cdots,-e))\\&=p_{n-1}([\varphi(m'),a+m+b],-e,\cdots,-e)\\&\quad+p_{n-1}([m',\varphi(a+m+b)],-e,\cdots,-e)\\&=[\varphi(m'),a+m+b]+[m',\varphi(a+m+b)]\\&=[\varphi(m'),a]+[\varphi(m'),b]+[m',\varphi(a+m+b)].\end{aligned}$$

另一方面, 由步骤 7 得

$$\begin{aligned}\varphi([m',a+m+b])&=\varphi([m',a]+[m',b])\\&=\varphi([m',a])+\varphi([m',b])\\&=\varphi(p_n(m',a,-e,\cdots,-e))+\varphi(p_n(m',b,-e,\cdots,-e))\\&=p_{n-1}([\varphi(m'),a]+[m',\varphi(a)],-e,\cdots,-e)\\&\quad+p_{n-1}([\varphi(m'),b]+[m',\varphi(b)],-e,\cdots,-e)\\&=[\varphi(m'),a]+[m',\varphi(a)]+[\varphi(m'),b]+[m',\varphi(b)].\end{aligned}$$

比较上面两个式子得

$$[\varphi(a+m+b)-\varphi(a)-\varphi(b),m']=0$$

对所有的 $m'\in eAf$. 由步骤 5 可见

$$\begin{aligned}&\varphi(a+m+b)-\varphi(a)-\varphi(b)-e\varphi(a+m+b)f\\=&\varphi(a+m+b)-\varphi(a)-\varphi(b)-\varphi(m)\in Z(A)\end{aligned}$$

对所有的 $a\in eAe, m\in eAf, b\in fAf$.

由步骤 8 得到, $\varphi(U)\subseteq U$. 因此, $\varphi|_U$ 是 U 上的一个非线性 Lie n-导子. 使用 [10, 定理 5.9] 可知, 存在一个 U 上的导子 d, 以及一个映射 $\tau:U\to Z(A)$, 使得

$$\varphi(x)=d(x)+\tau(x)$$

对所有的 $x\in U$. 由性质 3.2.1 得

$$d\begin{pmatrix}a & m\\ 0 & b\end{pmatrix}=\begin{pmatrix}p_1(a) & as-sb+h(m)\\ 0 & p_2(b)\end{pmatrix}$$

对所有的 $a\in eAe, b\in fAf$, 以及 $m\in eAf$, 这里 $s\in eAf$, $h:eAf\to eAf$ 是一个可加映射, 且

(1) p_1 是 eAe 上的一个导子, $h(am)=p_1(a)m+ah(m)$,

(2) p_2 是 fAf 上的一个导子, $h(mb)=mp_2(b)+h(m)b$.

特别地, 根据步骤 4 得

$$\varphi(f)=d(f)+\tau(f)=\begin{pmatrix}0 & -s\\ 0 & 0\end{pmatrix}+\tau(f)\in Z(A).$$

由此可见, $s=0$. 故有

$$d\begin{pmatrix}a & m\\ 0 & b\end{pmatrix}=\begin{pmatrix}p_1(a) & h(m)\\ 0 & p_2(b)\end{pmatrix}\tag{5.2.4}$$

对所有的 $a\in eAe, b\in fAf, m\in eAf$. 容易验证

$$\varphi(e)=\tau(e)\in Z(A)\quad 以及\quad \varphi(-f)=\tau(-f)\in Z(A).$$

定义 $\gamma_1:A\to Z(A)$ 如下

$$\gamma_1(a+m+t+b)=\tau(a+m+b)$$

对所有的 $a \in eAe$, $m \in eAf$, $t \in fAe$, 以及 $b \in fAf$. 令

$$\varphi_1 = \varphi - \gamma_1.$$

可见, $\varphi_1|_U = d$ 是 U 上的一个导子, $\varphi_1(t) = \varphi(t)$ 对所有的 $t \in fAe$.

步骤 9 我们指出, $\varphi(t) = f\varphi(t)e$ 对所有的 $t \in fAe$. 不妨设 $fAe \neq 0$. 对任意的 $t \in fAe$, 由 $\varphi(-f) \in Z(A)$ 得

$$\begin{aligned}\varphi(t) &= \varphi(p_n(t, -f, \cdots, -f)) \\ &= p_n(\varphi(t), -f, \cdots, -f) \\ &= (-1)^{n-1} e\varphi(t)f + f\varphi(t)e.\end{aligned}$$

下面我们指出, $e\varphi(t)f = 0$. 首先假设 n 是偶数. 则有

$$\varphi(t) = -e\varphi(t)f + f\varphi(t)e.$$

用 e 左乘上式, 然后用 f 右乘上式得, $2e\varphi(t)f = 0$. 从而, $e\varphi(t)f = 0$. 下面假设 n 是奇数. 我们有

$$\varphi(t) = e\varphi(t)f + f\varphi(t)e.$$

任取 $m \in eAf$, $t, t' \in fAe$, 使用 $[t, t'] = 0$ 可得

$$\begin{aligned}0 &= \varphi(p_n(t, t', m, f, \cdots, f)) \\ &= p_n(\varphi(t), t', m, f, \cdots, f) + p_n(t, \varphi(t'), m, f, \cdots, f) \\ &= [[e\varphi(t)f, t'], m] + [[t, e\varphi(t')f], m] \\ &= [[e\varphi(t)f, t'] + [t, e\varphi(t')f], m].\end{aligned}$$

由此可见

$$[[e\varphi(t)f, t'] + [t, e\varphi(t')f] \in Z(A).$$

另一方面, 由于 $\varphi(e) \in Z(A)$ 有

$$\begin{aligned}0 &= \varphi(p_n(t, e, \cdots, e, t')) \\ &= p_n(\varphi(t), e, \cdots, e, t') + p_n(t, e, \cdots, e, \varphi(t')) \\ &= -[e\varphi(t)f, t'] + [t, e\varphi(t')f].\end{aligned}$$

比较上面两式得, $2[e\varphi(t)f, t'] \in Z(A)$. 故有

$$[e\varphi(t)f, t'] \in Z(A)$$

对所有的 $t, t' \in fAe$. 由此可见

$$e\varphi(t)ft' - t'e\varphi(t)f \in Z(A). \tag{5.2.5}$$

因此, $e\varphi(t)fAe \subseteq Z(eAe)$ 以及 $fAe\varphi(t)f \subseteq Z(fAf)$.

我们不妨设 A 不包含非零中心理想. 由于 $e\varphi(t)fAe$ 是 eAe 的一个中心理想, 故有

$$e\varphi(t)fAe = 0$$

对所有的 $t \in fAe$. 使用 (5.2.5) 可得

$$fAe\varphi(t)f = 0$$

对所有的 $t \in fAe$. 由条件 (4) 得, $e\varphi(t)f = 0$ 对所有的 $t \in fAe$.

步骤 10 我们指出

$$\varphi(a+m+t+b) - \varphi(a) - \varphi(m) - \varphi(t) - \varphi(b) \in Z(A)$$

对所有的 $a \in eAe$, $m \in eAf$, $t \in fAe$, 以及 $b \in fAf$.

任取 $a \in eAe$, $m, m', m'' \in eAf$, $t \in fAe$, $b \in fAf$, 考虑步骤 3, 有

$$\begin{aligned}
&\varphi(p_n(a+m+t+b, m', m'', f, \cdots, f))\\
=&p_n(\varphi(a+m+t+b), m', m'', f, \cdots, f)\\
&+p_n(a+m+t+b, \varphi(m'), m'', f, \cdots, f)\\
&+p_n(a+m+t+b, m', \varphi(m''), f, \cdots, f)\\
=&[[\varphi(a+m+t+b), m'], m''] + [[a+m+t+b, \varphi(m')], m'']\\
&+[[a+m+t+b, m'], \varphi(m'')]\\
=&[[\varphi(a+m+t+b), m'], m''] + [[t, \varphi(m')], m'']\\
&+[[t, m'], \varphi(m'')].
\end{aligned}$$

另一方面, 由步骤 3 和步骤 9 得

$$\begin{aligned}
&\varphi(p_n(a+m+t+b, m', m'', f, \cdots, f)) = \varphi(p_n(t, m', m'', f, \cdots, f))\\
=&p_n(\varphi(t), m', m'', f, \cdots, f)) + p_n(t, \varphi(m'), m'', f, \cdots, f)\\
&+p_n(t, m', \varphi(m''), f, \cdots, f)\\
=&[[\varphi(t), m'], m''] + [[t, \varphi(m')], m''] + [[t, m'], \varphi(m'')].
\end{aligned}$$

比较上面两式可得

$$[[\varphi(a+m+t+b)-\varphi(t),m'],m'']=0.$$

从而

$$[[f\varphi(a+m+t+b)e-\varphi(t),m'],m'']=0$$

故有

$$[f\varphi(a+m+t+b)e-\varphi(t),m']\in Z(A).$$

也就是

$$(f\varphi(a+m+t+b)e-\varphi(t))m'-m'(f\varphi(a+m+t+b)e-\varphi(t))\in Z(A).$$

由此可见

$$(f\varphi(a+m+t+b)e-\varphi(t))eAf \quad \subseteq Z(fAf)$$

以及

$$eAf(f\varphi(a+m+t+b)e-\varphi(t)) \quad \subseteq Z(eAe).$$

使用步骤 3 的证明方法可得

$$f\varphi(a+m+t+b)e-\varphi(t)=0$$

进而

$$f\varphi(a+m+t+b)e=\varphi(t) \tag{5.2.6}$$

对所有的 $a\in eAe$, $m\in eAf$, $t\in fAe$, 以及 $b\in fAf$.

任取 $a\in eAe$, $m,m'\in eAf$, $t,t'\in fAe$, $b\in fAf$, 由步骤 9 得

$$\begin{aligned}
&\varphi(p_n(a+m+t+b,t',m',f,\cdots,f))\\
=&\,p_n(\varphi(a+m+t+b),t',m',f,\cdots,f)\\
&+p_n(a+m+t+b,\varphi(t'),m',f,\cdots,f)\\
&+p_n(a+m+t+b,t',\varphi(m'),f,\cdots,f)\\
=&\,[[e\varphi(a+m+t+b)f,t'],m']+[[m,\varphi(t')],m']\\
&+[[m,t'],\varphi(m')].
\end{aligned}$$

另一方面, 由步骤 3 可得

$$
\begin{aligned}
&\varphi(p_n(a+m+t+b,t',m',f,\cdots,f))=\varphi(p_n(m,t',m',f,\cdots,f))\\
=&p_n(\varphi(m),t',m',f,\cdots,f)+p_n(m,\varphi(t'),m',f,\cdots,f)\\
&+p_n(m,t',\varphi(m'),f,\cdots,f)\\
=&[[\varphi(m),t'],m']+[[m,\varphi(t')],m']+[[m,t'],\varphi(m')].
\end{aligned}
$$

比较上面两个式子得

$$[[e\varphi(a+m+t+b)f-\varphi(m),t'],m']=0.$$

进而, 由步骤 3 得

$$[e\varphi(a+m+t+b)f-\varphi(m),t']\in Z(A).$$

也就是

$$
\begin{aligned}
(e\varphi(a+m+t+b)f-\varphi(m))t'-t'(e\varphi(a+m+t+b)f\\
-\varphi(m))\in Z(A)
\end{aligned}
$$

对所有的 $t'\in fAe$. 由此可见

$$(e\varphi(a+m+t+b)f-\varphi(m))fAe\subseteq Z(eAe)$$

以及

$$fAe(e\varphi(a+m+t+b)f-\varphi(m))\subseteq Z(fAf).$$

使用步骤 9 的方法, 可得

$$e\varphi(a+m+t+b)f-\varphi(m)=0,$$

进而

$$e(\varphi(a+m+t+b)f=\varphi(m). \tag{5.2.7}$$

一方面, 由步骤 3 得

$$
\begin{aligned}
&\varphi(p_n(a+m+t+b,m',f,\cdots,f))\\
=&p_n(\varphi(a+m+t+b),m',f,\cdots,f)\\
&+p_n(a+m+t+b,\varphi(m'),f,\cdots,f)\\
=&[e\varphi(a+m+t+b)e+f\varphi(a+m+t+b)f,m']\\
&+[a+b,\varphi(m')].
\end{aligned}
$$

另一方面, 由步骤 7 得

$$\begin{aligned}&\varphi(p_n(a+m+t+b,m',f,\cdots,f))=\varphi([a+b,m'])\\=&\varphi([a,m']+[b,m'])=\varphi([a,m'])+\varphi([b,m'])\\=&\varphi(p_n(a,m',f,\cdots,f))+\varphi(p_n(b,m',f,\cdots,f))\\=&p_n(\varphi(a),m',f,\cdots,f)+p_n(a,\varphi(m'),f,\cdots,f)\\&+p_n(\varphi(b),m',f,\cdots,f)+p_n(b,\varphi(m'),f,\cdots,f)\\=&[\varphi(a),m']+[a,\varphi(m')]+[\varphi(b),m']+[b,\varphi(m')].\end{aligned}$$

比较上式两式可得

$$[e\varphi(a+m+t+b)e+f\varphi(a+m+t+b)f-\varphi(a)-\varphi(b),m']=0.$$

由此可得

$$e\varphi(a+m+t+b)e+f\varphi(a+m+t+b)f-\varphi(a)-\varphi(b)\in Z(A). \tag{5.2.8}$$

综上所述, 可由 (5.2.6), (5.2.7), 以及 (5.2.8) 得到

$$\varphi(a+m+t+b)-\varphi(a)-\varphi(m)-\varphi(t)-\varphi(b)\in Z(A)$$

对所有的 $a\in eAe$, $m\in eAf$, $t\in fAe$, $b\in fAf$.

步骤 11 我们指出, $\varphi(-t)=-\varphi(t)$ 对所有的 $t\in fAe$.

由步骤 9 可得

$$\varphi(-t)=\varphi(p_n(e,t,e,\cdots,e))=p_n(e,\varphi(t),e,\cdots,e)=-\varphi(t).$$

步骤 12 我们指出, φ 在 fAe 上是可加的.

任取 $t,t'\in fAe$, 由步骤 10 和步骤 11 得

$$\begin{aligned}\varphi(t+t')&=\varphi(p_n(e+t,-f-t',e,\cdots,e))\\&=p_{n-1}([\varphi(e+t),-f-t'],e,\cdots,e)\\&\quad+p_{n-1}([e+t,\varphi(-f-t')],e,\cdots,e)\\&=p_{n-1}([\varphi(e)+\varphi(t),-f-t'],e,\cdots,e)\\&\quad+p_{n-1}([e+t,\varphi(-f)-\varphi(t')],e,\cdots,e)\\&=\varphi(t)+\varphi(t').\end{aligned}$$

定义 $\gamma_2:A\to A$ 如下

$$\gamma_2(a+m+t+n)=\varphi_1(a+m+t+b)-\varphi_1(a)-\varphi_1(m)-\varphi_1(t)-\varphi_1(b)$$

对所有的 $a \in eAe$, $m \in eAf$, $t \in fAe$, 以及 $b \in fAf$. 令

$$\varphi_2 = \varphi_1 - \gamma_2.$$

容易验证, $\varphi_2(u) = \varphi_1(u)$ 对所有的 $u \in eAe \cup eAf \cup fAf$.

步骤 13 我们指出, $\gamma_2 : A \to Z(A)$.

由于

$$\begin{aligned}
\gamma_2(a+m+t+b) &= \varphi_1(a+m+t+b) - \varphi_1(a) - \varphi_1(m) \\
&\quad - \varphi_1(t) - \varphi_1(b) \\
&= \varphi(a+m+t+b) - \gamma_1(a+m+t+b) - \varphi(a) \\
&\quad + \gamma_1(a) - \varphi(m) + \gamma_1(m) - \varphi(t) - \varphi(b) + \gamma_1(b) \\
&= \varphi(a+m+t+b) - \varphi(a) - \varphi(m) \\
&\quad - \varphi(t) - \varphi(b) - \gamma_1(a+m+t+b) \\
&\quad + \gamma_1(a) + \gamma_1(m) + \gamma_1(b)
\end{aligned}$$

对所有的 $a \in eAe$, $m \in eAf$, $t \in fAe$, 以及 $b \in fAf$. 由步骤 10 得到

$$\gamma_2(a+m+t+b) \in Z(A).$$

步骤 14 我们指出, φ_2 是一个导子. 考虑 (5.2.4) 可见

$$\begin{aligned}
\varphi_2|_{eAe} &= \varphi_1|_{eAe} = p_1, \\
\varphi_2|_{fAf} &= \varphi_1|_{fAf} = p_2, \\
\varphi_2|_{eAf} &= \varphi_1|_{eAf} = h, \\
\varphi_2|_{fAe} &= \varphi_1|_{fAe} = \varphi|_{fAe}.
\end{aligned}$$

任取 $x = a+m+t+b$, $y = a'+m'+t'+b' \in A$, 使用步骤 12 可得

$$\begin{aligned}
\varphi_2(x+y) &= \varphi_2(a+a'+m+m'+t+t'+b+b') \\
&= \varphi_1(a+a') + \varphi_1(m+m') + \varphi_1(t+t') + \varphi_1(b+b') \\
&= \varphi_1(a) + \varphi_1(a') + \varphi_1(m) + \varphi_1(m') + \varphi_1(t) \\
&\quad + \varphi_1(t') + \varphi_1(b) + \varphi_1(b') \\
&= \varphi_2(a+m+t+b) + \varphi_2(a'+m'+t'+b') \\
&= \varphi_2(x) + \varphi_2(y).
\end{aligned}$$

因此, φ_2 是可加的.

任取 $a \in eAe, t \in fAe, b \in fAf$, 由于 $\varphi(e) \in Z(A)$, 有

$$\begin{aligned}
\varphi_2(bt) &= \varphi(bt) \\
&= \varphi(p_n(b, t, e, \cdots, e)) \\
&= p_n(\varphi(b), t, e, \cdots, e) + p_n(b, \varphi(t), e, \cdots, e) \\
&= [\varphi(b), t] + [b, \varphi(t)] \\
&= [p_2(b), t] + [b, \varphi_2(t)] \\
&= p_2(b)t + b\varphi_2(t).
\end{aligned}$$

类似地, 可得

$$\varphi_2(ta) = \varphi_2(t)a + tp_1(a).$$

令

$$\gamma = \gamma_1 + \gamma_2.$$

则有 $\varphi_2 = \varphi - \gamma$. 我们进一步指出

$$\begin{aligned}
\varphi_2(mt) &= \varphi_2(m)t + m\varphi_2(t), \\
\varphi_2(tm) &= \varphi_2(t)m + t\varphi_2(m)
\end{aligned} \tag{5.2.9}$$

对所有的 $m \in eAf, t \in fAe$. 一方面, 有

$$\begin{aligned}
&\varphi_2(p_n(m, t, m', f, \cdots, f)) \\
=&\varphi(p_n(m, t, m', f, \cdots, f)) - \gamma(p_n(m, t, m', f, \cdots, f)) \\
=&p_n(\varphi(m), t, m', f, \cdots, f) + p_n(m, \varphi(t), m', f, \cdots, f) \\
&+p_n(m, t, \varphi(m'), f, \cdots, f) - \gamma(p_n(m, t, m', f, \cdots, f)) \\
=&[[\varphi(m), t] + [m, \varphi(t)], m'] + [[m, t], \varphi(m')] \\
&-\gamma(p_n(m, t, m', f, \cdots, f)) \\
=&[[\varphi_2(m), t] + [m, \varphi_2(t)], m'] + [[m, t], \varphi_2(m')] \\
&-\gamma(p_n(m, t, m', f, \cdots, f))
\end{aligned}$$

对所有的 $m, m' \in eAf, t \in fAe$. 另一方面, 使用 (5.2.8) 可得

$$\begin{aligned}
&\varphi_2(p_n(m, t, m', f, \cdots, f)) \\
=&\varphi_2([mt - tm, m']) \\
=&[\varphi_2(mt - tm), m'] + [mt - tm, \varphi_2(m')] \\
=&[\varphi_2(mt) - \varphi_2(tm), m'] + [[m, t], \varphi_2(m')]
\end{aligned}$$

对所有的 $m, m' \in eAf$, $t \in fAe$. 比较上面两个式子得

$$[\varphi_2(mt) - \varphi_2(tm) - [\varphi_2(m), t] - [m, \varphi_2(t)], m'] \in Z(A)$$

对所有的 $m, m' \in eAf$, $t \in eAf$. 因此

$$[\varphi_2(mt) - \varphi_2(tm) - [\varphi_2(m), t] - [m, \varphi_2(t)], m'] = 0$$

对所有的 $m, m' \in eAf$, $t \in fAe$. 由此可见

$$(\varphi_2(mt) - \varphi_2(m)t - m\varphi_2(t)) - (\varphi_2(tm) - \varphi_2(t)m - t\varphi_2(m)) \in Z(A) \qquad (5.2.10)$$

对所有的 $m \in A_{12}$, $t \in A_{21}$. 使用 (5.2.10) 可得

$$\varphi_2(mt) - \varphi_2(m)t - m\varphi_2(t) \in Z(A),$$

以及

$$\varphi_2(tm) - \varphi_2(t)m - t\varphi_2(m) \in Z(B)$$

对所有的 $m \in eAf$, $t \in fAe$. 下面不妨假设 eAe 不包含非零中心理想. 令

$$\varepsilon(m, t) = \varphi_2(mt) - \varphi_2(m)t - m\varphi_2(t)$$

对所有的 $m \in eAf$, $t \in eAf$. 注意到 $\varepsilon(m, t) \in Z(A)$ 对所有的 $m \in eAf$, $t \in eAf$. 则有

$$\begin{aligned}
\varepsilon(am, t) &= \varphi_2(amt) - \varphi_2(am)t - am\varphi_2(t) \\
&= \varphi_2(a)mt + a\varphi_2(mt) - \varphi_2(a)mt - a\varphi_2(m)t - am\varphi_2(t) \\
&= a\varphi_2(m)t + am\varphi_2(t) + a\varepsilon(m, t) - a\varphi_2(m)t - am\varphi_2(t) \\
&= a\varepsilon(m, t)
\end{aligned}$$

对所有的 $a \in eAe$, $m \in eAf$, 以及 $t \in fAe$. 可见, $eAe\varepsilon(m, t)$ 是 eAe 的一个中心理想. 从而, $\varepsilon(m, t) = 0$ 对所有的 $m \in eAf$, $t \in fAe$. 这样,

$$\varphi_2(mt) = \varphi_2(m)t + m\varphi_2(t)$$

对所有的 $m \in eAf$, $t \in eAf$. 并且, 由 (5.2.10) 可得

$$\varphi_2(tm) = \varphi_2(t)m + t\varphi_2(m)$$

对所有的 $m \in eAf$, $t \in eAf$. 综上所述, φ_2 在 A 的四个部分 eAe, eAf, fAe, 以及 fAf 上满足导子的乘法定律. 由于 φ_2 是可加的, 我们得到, φ_2 是 A 上的一个导子.

令 $\delta = \varphi_2$. 最后我们指出, $\gamma(p_n(x_1, \cdots, x_n)) = 0$ 对所有的 $x_1, \cdots, x_n \in A$. 事实上, 有

$$\begin{aligned}
&\gamma(p_n(x_1, \cdots, x_n)) \\
=&\varphi(p_n(x_1, \cdots, x_n)) - \delta(p_n(x_1, \cdots, x_n)) \\
=&\sum_{i=1}^{n} p_n(x_1, \cdots, \varphi(x_i), \cdots, x_n) - \sum_{i=1}^{n} p_n(x_1, \cdots, \delta(x_i), \cdots, x_n) \\
=&\sum_{i=1}^{n} p_n(x_1, \cdots, \delta(x_i), \cdots, x_n) - \sum_{i=1}^{n} p_n(x_1, \cdots, \delta(x_i), \cdots, x_n) \\
=&0.
\end{aligned}$$

□

作为上面定理的直接推论, 我们有如下结论.

推论 5.2.1　设 $A = eAe + eAf + fAe$ 是一个广义矩阵代数. 假设下列条件成立:

(1) $Z(eAe) = Z(A)e$ 以及 $Z(fAf) = Z(A)f$,

(2) eAe 或者 fAf 不包含非零中心理想.

若 $d : A \to A$ 是一个非线性 Lie 导子, 则存在 A 的一个导子 δ, 以及 $\gamma : A \to Z(A)$, 且 $\gamma([A, A]) = 0$ 使得

$$d = \delta + \gamma.$$

5.3　应　　用

设 A 是一个有 "1" 的代数. 设 $M_s(A)$ 表示 A 上的全体 $s \times s$ 矩阵组成的代数, 这里 $s \geqslant 2$. 易见, $M_s(A)$ 可看成一个广义矩阵代数

$$\begin{pmatrix} A & M_{1\times(s-1)}(A) \\ M_{(s-1)\times 1}(A) & M_{(s-1)\times(s-1)}(A) \end{pmatrix}.$$

容易验证, $M_s(A)$ 满足条件 (5.1.1) (参见性质 1.2.5). 并且, $M_s(A)$ 不包含非零中心理想 (参见性质 1.2.3). 容易验证, $Z(M_s(A)) = Z(A) \cdot I_s$. 由此可见, 当 $s \geqslant 3$ 时, $M_s(A)$ 满足定理 5.2.1 的所有假设条件.

作为定理 5.2.1 的一个推论, 我们有如下结论.

推论 5.3.1　假定 $s \geqslant 3$. 设 A 是一个 $(n-1)$-扭自由的有 "1" 的代数. 若 $\varphi : M_s(A) \to M_s(A)$ 是一个非线性 Lie n-导子, 则存在 $M_s(A)$ 上的一个导子 δ, 以及一个映射 $\gamma : M_s(A) \to Z(A) \cdot I_s$, 且零化 $p_n(M_s(A), \cdots, M_s(A))$, 使得

$$\varphi = \delta + \gamma.$$

对于 $s=2$ 情况, 我们有如下结论.

推论 5.3.2 设 A 是一个 $(n-1)$-扭自由的有 "1" 的非交换素代数. 假设 $\varphi: M_2(A)\to M_2(A)$ 是一个非线性 Lie n-导子. 则存在 $M_2(A)$ 的一个导子 δ, 以及一个映射 $\gamma: M_2(A)\to Z(A)\cdot I_2$, 且 γ 零化 $p_n(M_2(A),\cdots,M_2(A))$, 使得

$$\varphi=\delta+\gamma.$$

证明 注意到 $M_2(A)$ 可表成如下广义矩阵代数

$$\begin{pmatrix} A & A \\ A & A \end{pmatrix}.$$

由于 A 是非交换素代数, 易见, A 不包含非零中心理想. 由 [1, 引理 3] 可知 A 满足条件 (5.1.1). 则此结果可由定理 5.2.1 得到. □

5.4 注　　记

素环和算子代数上 Lie 导子已经产生许多研究成果 (例如, 文献 [2–7]). 素环上非线性 Lie 导子还没有研究成果出现.

2010 年, Yu 和 Zhang 给出了三角代数上非线性 Lie 导子的一种刻画 (见文献 [8]). 进一步, Ji 等给出了三角代数上非线性 Lie 3-导子的一种刻画 (见文献 [9]). 2012 年, Benkovič 和 Eremita 详细地讨论了三角代数上非线性 Lie n-导子为标准形式的条件 (见文献 [10]). 顺便指出, 三角代数上非线性 Lie 导子结果已经被推广到非线性 Lie 高导子上 (见文献 [11]).

本章给出了广义矩阵代数上非线性 Lie n-导子为标准形式的条件, 从而推广了上述结果. 这是关于具有幂等元代数上非线性映射的第一个结果. 主要工作之一是先在广义矩阵代数所包含的三角代数上进行讨论, 这样可以利用 Benkovič 和 Eremita 关于三角代数上非线性 Lie 导子的结果. 主要工作之二是施加了几个适合广义矩阵代数的新假设条件, 为研究具有幂等元代数上非线性映射提供了一定的参考价值.

对比第 4 章关于具有幂等元代数上 Lie n-导子结果, 我们发现本章的主要定理中没有了奇异 Jordan 导子. 主要原因是所施加的假设条件比第 4 章的定理假设条件要强, 从而导致奇异 Jordan 导子的消失. 因此, 如何弱化本章定理的假设条件, 使得奇异 Jordan 导子能够出现在标准形式中是一个有趣的研究课题. 本章内容可见文献 [12].

参 考 文 献

[1] Posner E C. Derivations in prime rings. Proc. Amer. Math. Soc., 1957, 8: 1093-100.

[2] Villena A R. Lie derivations on Banach algebras. J. Algebra, 2000, 226: 390-409.

[3] Beidar K I, Chebotar M A. On Lie derivations of Lie ideals of prime rings. Israel J. Math., 2001, 123: 131-148.

[4] Mathieu M, Villena A R. The structure of Lie derivations on C^*-algebras. J. Func. Anal., 2003, 202: 504-525.

[5] Lu F Y, Jing W. Characterizations of Lie derivations of $B(X)$. Linear Algebra Appl., 2010, 432: 89-99.

[6] Qi X F, Hou J C. Characterization of Lie derivations on prime rings. Comm. Algebras, 2011, 39: 3824-3835.

[7] Qi X F, Hou J C. Characterization of Lie derivations on Von Neumann algebras. Linear Algebra Appl., 2013, 438: 2599-2616.

[8] Yu W Y, Zhang J H. Nonlinear Lie derivations of triangular algebras. Linear Algebra Appl., 2010, 432: 2953-2960.

[9] Ji P S, Liu R R, Zhao Y Z. Nonlinear Lie triple derivations of triangular algebras. Linear and Multilinear Algebra, 2012, 60: 1155-1164.

[10] Benkovič D, Eremita D. Multiplicative Lie n-derivations of triangular rings. Linear Algebra Appl., 436 (2012) 4223-4240.

[11] Xiao Z K, Wei F. Nonlinear Lie higher derivations on triangular algebras. Linear and Multilinear Algebra, 2012, 60: 929-994.

[12] Wang Y, Wang Y. Multiplicative Lie n-derivations of generalized matrix algebras. Linear Algebra Appl., 2013, 438: 2599-2616.

第 6 章　双导子与多重导子

本章首先介绍代数上双导子以及多重导子概念，然后在广义矩阵代数上讨论一个导子为内导子的条件. 本章的第一个结果是给出广义矩阵代数上双导子的一种刻画, 第二个结果是给出三角代数上多重导子的一种刻画.

6.1　定义与性质

本章中的代数均指一个有 "1" 的交换环 R 上的代数, 且 $\frac{1}{2} \in R$. 设 A 是一个代数. $[x, y] = xy - yx$. 熟知的 Jacobi 等式将在本章中经常使用:

$$[x, [y, z]] + [y, [z, x]] + [z, [x, y]] = 0$$

对所有的 $x, y, z \in A$.

定义 6.1.1　一个双线性映射 $\varphi : A^2 \to A$ 称为双导子, 如果它在每个变量上是导子. 也就是

$$\varphi(xy, z) = \varphi(x, z)y + x\varphi(y, z) \quad \text{以及} \quad \varphi(x, yz) = \varphi(x, y)z + y\varphi(x, z)$$

对所有的 $x, y, z \in A$.

若 A 是非交换代数, 易见

$$\varphi(x, y) = \lambda[x, y] \quad \text{对所有的 } x, y \in A,$$

这里, $\lambda \in Z(A)$, 是一个双导子. 称此双导子为内双导子.

下面熟知的结果将在定理证明中使用.

性质 6.1.1 ([1, 推论 2.4])　设 $\varphi : A^2 \to A$ 是一个双导子. 则

$$\varphi(x, y)[u, v] = [x, y]\varphi(u, v)$$

对所有的 $x, y, u, v \in A$.

证明　根据双导子的定义可得

$$\begin{aligned}\varphi(xu, yv) &= \varphi(xu, y)v + y\varphi(xu, v) \\ &= \varphi(x, y)uv + x\varphi(u, y)v \\ &\quad + y\varphi(x, v)u + yx\varphi(u, v)\end{aligned}$$

对所有的 $x,y,u,v\in A$. 另一方面

$$\begin{aligned}\varphi(xu,yv)&=\varphi(x,yv)u+x\varphi(u,yv)\\&=\varphi(x,y)vu+y\varphi(x,v)u\\&\quad+x\varphi(u,y)v+xy\varphi(u,v)\end{aligned}$$

对所有的 $x,y,u,v\in A$. 比较上面两式得

$$\varphi(x,y)[u,v]=[x,y]\varphi(u,v)$$

对所有的 $x,y,u,v\in A$. □

定义 6.1.2　一个双导子 $\psi:A^2\to A$ 称为极端双导子, 如果它具有如下形式

$$\psi(x,y)=[x,[y,a]]\quad 对所有的\ x,y\in A,$$

这里 $a\in A$, 且 $[a,[A,A]]=0$.

双导子概念可作如下推广.

定义 6.1.3　假定 n 是一个正整数. 一个 n-线性映射 $\psi:A^n\to A$ 称为 A 上的 n-导子, 如果它在每一分量上是导子.

显然, 1-导子就是导子. 2-导子就是双导子.

定义 6.1.4　一个 n-导子 ψ 称为对称的, 如果

$$\psi(x_1,x_2,\cdots,x_n)=\psi(x_{\sigma(1)},x_{\sigma(2)},\cdots,x_{\sigma(n)})$$

对所有的 $x_1,x_2,\cdots,x_n\in A$, $\sigma\in S_n$, 这里, S_n 表示 n 阶对称群.

定义 6.1.5　一个 n-导子 ψ 如果具有如下形式

$$\psi(x_1,x_2,\cdots,x_n)=[x_1,[x_2,\cdots,[x_n,a]\cdots]]$$

对所有的 $x_1,x_2,\cdots,x_n\in A$, 这里, $a\in A$, 且 $[a,[A,A]]=0$, 则称 ψ 为一个极端 n-导子.

易见, 极端 2-导子就是极端双导子.

注释 6.1.1　极端 n-导子一定是对称 n-导子.

证明　设 A 是一个代数. 设 $\psi:A^n\to A$ 是一个极端 n-导子. 由定义知, 存在 $a\in A$ 使得 $[a,[A,A]]=0$, 并且

$$\psi_n(x_1,x_2,\cdots,x_n)=[x_1,[x_2,\cdots,[x_n,a]\cdots]]\tag{6.1.1}$$

对所有的 $x_1,x_2,\cdots,x_n\in A$.

由条件 $[a,[A,A]]=0$, 得到

$$[[x_1,a],[x,y]]=[[x_1,[x,y]],a]+[x_1,[a,[x,y]]]=0$$

对所有的 $x_1,x,y\in A$. 也就是

$$[\psi_1(x_1),[A,A]]=[[x_1,a],[A,A]]=0$$

对所有的 $x_1\in A$. 进一步, 可得

$$\begin{aligned}[\psi_2(x_1,x_2),[A,A]]&=[[x_1,[x_2,a]],[A,A]]\\&=[[x_1,[A,A]],[x_2,a]]+[x_1,[[x_2,a],[A,A]]=0\end{aligned}$$

对所有的 $x_1,x_2\in A$. 按此方法继续下去, 可得

$$[\psi_i(x_1,x_2,\cdots,x_i),[A,A]]=0. \tag{6.1.2}$$

对所有的 $x_1,x_2,\cdots,x_i\in A$, 这里 $2\leqslant i\leqslant n$. 使用 Jacobi 等式, 可由 (6.1.2) 得

$$\begin{aligned}&\psi_n(x_1,\cdots,x_{i-1},x_i,\cdots,x_n)\\=&[x_1,\cdots,[x_{i-1},[x_i,\psi_{n-i}(x_{i+1},\cdots,x_n)]]\cdots]\\=&[x_1,\cdots,[x_i,[x_{i-1},\psi_{n-i}(x_{i+1},\cdots,x_n)]]\cdots]\\&+[x_1,\cdots,[[x_{i-1},x_i],\psi_{n-i}(x_{i+1},\cdots,x_n)]\cdots]\\=&[x_1,\cdots,[x_i,[x_{i-1},\psi_{n-i}(x_{i+1},\cdots,x_n)]]\cdots]\\=&\psi_n(x_1,\cdots,x_i,x_{i-1},\cdots,x_n)\end{aligned}$$

对所有的 $x_1,x_2,\cdots,x_n\in A$, $2\leqslant i\leqslant n$. 由于每一个置换可表成一些对换之积, 获得

$$\psi_n(x_1,x_2,\cdots,x_n)=\psi_n(x_{\sigma(1)},x_{\sigma(2)},\cdots,x_{\sigma(n)})$$

对所有的 $x_1,x_2,\cdots,x_n\in A$, $\sigma\in S_n$. 由此可见, ψ_n 是对称的. □

下面给出一个极端 n-导子的具体例子.

例 6.1.1 设 R 是一个有“1”的交换环. 假定 $t\geqslant 2$. 设 $T_t(R)$ 是 R 上的上三角矩阵代数. 容易验证 $[e_{1t},[T_t(R),T_t(R)]]=0$. 由注释 6.1.1 知

$$\psi(x_1,x_2,\cdots,x_n)=[x_1,[x_2,\cdots,[x_n,e_{1t}]\cdots]]$$

是一个极端 n-导子.

我们指出, 套代数中也存在极端 n-导子 (见 [2, 例子 4.8]).

6.2　广义矩阵代数上导子

设 $\mathcal{A}$ 是一个具有非平凡幂等元 e 的有 "1" 的代数. 令 $f = 1 - e$. 若 $e\mathcal{A}f$ 是忠实 $(e\mathcal{A}e, f\mathcal{A}f)$-双模, 也就是

$$exe \cdot e\mathcal{A}f = 0 \quad \text{推出} \quad exe = 0,$$
$$e\mathcal{A}f \cdot fxf = 0 \quad \text{推出} \quad fxf = 0$$

对任意的 $x \in \mathcal{A}$, 称 $\mathcal{A}$ 为广义矩阵代数. 特别地, 当 $f\mathcal{A}e = 0$ 时, $\mathcal{A}$ 就是一个三角代数.

为了方便, 令 $A = e\mathcal{A}e$, $M = e\mathcal{A}f$, $N = f\mathcal{A}e$, 以及 $B = f\mathcal{A}f$. 易见

$$AB = BA = M^2 = N^2 = 0,$$
$$MA = BM = AN = NB = 0,$$
$$MN \subseteq A, \quad NM \subseteq B.$$

为了下面讨论方便, 我们有时会把广义矩阵代数写成矩阵形式:

$$\mathcal{A} = A + M + N + B = \begin{pmatrix} A & M \\ N & B \end{pmatrix}.$$

命题 6.2.1　设 $\mathcal{A}$ 是一个广义矩阵代数. 设 d 是 $\mathcal{A}$ 的一个导子. 则

$$d = d_1 + d_2,$$

这里 $d_1 : \mathcal{A} \to \mathcal{A}$ 是一个内导子, $d_2 : \mathcal{A} \to \mathcal{A}$ 是一个导子, 满足

$$d_2\begin{pmatrix} a & m \\ n & b \end{pmatrix} = \begin{pmatrix} p_1(a) & f(m) \\ g(n) & p_2(b) \end{pmatrix} \tag{6.2.1}$$

对所有的 $a \in A$, $b \in B$, $m \in M$, 以及 $n \in N$, 这里

(1) p_1 是 A 的一个导子, $f(am) = p_1(a)m + af(m)$,

(2) p_2 是 B 的一个导子, $f(mb) = mp_2(b) + f(m)b$,

(3) $p_1(mn) = f(m)n + mg(n)$ 与 $p_2(nm) = g(n)m + nf(m)$.

证明　使用导子的定义, 我们容易验证, d 具有如下形式:

$$d\begin{pmatrix} a & m \\ n & b \end{pmatrix} = \begin{pmatrix} p_1(a) - mt - sn & as - sb + f(m) \\ g(n) + ta - bt & p_2(b) + tm + ns \end{pmatrix}$$

对所有的 $a \in A$, $b \in B$, $m \in M$, 以及 $n \in N$, 这里 $s \in M$, $t \in N$ 以及

(1) p_1 是 A 上的导子, $f(am) = p_1(a)m + af(m)$,

(2) p_2 是 B 上的导子, $f(mb) = mp_2(b) + f(m)b$,

(3) $p_1(mn) = f(m)n + mg(n)$ 与 $p_2(nm) = g(n)m + nf(m)$.

令

$$d_1\begin{pmatrix} a & m \\ n & b \end{pmatrix} = \left[\begin{pmatrix} a & m \\ n & b \end{pmatrix}, \begin{pmatrix} 0 & s \\ -t & 0 \end{pmatrix}\right]$$

对所有的 $a \in A, b \in B, m \in M$, 以及 $n \in N$. 令 $d_2 = d - d_1$. 则有

$$d_2\begin{pmatrix} a & m \\ n & b \end{pmatrix} = \begin{pmatrix} p_1(a) & f(m) \\ g(n) & p_2(b) \end{pmatrix}$$

对所有的 $a \in A, b \in B, m \in M$, 以及 $n \in N$. □

命题 6.2.2 设 $\mathcal{A}$ 是一个广义矩阵代数. 一个导子 $d : \mathcal{A} \to \mathcal{A}$ 是内导子当且仅当对 (6.2.1) 中的两个映射 $f : M \to M$ 与 $g : N \to N$, 存在 $a_0 \in A, b_0 \in B$ 使得

$$f(m) = -a_0m + mb_0 \quad 与 \quad g(n) = na_0 - b_0n$$

对所有的 $m \in M, n \in N$.

证明 设 d 是 $\mathcal{A}$ 的一个导子. 由命题 6.2.1, 我们不妨假设 d 是一个形如 (6.2.1) 的导子.

假设 $d(x) = [x, x_0]$ 为一个由 $x_0 \in \mathcal{A}$ 诱导的内导子, 这里

$$x_0 = \begin{pmatrix} a_0 & m_0 \\ 0 & b_0 \end{pmatrix}.$$

则有

$$\begin{aligned}\begin{pmatrix} 0 & f(m) \\ 0 & 0 \end{pmatrix} &= d\begin{pmatrix} 0 & m \\ 0 & 0 \end{pmatrix} \\ &= \left[\begin{pmatrix} 0 & m \\ 0 & 0 \end{pmatrix}, \begin{pmatrix} a_0 & m_0 \\ 0 & b_0 \end{pmatrix}\right]\end{aligned}$$

对所有的 $m \in M$. 由上式易得

$$f(m) = -a_0m + mb_0$$

对所有的 $m \in M$. 类似地, 可得

$$g(n) = na_0 - b_0n$$

对所有的 $n \in N$. 反过来, 若存在 $a_0 \in A$, $b_0 \in B$, 使得

$$f(m) = -a_0 m + m b_0 \quad 与 \quad g(n) = n a_0 - b_0 n$$

对所有的 $m \in M$, $n \in N$. 由于 $f(am) = p_1(a)m + af(m)$ 对所有的 $a \in A$, $m \in M$, 可得

$$-a_0 am + amb_0 = f(am) = p_1(a)m - aa_0 m + amb_0$$

对所有的 $a \in A$, $m \in M$. 由上式得

$$(p_1(a) - [a, a_0])m = 0$$

对所有的 $a \in A$, $m \in M$. 由于 M 是一个忠实的左 A-模, 可得 $p_1(a) = [a, a_0]$ 对所有的 $a \in A$. 类似地, 可得 $p_2(b) = [b, b_0]$ 对所有的 $b \in B$. 由此可得

$$d\begin{pmatrix} a & m \\ b & n \end{pmatrix} = \left[\begin{pmatrix} a & m \\ b & n \end{pmatrix}, \begin{pmatrix} a_0 & 0 \\ & b_0 \end{pmatrix}\right].$$

从而, d 是一个内导子. □

一个线性映射 $f: M \to M$ 称为 (A, B)-双模同态, 如果

$$f(am) = af(m) \quad 与 \quad f(mb) = f(m)b$$

对所有的 $a \in A$, $b \in B$, $m \in M$. 类似地, 一个线性映射 $g: N \to N$ 称为 (B, A)-双模同态, 如果

$$g(na) = g(n)a \quad 与 \quad g(bn) = g(n)b$$

对所有的 $a \in A$, $b \in B$, $n \in N$.

定义 6.2.1 一个 (A, B)-双模同态 $f: M \to M$ 称为标准的, 如果存在 $a_0 \in Z(A)$, $b_0 \in Z(B)$, 使得

$$f(m) = a_0 m + m b_0$$

对所有的 $m \in M$.

类似地, 我们有如下结论.

定义 6.2.2 一个 (B, A)-双模同态 $g: N \to N$ 称为标准的, 如果存在 $c_0 \in Z(A)$, $d_0 \in Z(B)$, 使得

$$f(n) = n c_0 + d_0 n$$

对所有的 $n \in N$.

定义 6.2.3 一对双模同态 $f: M \to M$ 与 $g: N \to N$ 称为特殊的, 如果

(1) $f(m)n + mg(n) = 0$ 对所有的 $m \in M$, $n \in N$,

(2) $nf(m) + g(n)m = 0$ 对所有的 $m \in M$, $n \in N$.

定义 6.2.4 一对双模同态 f 和 g 称为标准的, 如果存在 $a_0 \in Z(A), b_0 \in Z(B)$, 使得

$$f(m) = a_0 m + m b_0 \quad 与 \quad g(n) = -n a_0 - b_0 n$$

对所有的 $m \in M, n \in N$.

命题 6.2.3 设 $\mathcal{A} = A + M + N + B$ 是一个广义矩阵代数. 若 $\mathcal{A}$ 上的每一个导子都是内导子, 则每一对特殊双模同态 $f : M \to M$ 与 $g : N \to N$ 一定是标准的.

证明 由命题 6.2.2 可知

$$d\begin{pmatrix} a & m \\ n & b \end{pmatrix} = \begin{pmatrix} 0 & f(m) \\ g(n) & 0 \end{pmatrix}$$

是 $\mathcal{A}$ 的一个导子. 从而, d 是内导子. 根据命题 6.2.2 可得, 存在 $a_0 \in A$, $b_0 \in B$, 使得

$$f(m) = a_0 m + m b_0 \quad 与 \quad g(n) = -n a_0 - b_0 n$$

对所有的 $m \in M, n \in N$. 下面指出, $a_0 \in Z(A)$, $b_0 \in Z(B)$. 由于 f 是双模同态, 得到

$$f(am) = a_0 am + amb_0$$

对所有的 $a \in A$. 又由于

$$af(m) = aa_0 m + amb_0$$

对所有的 $a \in A$. 比较上面两式可得

$$(a_0 a - a a_0)M = 0$$

对所有的 $a \in A$. 由于 M 是忠实左 A-模, 我们得到, $a_0 \in Z(A)$. 类似地, 可得, $b_0 \in Z(B)$. □

下面给出广义矩阵代数上每一个导子均为内导子的一个充分条件.

定理 6.2.1 设 $\mathcal{A} = A + M + N + B$ 是一个广义矩阵代数. 假设

(1) A 上的每一个导子都是内的,

(2) B 上的每一个导子都是内的,

(3) 每一对特殊的双模同态 $f : M \to M$ 与 $g : N \to N$ 是标准的.

则 $\mathcal{A}$ 上每一个导子都是内导子.

证明 设 d 是 $\mathcal{A}$ 的一个导子. 由命题 6.2.1, 我们不妨假设, d 具有 (6.2.1) 中的形式. 由假设得

$$d_1(a) = [a, a_1] \quad 与 \quad d_2(b) = [b, b_1] \quad 对所有的\ a \in A,\ b \in B,$$

这里 $a_1 \in A, b_1 \in B$. 令

$$d'(x) = [x, x_0],$$

这里, $x_0 = a_1 + b_1$. 则 $d'' = d - d'$ 是一个导子, 且

$$\begin{aligned} d''\begin{pmatrix} a & m \\ n & b \end{pmatrix} &= \begin{pmatrix} d_1(a) & f(m) \\ g(n) & d_2(b) \end{pmatrix} - \begin{pmatrix} [a, a_1] & mb_1 - a_1m \\ na_1 - b_1n & [b, b_1] \end{pmatrix} \\ &= \begin{pmatrix} 0 & f'(m) \\ g'(n) & 0 \end{pmatrix}. \end{aligned}$$

下面证明, f' 与 g' 是一对特殊双模同态. 由于 d'' 是导子, 可得

$$\begin{aligned} f'(am) &= d''(am) \\ &= d''(a)m + ad''(m) \\ &= af'(m) \end{aligned}$$

对所有的 $a \in A, m \in M$. 类似地, $f'(mb) = f'(m)b$ 对所有的 $b \in B$. 从而, f' 是一个双模同态. 类似地, g' 也是双模同态. 由于

$$\begin{aligned} 0 = d''(mn) &= d''(m)n + md''(n) \\ &= f'(m)n + mg'(n), \end{aligned}$$

以及

$$\begin{aligned} 0 = d''(nm) &= d''(n)m + nd''(m) \\ &= g'(n)m + nf'(m) \end{aligned}$$

对所有的 $m \in M, n \in N$. 可见, f' 与 g' 对一对特殊双模同态.

由假设条件 (3) 得, 存在 $a_0 \in Z(A), b_0 \in Z(B)$, 使得

$$f'(m) = a_0m + mb_0 \quad 与 \quad g'(n) = -na_0 - b_0n$$

对所有的 $m \in M, n \in N$. 由命题 6.2.2 得, d'' 是内导子. 从而 d 是内导子. □

特别地, 由定理 6.2.1 可直接得到三角代数上每一个导子为内导子的充分条件.

6.3　广义矩阵代数上双导子

下面例子说明广义矩阵代数确实存在非零极端双导子.

例 6.3.1 设 $A = B = M = T_n(R)$ 是 R 上的上三角矩阵代数, 这里 $n \geqslant 2$. 设

$$N = \{S \in T_n(R) \mid S \text{ 的 } (1,1) \text{ 与 } (n,n)\text{-位置上的元素为零}\}.$$

则

$$\mathcal{A} = \begin{pmatrix} A & M \\ N & B \end{pmatrix}$$

是一个广义矩阵代数. 容易验证

$$\psi(x, y) = [x, [y, e_{1,2n}]] \quad \text{对所有的 } x, y \in \mathcal{A}$$

是一个极端双导子.

为了证明定理, 我们需要几个引理.

引理 6.3.1 设 $\varphi : A^2 \to A$ 是一个双导子. 则有

$$(\varphi(x, y) + \varphi(y, x))[u, v] = 0 = [u, v](\varphi(x, y) + \varphi(y, x))$$

对所有的 $x, y, u, v \in A$.

证明 对任意的 $x, y, u, v \in A$, 根据引理 6.1.1 得到

$$\varphi(x, y)[u, v] = [x, y]\varphi(u, v),$$
$$\varphi(y, x)[u, v] = [y, x]\varphi(u, v).$$

比较上面两式得

$$(\varphi(x, y) + \varphi(y, x))[u, v] = 0.$$

类似地, 可得

$$[u, v](\varphi(x, y) + \varphi(y, x)) = 0.$$ □

下面结果可由双导子的定义直接得到, 我们省略它的证明过程.

引理 6.3.2 设 $\mathcal{A}$ 是一个广义矩阵代数. 设 $\varphi : \mathcal{A}^2 \to \mathcal{A}$ 是一个双导子. 则

(1) $\varphi(x, 1) = 0 = \varphi(1, x)$,

(2) $\varphi(x, 0) = 0 = \varphi(0, x)$,

(3) $\varphi(e, e) = -\varphi(e, f) = -\varphi(f, e) = \varphi(f, f)$,

对所有的 $x \in \mathcal{A}$.

引理 6.3.3 设 $\mathcal{A} = A + M + N + B$ 是一个广义矩阵代数. 设 $\varphi : \mathcal{A}^2 \to \mathcal{A}$ 是一个双导子. 若 $x, y \in \mathcal{A}$, 且 $[x, y] = 0$, 则

$$\varphi(x, y) = e\varphi(x, y)f + f\varphi(x, y)e.$$

并且, 若下列条件成立:

(1) 对每一个 $t \in N$, 由 $Mt = 0 = tM$ 可推出 $t = 0$,

(2) 对每一个 $m \in M$, 由 $mN = 0 = Nm$ 可推出 $m = 0$.

则 $\varphi = 0$.

证明　对于 $x, y \in \mathcal{A}$, 有

$$\varphi(x, y) = e\varphi(x, y)e + e\varphi(x, y)f + f\varphi(x, y)e + f\varphi(x, y)f.$$

若 $[x, y] = 0$, 由引理 6.1.1 得到

$$\varphi(x, y)[e, emf] = [x, y]\varphi(e, emf) = 0,$$
$$[e, emf]\varphi(x, y) = \varphi(e, emf)[x, y] = 0$$

对所有的 $m \in M$. 因此, $e\varphi(x, y)eM = 0$, $Mf\varphi(x, y)e = 0$, 以及

$$Mf\varphi(x, y)f = 0 = f\varphi(x, y)eM.$$

由于 M 是一个忠实双模, 我们得到

$$e\varphi(x, y)e = 0 = f\varphi(x, y)f.$$

假设 A 满足条件 (1) 与 (2). 由 $Mf\varphi(x, y)e = 0 = f\varphi(x, y)eM$ 可推出

$$f\varphi(x, y)e = 0.$$

类似地, 有

$$\varphi(x, y)[f, fne] = [x, y]\varphi(f, fne) = 0$$
$$[f, fne]\varphi(x, y) = \varphi(f, fne)[x, y] = 0$$

对所有的 $n \in N$. 这样

$$e\varphi(x, y)fN = 0 = Ne\varphi(x, y)f.$$

这样, 由条件 (2) 可得, $e\varphi(x, y)f = 0$. 因此, $\varphi = 0$. □

引理 6.3.4　设 $\mathcal{A} = A + M + N + B$ 是一个广义矩阵代数, 且

(1) 对每一个 $n \in N$, $Mn = 0 = nM$ 可推出 $n = 0$,

(2) 对每一个 $m \in m$, $mN = 0 = Nm$ 可推出 $m = 0$,

(3) M 的每一个 (A, B)-双模同态都是标准的, 或者 N 的每一个 (B, A)-双模都是标准的.

则每一对特殊双模同态 $f : M \to M$ 与 $g : N \to N$ 是标准的.

证明 设 $f:M\to M$ 与 $g:N\to N$ 是一对特殊的双模同态. 不妨假设 f 是标准的. 则存在 $a_0\in Z(A)$, $b_0\in Z(B)$ 使得 $f(m)=a_0m+mb_0$ 对所有的 $m\in M$. 从而

$$(a_0m+mb_0)n+mg(n)=0=n(a_0m+mb_0)+g(n)m$$

对所有的 $m\in M$，$n\in N$. 此式子可写成

$$M(na_0+b_0n+g(n))=0=(na_0+b_0n+g(n))M$$

对所有的 $n\in N$. 由条件 (1) 得

$$na_0+b_0n+g(n)=0,$$

从而, $g(n)=-na_0-b_0n$ 对所有的 $n\in N$. □

命题 6.3.1 设 $\mathcal{A}=A+M+N+B$ 是一个广义矩阵代数. 设 $\varphi:\mathcal{A}^2\to\mathcal{A}$ 是一个双导子. 若 $\varphi(e,e)\neq 0$, 则

$$\varphi=\psi+\theta,$$

这里 $\psi(x,y)=[x,[y,\varphi(e,e)]]$ 是一个极端双导子, θ 是一个双导子, 且 $\theta(e,e)=0$.

证明 由于 $[e,e]=0$ 可从引理 6.3.3 得到

$$\varphi(e,e)=e\varphi(e,e)f+f\varphi(e,e)e.$$

这样, $\varphi(e,e)\notin Z(\mathcal{A})$. 使用引理 6.1.1 得到

$$\varphi(e,e)[x,y]=[e,e]\varphi(x,y)=0$$
$$[x,y]\varphi(e,e)=\varphi(x,y)[e,e]=0$$

对所有的 $x,y\in\mathcal{A}$. 从而

$$[[x,y],\varphi(e,e)]=0$$

对所有的 $x,y\in\mathcal{A}$. 由此可见, $\psi(x,y)=[x,[y,\varphi(e,e)]]$ 是一个极端双导子. 并且

$$\begin{aligned}\psi(e,e)&=[e,[e,\varphi(e,e)]]\\&=[e,[e,e\varphi(e,e)f+f\varphi(e,e)e]]\\&=e\varphi(e,e)f+f\varphi(e,e)e\\&=\varphi(e,e).\end{aligned}$$

令 $\theta=\varphi-\psi$. 则 θ 是一个双导子, 且 $\theta(e,e)=0$. □

由命题 6.3.1 可见, 我们只需考虑满足 $\varphi(e,e)=0$ 的双导子.

定理 6.3.1　设 $\mathcal{A}=A+M+N+B$ 是一个广义矩阵代数. 假设下列条件成立:

(1) $\pi_A(Z(\mathcal{A}))=Z(A)$ 与 $\pi_B(Z(\mathcal{A}))=Z(B)$,

(2) 对于 $\alpha\in Z(\mathcal{A})$, $a\in\mathcal{A}$, $\alpha a=0$ 可推出 $\alpha=0$ 或者 $a=0$,

(3) 每一对特殊的双模同态 $f:M\to M$ 与 $g:N\to N$ 都是标准的,

(4) 若 $MN=0=NM$, 则 A 与 B 至少有一个是非交换的.

则每一个双导子 $\varphi:\mathcal{A}^2\to\mathcal{A}$, 且 $\varphi(e,e)=0$, 是内双导子.

证明　设 $x=a+m+n+b$ 与 $y=a'+m'+n'+b'$ 是 $\mathcal{A}$ 中任意两个元素, 这里 $a,a'\in A$, $b,b'\in B$, $m,m'\in M$, 以及 $n,n'\in N$. 由于 φ 是双线性的, 有

$$\begin{aligned}\varphi(x,y)=&\varphi(a+m+n+b,a'+m'+n'+b')\\=&\varphi(a,a')+\varphi(a,m')+\varphi(a,n')+\varphi(a,b')+\varphi(m,a')+\varphi(m,m')\\&+\varphi(m,n')+\varphi(m,b')+\varphi(n,a')+\varphi(n,m')+\varphi(n,n')\\&+\varphi(n,b')+\varphi(b,a')+\varphi(b,m')+\varphi(b,n')+\varphi(b,b').\end{aligned}\tag{6.3.1}$$

下面我们把证明过程分成若干步骤.

步骤 1　我们指出

$$\varphi(a,b)=0=\varphi(b,a)\quad 对所有的\ a\in A,\ b\in B.$$

由于 $\varphi(e,e)=0$, 使用引理 6.3.2 可得

$$\varphi(e,f)=\varphi(f,e)=0.$$

根据 $[a,b]=0=[b,a]$ 以及引理 6.3.3, 得到

$$\begin{aligned}\varphi(a,b)&=e\varphi(a,b)f+f\varphi(a,b)e,\\\varphi(b,a)&=e\varphi(b,a)f+f\varphi(b,a)e\end{aligned}$$

对所有的 $a\in A$, $b\in B$. 从而

$$\begin{aligned}\varphi(a,b)&=e\varphi(ae,fb)f+f\varphi(ea,bf)e\\&=e\varphi(a,fb)ef+a\varphi(e,fb)f+f\varphi(e,bf)e+fe\varphi(a,bf)e\\&=a\varphi(e,f)b+af\varphi(a,b)f+f\varphi(e,b)fe+b\varphi(e,f)e=0,\end{aligned}$$

以及

$$\begin{aligned}\varphi(b,a)&=e\varphi(fb,ae)f+f\varphi(bf,ea)e\\&=e\varphi(f,ae)b+ef\varphi(b,ae)f+f\varphi(b,ea)fe+b\varphi(f,ea)e\\&=e\varphi(f,a)eb+ea\varphi(f,e)b+b\varphi(f,e)a+be\varphi(f,a)e=0\end{aligned}$$

对所有的 $a \in A, b \in B$.

步骤 2 我们指出, 存在 $\alpha \in \pi_A(Z(\mathcal{A}))$ 使得

$$\varphi(a,m) = -\varphi(m,a) = \alpha am,$$
$$\varphi(m,b) = -\varphi(b,m) = \alpha mb,$$
$$\varphi(n,a) = -\varphi(a,n) = na\alpha,$$
$$\varphi(b,n) = -\varphi(n,b) = bn\alpha$$

对所有的 $a \in A, b \in B, m \in M$, 以及 $n \in N$.

定义 $f: M \to M, g: N \to N$ 如下

$$f(m) = \varphi(e,m) \quad 与 \quad g(n) = \varphi(e,n)$$

对所有的 $m \in M, n \in N$. 下面指出, f, g 是一对特殊的双模同态. 事实上, 任取 $a \in A, b \in B, m \in M$, 以及 $n \in N$, 有

$$f(am) = \varphi(e,am) = \varphi(e,a)m + a\varphi(e,m) = af(m),$$
$$f(mb) = \varphi(e,mb) = \varphi(e,m)b + m\varphi(e,b) = f(m)b,$$
$$g(na) = \varphi(e,na) = \varphi(e,n)a + n\varphi(e,a) = g(n)a,$$
$$g(bn) = \varphi(e,bn) = \varphi(e,b)n + b\varphi(e,n) = bg(n),$$

这里使用了 $\varphi(e,a) = \varphi(e,b) = 0$. 并且, 有

$$f(m)n + mg(n) = \varphi(e,m)n + m\varphi(e,n) = \varphi(e,mn) = 0,$$
$$g(n)m + nf(m) = \varphi(e,n)m + n\varphi(e,m) = \varphi(e,nm) = 0.$$

这样, 由条件 (3) 可推出

$$f(m) = a_0m + mb_0 \quad 与 \quad g(n) = -na_0 - b_0n,$$

这里, $a_0 \in Z(A), b_0 \in Z(B)$. 使用条件 (1) 可得

$$a_0 \in \pi_A(Z(\mathcal{A})) \quad 以及 \quad b_0 \in \pi_B(Z(\mathcal{A})).$$

我们得到

$$\varphi(e,m) = f(m) = \big(a_0 + \tau^{-1}(b_0)\big)\, m = \alpha m \quad 对所有的\ m \in M,$$
$$\varphi(e,n) = g(n) = -n(a_0 + \tau^{-1}(b_0)) = -n\alpha \quad 对所有的\ n \in N,$$

这里, $\alpha = \alpha_0 + \tau^{-1}(b_0) \in \pi_A(Z(\mathcal{A}))$.

根据 $\varphi(a,f)=0$, 可得

$$\begin{aligned}\varphi(a,m)&=\varphi(ae,m)\\&=\varphi(a,m)e+a\varphi(e,m)\\&=a\varphi(e,m)=\alpha am.\end{aligned}$$

从而

$$\begin{aligned}\varphi(a,m)e&=\varphi(a,mf)e\\&=\varphi(a,m)fe+m\varphi(a,f)e=0.\end{aligned}$$

类似地, 有

$$\begin{aligned}\varphi(a,n)&=\varphi(ea,n)=\varphi(e,n)a+e\varphi(a,n)\\&=\varphi(e,n)a+e\varphi(a,fn)\\&=\varphi(e,n)+e\varphi(a,f)n+ef\varphi(a,n)\\&=\varphi(e,n)a=-na\alpha.\end{aligned}$$

定义 $f':M\to M$, $g':N\to N$ 如下

$$f'(n)=\varphi(m,e)\quad 与\quad g'(n)=\varphi(n,e)$$

对所有的 $m\in M$, $n\in N$. 我们指出, f' 与 g' 是一对特殊的双模同态. 事实上, 对任意的 $a\in A$, $b\in B$, $m\in M$, 以及 $n\in N$ 有

$$\begin{aligned}f'(am)&=\varphi(am,e)=\varphi(a,e)m+a\varphi(m,e)=af'(m),\\f'(mb)&=\varphi(mb,e)=\varphi(m,e)b+m\varphi(b,e)=f'(m)b,\\g'(na)&=\varphi(na,e)=\varphi(n,e)a+n\varphi(a,e)=g'(n)a,\\g'(bn)&=\varphi(bn,e)=\varphi(b,e)n+b\varphi(n,e)=bg'(n).\end{aligned}$$

进而

$$\begin{aligned}f'(m)n+mg'(n)&=\varphi(m,e)n+m\varphi(n,e)=\varphi(mn,e)=0,\\g'(n)m+nf'(m)&=\varphi(n,e)m+n\varphi(m,e)=\varphi(nm,e)=0.\end{aligned}$$

这样, 由条件 (3) 得到

$$f'(m)=a_1m+mb_1\quad 与\quad g'(n)=-na_1-b_1n,$$

这里, $a_1 \in Z(A)$, $b_1 \in Z(B)$. 现在我们使用条件 (1) 得到

$$a_1 \in \pi_A(Z(\mathcal{A})) \quad 与 \quad b_1 \in \pi_B(Z(\mathcal{A})).$$

这样

$$\varphi(m,e) = f'(m) = \big(a_1 + \tau^{-1}(b_1)\big)\, m = \beta m,$$
$$\varphi(n,e) = g'(n) = -n(a_1 + \tau^{-1}(b_1)) = -n\beta$$

对所有的 $m \in M$, $n \in N$, 这里 $\beta = a_1 + \tau^{-1}(b_1) \in \pi_A(Z(\mathcal{A}))$.

任取 $a \in A$, $m \in M$, $n \in N$, 有

$$\begin{aligned}\varphi(m,a) &= \varphi(m,ae)\\ &= \varphi(m,a)e + a\varphi(m,e)\\ &= a\varphi(m,e) = \beta am.\end{aligned}$$

根据 $\varphi(f,a) = 0$ 可得

$$\begin{aligned}\varphi(m,a)e &= \varphi(mf,a)e\\ &= \varphi(m,a)fe + me\varphi(f,a)e = 0.\end{aligned}$$

类似地, 有

$$\begin{aligned}\varphi(n,a) &= \varphi(n,ea) = \varphi(n,e)a + e\varphi(n,a)\\ &= \varphi(n,e)a + e\varphi(fn,a)\\ &= \varphi(n,e)a + e\varphi(f,a)n + ef\varphi(n,a)\\ &= \varphi(n,e)a = na\beta.\end{aligned}$$

下面指出, $\alpha + \beta = 0$. 假设 $MN \neq 0$ 或者 $NM \neq 0$. 根据引理 6.3.1 得

$$(\varphi(e,m) + \varphi(m,e))[f,fne] = 0 = [f,fne](\varphi(e,m) + \varphi(m,e))$$

对所有的 $n \in N$. 从上面的等式可得

$$(\alpha+\beta)mn = 0 = n(\alpha+\beta)m = \tau(\alpha+\beta)nm$$

对所有的 $m \in M$, $n \in N$. 也就是

$$(\alpha+\beta)MN = 0 = \tau(\alpha+\beta)NM.$$

这样, 由条件 (2) 得到 $\alpha + \beta = 0$ 或者 $\tau(\alpha+\beta) = 0$. 从而, $\alpha + \beta = 0$.

下面假设 $MN=0=NM$. 由条件 (4) 可知 A 与 B 至少有一个是非交换的. 不妨设 A 是非交换的. 选取 $a,a'\in A$ 使得 $[a,a']\neq 0$, 由引理 6.3.1 可得

$$0=[a,a'](\varphi(e,m)+\varphi(m,e))=[a,a'](\alpha+\beta)m$$

对所有的 $m\in M$. 由 M 的忠实性可得

$$(\alpha+\beta)[a,a']=0.$$

由于 $[a,a']\neq 0$, 由条件 (2) 得到, $\alpha+\beta=0$.

步骤 3 我们指出

$$\varphi(a,a')=\alpha[a,a'] \quad \text{与} \quad \varphi(b,b')=\tau(\alpha)[b,b']$$

对所有的 $a,a'\in A$, $b,b'\in B$.

使用 $\varphi(a,e)=0=\varphi(e,a)$ 对所有的 $a\in A$, 得到

$$\begin{aligned}\varphi(a,a')&=\varphi(e(ae),a')\\&=\varphi(e,a')a+e\varphi(ae,a')\\&=e\varphi(a,a')e+a\varphi(e,a')\\&=e\varphi(a,a')e.\end{aligned}$$

因此, $\varphi(a,a')\in e\mathcal{A}e=A$. 使用引理 6.1.1 以及步骤 2, 可得

$$\varphi(a,a')[e,m]=[a,a']\varphi(e,m)=\alpha[a,a']m$$

对所有的 $m\in M$. 由此可见

$$(\varphi(a,a')-\alpha[a,a'])M=0.$$

由 M 的忠实性得, $\varphi(a,a')=\alpha[a,a']$ 对所有的 $a,a'\in A$.

类似地, $\varphi(b,b')\in f\mathcal{A}f=B$, 以及

$$[e,m]\varphi(b,b')=\varphi(e,m)[b,b']=\alpha m[b,b']$$

对所有的 $m\in M$. 也就是

$$M(\varphi(b,b')-\tau(\alpha)[b,b'])=0.$$

由 M 的忠实性得, $\varphi(b,b')=\tau(\alpha)[b,b']$ 对所有的 $b,b'\in B$.

步骤 4 我们指出

$$\varphi(m,n)=-\varphi(n,m)=\alpha mn-n\alpha m$$

对所有的 $m\in M, n\in N$.

使用 $\varphi(f,n)=-\varphi(e,n)=n\alpha$, 推出

$$\begin{aligned}\varphi(m,n)&=\varphi(emf,fn)\\&=\varphi(e,fn)m+e\varphi(m,fn)f+m\varphi(f,fn)\\&=\varphi(e,fn)m+e\varphi(m,f)nf+ef\varphi(m,n)f+m\varphi(f,fn)\\&=\varphi(e,n)m+m\varphi(f,n)\\&=-n\alpha m+\alpha mn.\end{aligned}$$

类似地, 有

$$\begin{aligned}\varphi(n,m)&=\varphi(fne,em)\\&=\varphi(f,em)n+f\varphi(n,em)e+n\varphi(e,em)\\&=\varphi(f,m)n+f\varphi(n,e)me+fe\varphi(n,m)e+n\varphi(e,m)\\&=\varphi(f,m)n+n\varphi(e,m)\\&=-\alpha mn+n\alpha m.\end{aligned}$$

步骤 5 我们指出

$$\varphi(m,m')=0 \quad 与 \quad \varphi(n,n')=0$$

对所有的 $m,m'\in M$, $n,n'\in N$.

由于 $[m,m']=0$ 得到

$$\begin{aligned}\varphi(m,m')&=e\varphi(m,m')f+f\varphi(m,m')e\\&=e\varphi(m,m')f+f\varphi(em,m')e\\&=e\varphi(m,m')f+f\varphi(e,m')me+fe\varphi(m,m')e\\&=e\varphi(m,m')f.\end{aligned}$$

固定 $m_0\in M$. 我们指出, $h(m)=\varphi(m,m_0)$ 是 M 的一个双模同态. 使用步骤 2 可得

$$\begin{aligned}h(am)&=\varphi(am,m_0)\\&=\varphi(a,m_0)m+a\varphi(m,m_0)\\&=\alpha am_0m+a\varphi(m,m_0)\\&=ah(m),\end{aligned}$$

以及

$$\begin{aligned} h(mb) &= \varphi(mb, m_0) \\ &= \varphi(m, m_0)b + m\varphi(b, m_0) \\ &= \varphi(m, m_0)b - m\alpha m_0 b \\ &= h(m)b \end{aligned}$$

对所有的 $a \in A$, $b \in B$, $m \in M$. 接下来, 我们证明

$$h(m)n = 0 = nh(m)$$

对所有的 $m \in M$, $n \in N$. 易见

$$\varphi(mn, m_0) = \varphi(m, m_0)n + m\varphi(n, m_0).$$

使用步骤 2 和步骤 3, 由上式得

$$\begin{aligned} \alpha mnm_0 &= \varphi(m, m_0)n + m(n\alpha m_0 - \alpha m_0 n) \\ &= \varphi(m, m_0)n + \alpha mnm_0. \end{aligned}$$

因此, $\varphi(m, m_0)n = 0$ 对所有的 $m \in M$, $n \in N$. 类似地, 我们可得, $nh(m) = 0$ 对所有的 $m \in M$, $n \in N$.

由于 $[n, n'] = 0$, 得到

$$\begin{aligned} \varphi(n, n') &= e\varphi(n, n')f + f\varphi(n, n')e \\ &= e\varphi(fn, n')f + f\varphi(n, n')e \\ &= e\varphi(f, n')nf + ef\varphi(n, n')f + f\varphi(n, n')e \\ &= f\varphi(n, n')e. \end{aligned}$$

固定 $n_0 \in N$, 则 $h'(n) = \varphi(n, n_0)$ 对所有的 $n \in N$, 是一个双模同态. 使用步骤 2 可得

$$\begin{aligned} h'(na) &= \varphi(na, n_0) \\ &= \varphi(n, n_0)a + n\varphi(a, n_0) \\ &= \varphi(n, n_0)a - nn_0 a\alpha \\ &= h'(n)a, \end{aligned}$$

以及

$$\begin{aligned} h'(bn) &= \varphi(bn, n_0) \\ &= \varphi(b, n_0)n + b\varphi(n, n_0) \\ &= bn_0\alpha + b\varphi(n, n_0) \\ &= bh'(n) \end{aligned}$$

对所有的 $a \in A$, $b \in B$, $n \in N$. 下面我们指出

$$h'(n)m = 0 = mh'(n) \quad \text{对所有的 } m \in M, n \in N.$$

任取 $m \in M$, $n \in N$, 有

$$\varphi(nm, n_0) = \varphi(n, n_0)m + n\varphi(m, n_0).$$

使用步骤 2 和步骤 3, 我们从上式推出

$$\begin{aligned} nmn_0\alpha &= \varphi(n, n_0)m + n(\alpha mn_0 - n_0\alpha m) \\ &= h'(n)m + nmn_0\alpha. \end{aligned}$$

因此, $h'(n)m = 0$. 类似地, 我们可得, $mh'(n) = 0$. 特别地, 我们可见, h 与 h' 是一对特殊的双模同态. 根据条件 (1) 与条件 (3) 可得

$$h(m) = \gamma_{m_0} m \quad \text{与} \quad h'(n) = -n\gamma_{m_0},$$

这里, $\gamma_{m_0} \in \pi_A(Z(\mathcal{A}))$.

首先假设 $MN \neq 0$ 或者 $NM \neq 0$. 从上式可见

$$\gamma_{m_0} mn = h(m)n = 0 = nh(m) = n\gamma_{m_0} m.$$

即

$$\gamma_{m_0} MN = 0 = \tau(\gamma_{m_0}) NM.$$

这样, 由条件 (2) 可得, $\gamma_{m_0} = 0$ 或者 $\tau(\gamma_{m_0}) = 0$. 因此, $\gamma_{m_0} = 0$. 故有

$$h(m) = 0 = h'(n)$$

对所有的 $m \in M$, $n \in N$.

下面假设 $MN = 0 = NM$. 由条件 (4) 可得, A 与 B 至少有一个是非交换的. 不妨假设 A 是非交换的. 固定 $a, a' \in A$, 且 $[a, a'] \neq 0$, 使用引理 6.1.1 以及 $\varphi(m, m_0) = \gamma_{m_0} m$, 可得

$$\begin{aligned} 0 &= \varphi(a, a')[m, m_0] \\ &= [a, a']\varphi(m, m_0) \\ &= \gamma_{m_0}[a, a']m \end{aligned}$$

对所有的 $m \in M$. 由 M 的忠实性可得, $\gamma_{m_0}[a, a'] = 0$. 再由条件 (2) 得到, $\gamma_{m_0} = 0$. 从而, $h(m) = 0 = h(n)$ 对所有的 $m \in M$, $n \in N$.

最后, 令 $\lambda = \alpha + \tau(\alpha) \in Z(\mathcal{A})$. 由上面获得的所有关系式得到

$$\begin{aligned}\varphi(x,y) &= \alpha[a,a'] + \alpha am' - \tau(\alpha)n'a - \alpha m'b + \tau(\alpha)bn' + \tau(\alpha)[b,b'] \\ &\quad - \alpha a'm + \alpha mn' - \tau(\alpha)n'm + \alpha mb' + \tau(\alpha)na' + \tau(\alpha)nm' \\ &\quad - \alpha m'n - \tau(\alpha)b'n - \alpha m'b + \tau(\alpha)bn' + \tau(\alpha)[b,b'] \\ &= \begin{pmatrix} \alpha & 0 \\ 0 & \tau(\alpha) \end{pmatrix} \left[\begin{pmatrix} a & m \\ n & b \end{pmatrix}, \begin{pmatrix} a' & m' \\ n' & b' \end{pmatrix} \right] \\ &= \lambda[x,y]\end{aligned}$$

对所有的 $x, y \in \mathcal{A}$. □

从上面结果可见, 当一个广义矩阵代数满足定理 6.3.1 的假设条件时, 由命题 6.3.1 可得, 此广义矩阵代数上的每一个双导子一定是一个极端双导子与一个内双导子之和.

作为命题 6.2.3 与定理 6.3.1 的一个推论, 可得如下结论.

推论 6.3.1　设 $\mathcal{A}$ 是一个广义矩阵代数. 假设下列条件成立:

(1) $\pi_A(Z(\mathcal{A})) = Z(A)$ 与 $\pi_B(Z(\mathcal{A})) = Z(B)$,

(2) 对于 $\alpha \in Z(\mathcal{A}), 0 \neq a \in \mathcal{A}$, 条件 $\alpha a = 0$ 推出 $\alpha = 0$ 或者 $a = 0$,

(3) $\mathcal{A}$ 上的每一导子都是内导子,

(4) 当 $MN = 0 = NM$ 时, 则 A 与 B 至少有一个是非交换的.

则每一个双导子 $\varphi : \mathcal{A}^2 \to \mathcal{A}$, 且 $\varphi(e,e) = 0$, 具有如下形式

$$\varphi(x,y) = \lambda[x,y],$$

这里, $\lambda \in Z(\mathcal{A})$.

作为推论 6.3.1 的一个特殊情况, 我们有如下结论.

推论 6.3.2 ([2, 定理 4.11])　设 $\mathcal{A} = \mathrm{Tri}(A, M, B)$ 是一个三角代数. 假设下列条件成立:

(1) $\pi_A(Z(\mathcal{A})) = Z(A)$ 与 $\pi_B(Z(\mathcal{A})) = Z(B)$,

(2) A 与 B 至少有一个是非交换的,

(3) 对于 $\alpha \in Z(\mathcal{A}), 0 \neq a \in \mathcal{A}$, 条件 $\alpha a = 0$ 推出 $\alpha = 0$ 或者 $a = 0$,

(4) $\mathcal{A}$ 上的每一导子都是内导子,

则 $\mathcal{A}$ 上的每一个双导子 φ, 且 $\varphi(e,e) = 0$, 具有形式

$$\varphi(x,y) = \lambda[x,y],$$

这里, $\lambda \in Z(\mathcal{A})$.

下面我们给出本节的另一个主要结果.

定理 6.3.2 设 $\mathcal{A}$ 是一个广义矩阵代数. 假设下列条件成立:

(1) $\pi_A(Z(\mathcal{A})) = Z(A)$ 与 $\pi_B(Z(\mathcal{A})) = Z(B)$,

(2) 对每一个 $n \in N$, 条件 $Mn = 0 = nM$ 推出 $n = 0$,

(3) 对每一个 $m \in M$, 条件 $mN = 0 = Nm$ 推出 $m = 0$,

(4) 每一对特殊双模同态 $f : M \to M$ 与 $g : N \to N$ 都是标准的.

则 $\mathcal{A}$ 上每一个双导子是内双导子.

证明 由于此结果的证明和定理 6.3.1 的证明大部分相同, 为了避免不必要的重复证明, 我们只给出简略的证明过程.

设 $x = a + m + n + b$ 与 $y = a' + m' + n' + b'$ 是 $\mathcal{A}$ 中任意两个元素. 由于 φ 是双线性的, 得

$$\begin{aligned}\varphi(x,y) =& \varphi(a+m+n+b, a'+m'+n'+b')\\ =& \varphi(a,a') + \varphi(a,m') + \varphi(a,n') + \varphi(a,b') + \varphi(m,a') + \varphi(m,m')\\ &+\varphi(m,n') + \varphi(m,b') + \varphi(n,a') + \varphi(n,m') + \varphi(n,n')\\ &+\varphi(n,b') + \varphi(b,a') + \varphi(b,m') + \varphi(b,n') + \varphi(b,b')\end{aligned} \tag{6.3.2}$$

对所有的 $x, y \in \mathcal{A}$. 首先, 由于 $[a, b] = 0 = [b, a]$, 根据引理 6.3.3 可得

$$\varphi(a,b) = 0 = \varphi(b,a)$$

对所有的 $a \in A$, $b \in B$. 类似地,

$$\varphi(m,m') = 0 = \varphi(n,n')$$

对所有的 $m, m' \in M$, $n, n' \in N$. 下面我们将证明存在 $\alpha \in \pi_A(Z(\mathcal{A}))$ 使得

$$\begin{aligned}\varphi(a,m) &= -\varphi(m,a) = \alpha am,\\ \varphi(m,b) &= -\varphi(b,m) = \alpha mb,\\ \varphi(n,a) &= -\varphi(a,n) = na\alpha,\\ \varphi(b,n) &= -\varphi(n,b) = bn\alpha,\\ \varphi(a,a') &= \alpha[a,a'],\\ \varphi(b,b') &= \tau(\alpha)[b,b'],\\ \varphi(m,n) &= -\varphi(n,m) = \alpha mn - n\alpha m\end{aligned}$$

对所有的 $a, a \in A$, $b, b' \in B$, $m \in M$, 以及 $n \in N$. 定义 $f : M \to M$ 如下

$$f(m) = \varphi(e,m)$$

对所有的 $m \in M$. 再定义 $g(n) = \varphi(e, n)$ 对所有的 $n \in N$. 我们容易验证, f 与 g 是一对特殊双模同态. 由假设条件 (4) 可知, f 与 g 是一对标准双模同态. 因此, 可以写成

$$\varphi(e, m) = f(m) = \alpha m,$$

$$\varphi(e, n) = g(n) = -n\alpha$$

对所有的 $m \in M, n \in N$, 这里 $\alpha \in \pi_A(Z(\mathcal{A}))$. 并且

$$\varphi(a, m) = \alpha a m \quad 与 \quad \varphi(a, n) = -n a \alpha$$

对所有的 $a \in A, m \in M, n \in N$. 根据引理 6.3.1 可得

$$(\varphi(a, m) + \varphi(m, a))[f, fne] = 0 = [f, fne](\varphi(a, m) + \varphi(m, a))$$

对所有的 $a \in A, m \in M, n \in N$. 也就是

$$(\varphi(a, m) + \varphi(m, a))N = 0 = N(\varphi(a, m) + \varphi(m, a)).$$

这样, 由假设条件 (3) 得

$$\varphi(a, m) = -\varphi(m, a) = -\alpha a m.$$

使用定理 6.3.1 的证明方法, 我们可得其余等式成立. 令

$$\lambda = \alpha + \tau(\alpha) \in Z(\mathcal{A}).$$

使用上面的关系式, 我们容易验证, $\varphi(x, y) = \lambda[x, y]$ 对所有的 $x, y \in \mathcal{A}$. □

作为命题 6.2.3 与定理 6.3.2 的一个推论, 我们有如下结论.

推论 6.3.3　设 $\mathcal{A}$ 是一个广义矩阵代数. 假设下列条件成立:

(1) $\pi_A(Z(\mathcal{A})) = Z(A)$ 与 $\pi_B(Z(\mathcal{A})) = Z(B)$,

(2) 对每一个 $t \in N$, 条件 $Mt = 0 = tM$ 推出 $t = 0$,

(3) 对每一个 $m \in M$, 条件 $mN = 0 = Nm$ 推出 $m = 0$,

(4) $\mathcal{A}$ 上每一个导子都是内导子.

则 $\mathcal{A}$ 上每一个双导子一定是内双导子.

作为引理 6.3.4 与定理 6.3.2 的一个推论, 我们有如下结论.

推论 6.3.4　设 $\mathcal{A}$ 是一个广义矩阵代数, 且 $N \neq 0$. 假设下列条件成立:

(1) $\pi_A(Z(\mathcal{A})) = Z(A)$ 以及 $\pi_B(Z(\mathcal{A})) = Z(B)$,

(2) 对每一个 $t \in N$, 条件 $Mt = 0 = tM$ 可推出 $t = 0$,

(3) 对每一个 $m \in M$, 条件 $mN = 0 = Nm$ 可推出 $m = 0$,

(4) M 的每一个 (A, B)-双模同态是标准的或者 N 的每一个 (B, A)-双模同态是标准的.

则 $\mathcal{A}$ 的每一个双导子都是内双导子.

6.4 全矩阵代数上双导子

设 A 是一个有 "1" 的代数. 设 $M_s(A)$ 是 A 上 $s\times s$ 全矩阵代数, 这里 $s\geqslant 2$. 易见, $Z(M_s(A))=Z(A)\cdot 1$. $M_s(A)$ 可表成如下的广义矩阵代数

$$\begin{pmatrix} A & M_{1\times(s-1)}(A) \\ M_{(s-1)\times 1}(A) & M_{(s-1)\times(s-1)}(A) \end{pmatrix}.$$

定理 6.4.1 $M_s(A)$ 上的每一双导子都是内双导子.

证明 容易验证 $M_s(A)$ 满足推论 6.3.4 的条件 (1), (2), (3). 下面我们证明条件 (4) 也成立.

假设 $f: M_{1\times(s-1)}(A)\to M_{1\times(s-1)}(A)$ 是一个 $(A, M_{(s-1)\times(s-1)}(A))$-双模同态. 我们只需证明, 存在 $\lambda\in Z(A)$ 使得

$$f(m)=\lambda m$$

对所有的 $m\in M_{1\times(s-1)}(A)$.

用 e_{1j} 代表 $M_{1\times(s-1)}(A)$ 的矩阵单位, 这里 $1\leqslant j\leqslant s-1$. 由于 f 是双模同态, 得

$$f(e_{11})=f(e_{11}e_{11})=f(e_{11})e_{11}=\lambda e_{11},$$

这里, $\lambda\in A$. 由此可得

$$f(e_{1j})=f(e_{11}e_{1j})=f(e_{11})e_{1j}=\lambda e_{11}e_{1j}=\lambda e_{1j}$$

对所有的 $1\leqslant j\leqslant s-1$. 由于 f 是双线性的, 我们获得

$$f(m)=\lambda m$$

对所有的 $m\in M_{1\times(s-1)}(A)$. 下面指出, $\lambda\in Z(A)$. 事实上

$$f(am)=af(m)=a\lambda m$$

对所有的 $a\in A$, $m\in M_{1\times(s-1)}(A)$. 另一方面

$$f(am)=\lambda am$$

对所有的 $a\in A$, $m\in M_{1\times(s-1)}(A)$. 比较上面两式得

$$(a\lambda-\lambda a)m=0$$

对所有的 $a \in A$, $m \in M_{1\times(s-1)}(A)$. 因此, $a\lambda - \lambda a = 0$ 对所有的 $a \in A$. 从而, $\lambda \in Z(A)$. 这样, f 是标准的. 类似地, 若 $g : M_{(s-1)\times 1}(A) \to M_{(s-1)\times 1}(A)$ 是一个 $(M_{(s-1)\times(s-1)}(A), A)$-双模同态, 则 g 也是标准的. 由推论 6.3.4 可知结果成立. □

下面的例子说明全矩阵代数上存在外导子 (非内导子).

例 6.4.1　设 A 是一个有 "1" 的代数, 且存在一个外导子 d. 设 $M_s(A)$ 是 A 上的全矩阵代数 $(s \geqslant 2)$. 定义

$$\bar{d}(T) = (d(a_{ij}))$$

对任意的 $T = (a_{ij}) \in M_s(A)$, 这里 $a_{ij} \in A$. 易见, $\bar{d}$ 为 $M_s(A)$ 的一个导子. 我们称 $\bar{d}$ 为由 d 诱导的导子. 显然, $\bar{d}$ 是一个外导子.

6.5　三角代数上多重导子

设 $U = \mathrm{Tri}(A, M, B)$ 是一个三角代数. 令

$$e = \begin{pmatrix} 1_A & 0 \\ & 0 \end{pmatrix}, \quad f = 1 - e = \begin{pmatrix} 0 & 0 \\ & 1_B \end{pmatrix}.$$

这样

$$U = eUe + eUf + fUf.$$

这里, $eUe \cong A$, $eUf \cong M$, 以及 $fUf \cong B$. 为了方便, 我们假设, $A = eUe$, $B = fUf$, 以及 $M = eUf$. 这样

$$U = A + M + B.$$

为了证明主要结果, 我们需要如下的引理.

引理 6.5.1　设 $U = \mathrm{Tri}(A, M, B)$ 是一个三角代数, 且 A 与 B 至少有一个不包括非零中心理想. 假设 $F, G : M \to \pi_A(Z(A))$ 是一个满足下面条件的映射:

$$F(m)m' + G(m')m = 0 \tag{6.5.1}$$

对所有的 $m, m' \in M$. 则 $F = G = 0$.

证明　不妨假设 B 不包含非零中心理想. 由 (6.5.1) 可得

$$F(mb)m' + G(m')mb = 0$$

以及

$$F(m)m'b + G(m')mb = 0$$

对所有的 $m, m' \in M$，$b \in B$. 比较上面两个式子可得

$$F(mb)m' = F(m)m'b,$$

进一步, 可得

$$m'\tau(F(mb)) = m'\tau(F(m))b$$

对所有的 $m, m' \in M$，$b \in B$. 由于 M 是忠实右 B-模, 得到

$$\tau(F(mb)) = \tau(F(m))b$$

对所有的 $b \in B$，$m \in M$. 由此可见, $\tau(F(m))B$ 是 B 的一个中心理想. 从而, $\tau(F(m)) = 0$ 对所有的 $m \in M$. 即, $F = 0$. 这样, 由 (6.5.1) 可知, $G = 0$. □

为了得到 n-导子的刻画, 我们先讨论 3-导子.

引理 6.5.2 设 $U = \mathrm{Tri}(A, M, B)$ 是一个三角代数. 假设下面条件成立:

(1) $\pi_A(Z(U)) = Z(A)$ 与 $\pi_B(Z(U)) = Z(B)$,

(2) A 与 B 至少有一个不包含非零中心理想,

(3) U 的每一个导子都是内导子.

则 U 的每一个 3-导子皆为极端 3-导子.

证明 假设 $\psi : U^3 \to U$ 是一个 3-导子. 固定 $z \in U$, 定义一个映射 $\psi_z : U^2 \to U$ 如下

$$\psi(x, y) = \psi(x, y, z)$$

对所有的 $x, y \in U$. 显然, ψ_z 是 U 的一个双导子. 根据性质 6.1.1 可知

$$\psi_z(x, y)[u, v] = [x, y]\psi_z(u, v)$$

对所有的 $x, y, u, v \in U$. 也就是

$$\psi(x, y, z)[u, v] = [x, y]\psi(u, v, z) \tag{6.5.2}$$

对所有的 $x, y, z, u, v \in U$. 类似地, 固定 $y \in U$, 我们定义一个双导子 ψ_y 如下

$$(x, z) \mapsto \psi(x, y, z)$$

对所有的 $x, z \in U$. 则有

$$\psi_y(x, z)[u, v] = [x, z]\psi_y(u, v)$$

对所有的 $x, y, u, v \in U$. 也就是

$$\psi(x, y, z)[u, v] = [x, z]\psi(u, y, v) \tag{6.5.3}$$

对所有的 $x, y, z, u, v \in U$. 下面我们指出, $\psi(x, y, z) \in M$ 对所有的 $x, y, z \in U$.

比较 (6.5.2) 与 (6.5.3), 得到

$$[x, y]\psi(u, v, z) = [x, z]\psi(u, y, v) \tag{6.5.4}$$

对所有的 $x, y, z, u, v \in U$. 特别地, 由 (6.5.4) 可得

$$[e, m]\psi(u, v, z) = [e, z]\psi(u, m, v) = 0$$

对所有的 $m \in M$, $z \in A \cup B$, 以及 $u, v \in U$. 由此可见

$$M\psi(u, v, z) = 0$$

对所有的 $u, v \in U$, $z \in A \cup B$. 接下来, 由 (6.5.4) 得到

$$[m, f]\psi(u, v, m') = [m, m']\psi(u, f, v) = 0$$

对所有的 $m, m' \in M$, $u, v \in U$. 从而, $M\psi(u, v, m') = 0$ 对所有的 $m' \in M$, $u, v \in U$. 综上所述, 可见, $M\psi(u, v, z) = 0$ 对所有的 $u, v, z \in U$. 根据 M 忠实性得到, $f\psi(u, v, z)f = 0$ 对所有的 $u, v, z \in U$.

进一步, 由 (6.5.3) 可得

$$\psi(x, v, y)[u, z] = [x, y]\psi(u, v, z) \tag{6.5.5}$$

对所有的 $x, y, z, u, v \in U$. 比较 (6.5.2) 与 (6.5.5) 可见

$$\psi(x, y, z)[u, v] = \psi(x, v, y)[u, z] \tag{6.5.6}$$

对所有的 $x, y, z, u, v \in U$. 特别地, 由 (6.5.6) 推出

$$\psi(x, y, z)[e, m] = \psi(x, m, y)[e, z] = 0$$

对所有的 $x, y \in U$, $z \in A \cup B$. 从而, $\psi(x, y, z)M = 0$ 对所有的 $x, y \in U$, $z \in A \cup B$. 接下来, 由 (6.5.6) 得

$$\psi(x, y, m)[m', f] = \psi(x, f, y)[m', m] = 0$$

对所有的 $x, y \in U$, $m, m' \in M$. 也就是, $\psi(x, y, m)M = 0$ 对所有的 $x, y \in U$, $m \in M$. 从而, $\psi(x, y, z)M = 0$ 对所有的 $x, y, z \in U$. 这样, 由 M 的忠实性可得, $e\psi(u, v, z)e = 0$ 对所有的 $u, v, z \in U$. 故有

$$\psi(x, y, z) = e\psi(x, y, z)f \in M \tag{6.5.7}$$

对所有的 $x, y, z \in U$. 定义 $f: U^3 \to U$ 如下

$$f(x,y,z) = [x,[y,[z,\psi(e,e,e)]]]$$

对所有的 $x, y, z \in U$. 由于 $\psi(e,e,e) \in M$, 易见 $f(x,y,z) \in M$ 对所有的 $x, y, z \in U$. 下面我们指出, f 是一个极端 3-导子.

事实上, 由 (6.5.2) 得到

$$\psi(e,e,e)[u,v] = [e,e]\psi(u,v,e) = 0,$$
$$[x,y]\psi(e,e,e) = \psi(x,y,e)[e,e] = 0$$

对所有的 $x, y, u, v \in U$. 即

$$[\psi(e,e,e),[U,U]] = 0. \tag{6.5.8}$$

由注释 6.1.1, 可由 (6.5.8) 得到, f 是一个极端 3-导子.

令

$$\psi' = \psi - f.$$

由 (6.5.7) 可知, $\psi'(x,y,z) \in M$ 对所有的 $x, y, z \in U$, 并且 ψ' 也是一个 3-导子. 容易验证, $\psi'(e,e,e) = 0$. 这样, 用 ψ' 替代 ψ 不妨假设 $\psi(e,e,e) = 0$.

最后指出, $\psi = 0$. 不妨假设 A 不包含非零中心理想. 下面的证明将分成几个步骤进行.

步骤 1 我们指出 $\psi(x,y,z) = 0$ 对所有的 $x, y, z \in A \cup B$.

由 $\psi(x,y,z) \in M$ 对所有的 $x, y, z \in U$ 以及 $\psi(e,e,e) = 0$, 得到

$$\begin{aligned}
\psi(a_1,a_2,a_3) &= \psi(a_1e,a_2,a_3) \\
&= \psi(a_1,a_2,a_3)e + a_1\psi(e,a_2,a_3) \\
&= a_1\psi(e,a_2e,a_3) \\
&= a_1\psi(e,a_2,a_3)e + a_1a_2\psi(e,e,a_3) \\
&= a_1a_2\psi(e,e,a_3e) \\
&= a_1a_2\psi(e,e,a_3)e + a_1a_2a_3\psi(e,e,e) = 0
\end{aligned}$$

对所有的 $a_1, a_2, a_3 \in A$. 由于 $\psi(f,f,f) = -\psi(e,e,e) = 0$, 可得

$$\begin{aligned}
\psi(b_1,b_2,b_3) &= \psi(fb_1,b_2,b_3) \\
&= \psi(f,b_2,b_3)b_1 + f\psi(b_1,b_2,b_3) \\
&= \psi(f,b_2,b_3)b_1 = \psi(f,f,b_3)b_2b_1 \\
&= \psi(f,f,f)b_3b_2b_1 = 0
\end{aligned}$$

对所有的 $b_1, b_2, b_3 \in B$. 注意 $\psi(e,e,f) = -\psi(e,e,e) = 0$, 可从 (6.5.7) 得到

$$\begin{aligned}\psi(a_1,a_2,b) &= \psi(a_1,a_2,fb)\\ &= \psi(a_1,a_2,f)b + f\psi(a_1,a_2,b)\\ &= \psi(a_1,a_2,f)b\\ &= -\psi(a_1,a_2,e)b = 0\end{aligned}$$

对所有的 $a_1, a_2 \in A$, $b \in B$. 使用相同的方法, 可以得到, $\psi(x,y,z) = 0$ 对所有的 $x, y, z \in A \cup B$.

步骤 2　我们指出

$$\begin{aligned}\psi(x,y,m) = \psi(y,x,m) = 0,\\ \psi(x,m,y) = \psi(y,m,x) = 0,\\ \psi(m,x,y) = \psi(m,y,x) = 0\end{aligned} \tag{6.5.9}$$

对所有的 $x \in A \cup B, m \in M$, $y \in U$. 固定 $x, y \in U$. 定义 $f: M \to M$ 如下

$$f(m) = \psi(x,y,m)$$

对所有的 $m \in M$. 我们指出 f 是一个 (A,B)-双模. 对任意的 $a \in A, b \in B, m \in M$, 有

$$\begin{aligned}\psi(x,y,amb) &= \psi(x,y,a)mb + a\psi(x,y,m)b + am\psi(x,y,b)\\ &= a\psi(x,y,m)b.\end{aligned}$$

由假设条件 (3) 可知, U 的每一个导子是内导子. 根据命题 6.2.3 可知, f 具有如下标准形式

$$f(m) = a_0m + mb_0, \quad a_0 \in Z(A), \quad b_0 \in Z(B).$$

由假设条件 (1) 可知, $a_0 \in \pi_A(Z(U))$ 与 $b_0 \in \pi_B(Z(U))$. 可以写成

$$\psi(x,y,m) = f(m) = (a_0 + \tau^{-1}(b_0))m = \alpha_{x,y}m \tag{6.5.10}$$

对所有的 $m \in M$, 这里 $\alpha_{x,y} = a_0 + \tau^{-1}(b_0) \in \pi_A(Z(U))$ (依赖于 x, y). 定义 $\tau: U^2 \to \pi_A(Z(U))$ 如下

$$\tau(x,y) = \alpha_{x,y}$$

对所有的 $x, y \in U$. 下面我们指出, τ 是合理的.

若 $(x,y) = (x',y')$. 则由 (6.5.10) 得出

$$\alpha_{x,y}m = \psi(x,y,m) = \psi(x',y',m) = \alpha_{x',y'}m$$

对所有的 $m\in M$. 故有

$$(\alpha_{x,y}-\alpha_{x',y'})M=0.$$

从而, $\alpha_{x,y}=\alpha_{x',y'}$, 这说明 τ 是合理的. 这样, 由 (6.5.10) 得出

$$\psi(x,y,m)=\tau(x,y)m \tag{6.5.11}$$

对所有的 $x,y\in U$, $m\in M$.

对任意的 $a,a'\in A$, $y\in U$, 以及 $m\in M$, 可从 (6.5.11) 得出

$$\begin{aligned}\tau(a_1'a_1,y)m&=\psi(a_1'a_1,y,m)\\&=\psi(a_1',y,m)a_1+a_1'\psi(a_1,y,m)\\&=a_1'\psi(a_1,y,m)\\&=a_1'\tau(a_1,y)m,\end{aligned}$$

这里, 使用了结论, $\psi(a_1',y,m)\in M$. 因此

$$(\tau(a_1'a_1,y)-a_1'\tau(a_1,y))M=0,$$

再由 M 的忠实性推出

$$\tau(a_1'a_1,y)=a_1'\tau(a_1,y)$$

对所有的 $a_1',a_1\in A$, $y\in U$. 从而, $A\tau(a_1,y)$ 是 A 的一个中心理想. 根据假设得, $\tau(a_1,y)=0$. 进一步, 可由 (6.5.11) 得到, $\psi(a_1,y,m)=0$ 对所有的 $a_1\in A$, $y\in U$, 以及 $m\in M$. 特别地, $\psi(e,y,m)=0$ 对所有的 $y\in U$, $m\in M$.

下面我们指出, $\psi(b,y,m)=0$ 对所有的 $b\in B$, $y\in U$, 以及 $m\in M$. 由于

$$\psi(f,y,m)=-\psi(e,y,m)=0$$

对所有的 $y\in U$, $m\in M$, 我们得到

$$\begin{aligned}\psi(b,y,m)&=\psi(fb,y,m)\\&=\psi(f,y,m)b+f\psi(b,y,m)\\&=\psi(f,y,m)b=0\end{aligned}$$

对所有的 $b\in B$, $y\in U$, 以及 $m\in M$. 因此, $\psi(x,y,m)=0$ 对所有的 $x\in A\cup B$, $y\in U$, 以及 $m\in M$. 类似地, 我们能够证明 (6.5.9) 中的其余等式成立.

步骤 3 我们最后指出, $\psi(m,m',m'')=0$ 对所有的 $m,m',m''\in M$.

根据 (6.5.11), 可知存在一个映射 $\mu:M^2\to\pi_A(Z(U))$ 使得

$$\psi(m,m',m'')=\mu(m,m')m'' \tag{6.5.12}$$

对所有的 $m, m', m'' \in M$. 类似地, 存在一个映射 $\nu: M^2 \to \pi_A(Z(U))$ 使得

$$\psi(m, m', m'') = \nu(m, m'')m' \tag{6.5.13}$$

对所有的 $m, m', m'' \in M$. 比较 (6.5.12) 与 (6.5.13) 可得

$$\mu(m, m')m'' - \nu(m, m'')m' = 0$$

对所有的 $m, m', m'' \in M$. 这样, 由引理 6.5.1 可知

$$\mu(m, m') = 0$$

对所有的 $m, m' \in M$. 进一步, 由 (6.5.12) 得到

$$\psi(m, m', m'') = 0$$

对所有的 $m, m', m'' \in M$.

综上所述, 得到

$$\psi(x, y, z) = 0$$

对所有的 $x, y, z \in A \cup M \cup B$. 由于 ψ 是多重线性的, 我们可见, $\psi = 0$. □

下面我们给出本节的主要结果.

定理 6.5.1 设 $U = \mathrm{Tri}(A, M, B)$ 是一个三角代数. 假设下面条件成立:

(1) $\pi_A(Z(U)) = Z(A)$ 以及 $\pi_B(Z(U)) = Z(B)$,

(2) A 与 B 至少有一个不包含非零中心理想,

(3) U 的每一个导子均为内导子.

则 U 的每一个 n-导子 $(n \geqslant 3)$ 均为极端 n-导子.

证明 我们对 n 进行归纳. 当 $n = 3$ 时, 此结果可由引理 6.5.2 得到. 下面假设 $n \geqslant 4$. 固定 $x_4, \cdots, x_n \in U$. 令

$$\varphi'(x_1, x_2, x_3) = \varphi(x_1, x_2, x_3, x_4, \cdots, x_n)$$

对所有的 $x_1, x_2, x_3 \in U$. 则 $\varphi': U^3 \to U$ 是一个 3-导子. 根据引理 6.5.2 得到

$$\varphi'(x_1, x_2, x_3) = [x_1, [x_2, [x_3, m]]]$$

对所有的 $x_1, x_2, x_3 \in U$, 这里 $m \in M$ (依赖于 $x_4, \cdots, x_n$), 且 $[m, [U, U]] = 0$. 特别地, 我们可见 $\varphi'(e, e, e) = m$, 也就是

$$\varphi(e, e, e, x_4, \cdots, x_n) = m.$$

因此

$$\varphi(x_1,x_2,\cdots,x_n)=[x_1,[x_2,[x_3,\varphi(e,e,e,x_4,\cdots,x_n)]]] \tag{6.5.14}$$

对所有的 $x_1,x_2,x_3,\cdots,x_n\in U$. 显然, $\varphi(e,x_2,x_3,\cdots,x_n)$ 是一个 $(n-1)$-导子. 由归纳假设可得

$$\varphi(e,x_2,x_3,\cdots,x_n)=[x_2,[x_3,\cdots,[x_n,m']\cdots]] \tag{6.5.15}$$

对所有的 $x_2,x_3,\cdots,x_n\in U$, 这里 $m'\in M$ 以及 $[m',[U,U]]=0$. 特别地, 可从 (6.5.15) 得到

$$\varphi(e,e,e,x_4,\cdots,x_n)=[x_4,[x_5,\cdots,[x_n,m']\cdots]] \tag{6.5.16}$$

对所有的 $x_2,x_3,\cdots,x_n\in U$, 这里我们使用了 $m'\in M$. 把 (6.5.16) 代入 (6.5.14) 可得

$$\varphi(x_1,x_2,x_3,\cdots,x_n)=[x_1,[x_2,\cdots,[x_n,m']\cdots]]$$

对所有的 $x_1,x_2,\cdots,x_n\in U$. 根据注释 6.1.1 可知结论成立. □

设 R 是一个有 "1" 的交换环. 设 $T_k(R)$ 是 R 上的上三角矩阵代数, 这里 $k\geqslant 2$. 则 $T_k(R)$ 可看成一个三角代数:

$$\begin{pmatrix} R & R^{k-1} \\ & T_{k-1}(R) \end{pmatrix}.$$

推论 6.5.1 若 $k,n\geqslant 3$, 则 $T_k(R)$ 上每一个 n-导子都是极端 n-导子.

证明 由于 $Z(T_{k-1}(R))=R\cdot 1$, 可见定理 6.5.1 的条件 (1) 成立. 容易验证, $T_{k-1}(R)$ 不包含非零中心理想. 我们知道, $T_k(R)$ 上每一个导子都是内导子 (参见文献 [3]). 这样, 此推论可由定理 6.5.1 得到. □

推论 6.5.2 假定 $n\geqslant 3$. 设 $\mathcal{N}$ 是复 Hilbert 空间 H 上的一个套, 这里, $\dim(H)\geqslant 3$. 则 $\mathcal{T}(\mathcal{N})$ 上的每一个 n-导子一定是极端 n-导子.

证明 由 [4, 推论 19.5] 可知, $Z(\mathcal{T}(\mathcal{N}))=C\cdot 1$. 若 $\mathcal{N}$ 是平凡套, 则 $\mathcal{T}(\mathcal{N})$ 是一个非交换的中心素代数. 这样, 由 [5, 定理 2.8] 可知, 每一个 n-导子一定为零. 下面我们假设 $\mathcal{N}$ 是非平凡套. 由于 $\dim(H)\geqslant 3$, 则 $\mathcal{T}(\mathcal{N})$ 可表成如下三角代数:

$$\begin{pmatrix} A & M \\ & B \end{pmatrix},$$

这里, A 与 B 至少有一个是 C 上中心非交换素代数或者是一个非平凡套代数, M 是一个忠实 (A,B)-双模. 由素代数的定义易见, 非交换素代数不包含非零中心理想. 由性质 1.1.3 可知, 三角代数不包含非零中心理想. 因此, A 与 B 至少有一个不包括非零中心理想. 我们知道, 非平凡套代数上每一个导子一定是内导子 (参见 [4, 定理 19.7]). 由此可见, 定理 6.5.1 的全部假设条件都成立. 这样, 由定理 6.5.1 可得此结果成立. □

6.6 注　　记

1989 年, Vukman 研究了素环和半素环上对称双导子 (见文献 [6]). 1994 年, Brešar 证明了非交换半素环上每一个双导子一定是内双导子 (见文献 [7]). 2009 年, Park 讨论了素环与半素上交换 n-导子 (见文献 [8]). 2013 年, Xu 等证明, 当 $n \geqslant 3$ 时, 具有非零 n-导子的素环一定是交换环 (见文献 [5]).

2009 年, Benkovič 在一定的假设条件下证明了三角代数上每一个双导子一定是一个极端双导子与一个内双导子之和 (见文献 [2]). 作为推论, 他证明了有 "1" 交换环上的上三角矩阵代数与套代数上的双导子一定是一个极端双导子与一个内双导子之和. 此结果自然推广了文献 [9] 和文献 [10] 的相应结果.

上述结果说明了三角代数上存在极端双导子, 而 (半) 素环上不存在极端双导子. 这说明了研究三角代数上双导子是具有独特意义的.

本章共分两部分. 第一部分主要介绍了广义矩阵代数上双导子的结构. 指出广义矩阵代数上极端双导子的存在性. 本章主要的工作是定义了 "特殊双模对" 的概念. 通过这一概念, 给出了广义矩阵代数上每一个导子为内导子的充分条件. 在研究广义矩阵代数上双导子时, "特殊双模对" 的概念也起到关键作用. 通过使用这一概念, 我们避免了在研究三角代数上双导子中采用的 "每一个导子为内导子" 这个强假设条件 (见文献 [2]). 作为推论, 我们得到了一个深刻的结果: 任意有 "1" 的代数上的全矩阵代数上的每一双导子一定为内双导子. 我们知道, 全矩阵代数上存在外导子, 而上面的结果说明了全矩阵代数上不存在外双导子 (不是内双导子的双导子). 这是一个有趣的现象, 说明了广义矩阵代数和素环在双导子上的不同之处.

在研究三角代数上 n-导子时, 我们主要证明了, 当 $n \geqslant 3$ 时, 一类三角代数上 n-导子一定是极端双导子 (标准解和双导子的情况不一样). 这说明了三角代数上 n-导子不是双导子的简单推广, 它本身具有和双导子不一样的性质.

此外, 从证明复杂程度上看, 当 $n \geqslant 3$ 时, n-导子的研究反而比双导子更容易讨论. 本章的内容可见文献 [11, 12].

参 考 文 献

[1] Brešar M. On generalized biderivations and related maps. J. Algebra, 1995, 172: 764-786.

[2] Benkovič D. Biderivations of triangular algebras. Linear Algebra Appl., 2009, 431: 1587-1602.

[3] Coelho S P, Milies C P. Derivations of upper triangular matrix rings. Linear Algebra Appl., 1993, 187: 263-267.

[4] Davidson K R. Nest Algebras. Pitman Research Notes in Mathematics Series, 191. Harlow: Longman Scientific & Technical, 1988.

[5] Xu X W, Liu Y, Zhang W. Skew n-derivations on semiprime rings. Bull. Korean Math. Soc., 2013, 50: 1863-1871.

[6] Vukman J. Symmetric bi-derivations on prime and semi-prime rings. Aequationes Math., 1989, 38: 245-254.

[7] Brešar M. On certain pairs of functions of semiprime rings. Proc. Amer. Math. Soc., 1994, 120: 709-713.

[8] Park K H. On prime and semiprime rings with symmetric n-derivations. J. Chungcheong Math. Soc., 2009, 22: 451-458.

[9] Zhang J H, Feng S, Lie H X, Wu R H. Generalized biderivations of nest algebras. Linear Algebra Appl., 2006, 418: 225-233.

[10] Zhao Y, Wang D, Yao R. Biderivations of upper triangular matrix algebras over commutative rings. Int. J. Math. Game Theory Algebra, 2009, 18: 473-478.

[11] Du Y Q, Wang Y. Biderivations of generalized matrix algebras. Linear Algebra Appl., 2013, 438: 4483-4499.

[12] Wang Y, Wang Y, Du Y Q. n-derivations of triangular algebras. Linear Algebra Appl., 2013, 439: 463-471.

第 7 章　三角代数上 Lie 三重同构与 Lie 同构

本章首先介绍三角代数上交换化迹与中心化迹的刻画, 然后介绍三角代数上 Lie 三重同构与 Lie 同构的刻画. 最后给出上三角矩阵代数上的 Lie 三重同构与 Lie 同构的完整刻画.

7.1　定义与性质

本章所涉及的代数均指一个有单位元的交换环 R 上的代数, 且 $\frac{1}{2} \in R$. 设 A 是一个代数. 令 $[x, y] = xy - yx$ 与 $x \circ y = xy + yx$.

定义 7.1.1　一个线性映射 $f : A \to A$ 称为交换化映射, 如果

$$[f(x), x] = 0$$

对所有的 $x \in A$.

定义 7.1.2　一个线性映射 $f : A \to A$ 称为中心化映射, 如果

$$[f(x), x] \in Z(A)$$

对所有的 $x \in A$.

每一个交换化 (中心化) 映射 f 如果具有形式

$$f(x) = \lambda x + \mu(x),$$

这里, $\lambda \in A$, $\mu : A \to Z(A)$ 是一个映射, 则称 f 具有标准形式.

定义 7.1.3　设 $B : A \times A \to A$ 是一个双线性映射. 称映射 $x \mapsto B(x, x)$ 为 B 的迹.

设 q 是 A 上某个双线性映射的一个交换化 (中心化) 迹. 若 q 具有如下形式

$$q(x) = \lambda x^2 + \mu(x)x + \nu(x)$$

对所有的 $x \in A$, 这里, $\lambda \in Z(A)$, $\mu : A \to Z(A)$ 是一个线性映射, $\nu : A \to Z(A)$ 是某个双线性映射的迹, 则称 q 具有标准形式.

定义 7.1.4　设 A 与 B 为两个代数. $\theta : A \to B$ 是一个线性双射. 如果

$$\theta(xy) = \theta(x)\theta(y)$$

对所有的 $x, y \in A$, 则称 θ 为一个同构.

类似地, 有如下定义.

定义 7.1.5 设 A 与 B 为两个代数. $\theta: A \to B$ 是一个线性双射. 如果

$$\theta(xy) = \theta(y)\theta(x)$$

对所有的 $x, y \in A$, 则称 θ 为一个反同构.

定义 7.1.6 设 A 与 B 为两个代数. $\theta: A \to B$ 是一个线性双射. 如果

$$\theta([x, y]) = [\theta(x), \theta(y)]$$

对所有的 $x, y \in A$, 则称 θ 为一个 Lie 同构.

定义 7.1.7 设 A 与 B 为两个代数. $\theta: A \to B$ 是一个线性双射. 如果

$$\theta([[x, y], z]) = [[\theta(x), \theta(y)], \theta(z)]$$

对所有的 $x, y \in A$, 则称 θ 为一个 Lie 三重同构.

易见, 一个同构或一个反同构的负是 Lie 同构, Lie 同构一定是 Lie 三重同构.

定义 7.1.8 设 A 与 B 为两个代数. $\theta: A \to B$ 是一个线性双射. 如果

$$\theta(x \circ y) = \theta(x) \circ \theta(y)$$

对所有的 $x, y \in A$, 则称 θ 为一个 Jordan 同构.

易见, 同构与反同构一定是 Jordan 同构. 由公式

$$[[x, y], z] = x \circ (y \circ z) - y \circ (x \circ z)$$

可知, 每一个 Jordan 同构也是一个 Lie 三重同构.

定义 7.1.9 设 A 与 B 是两个代数. M 是一个 (A, B)-双模. 任取 $a \in A$, $b \in B$, 若 $aMb = 0$ 必有 $a = 0$ 或者 $b = 0$, 则称 M 为忠诚的.

我们知道, 整环上的上三角矩阵代数以及套代数一定包含忠诚双模 (参见 [1, 注释 2.9 与注释 2.11]).

下面我们给出弱忠诚双模的定义.

定义 7.1.10 设 A 与 B 是两个代数. M 是一个 (A, B)-双模. 若 M 满足如下条件:

(1) 任取 $a \in A$, $aM[B, B] = 0$ 推出 $a = 0$ 或者 $[B, B] = 0$,

(2) 任取 $b \in B$, $[A, A]Mb = 0$ 推出 $[A, A] = 0$ 或者 $b = 0$.

则称 M 是弱忠诚的.

易见, 一个忠诚双模一定是弱忠诚的. 下面的注释说明, 存在非忠诚的弱忠诚双模.

注释 7.1.1 设 R 是一个有 "1" 的交换环. 设 $T_n(R)$ 是 R 上的上三角矩阵代数 ($n \geqslant 2$). 对于每个 $1 \leqslant r \leqslant n-1$, 令 $A = T_r(R)$, $M = M_{r\times(n-r)}(R)$, 以及 $B = T_{n-r}(R)$. 则 M 是弱忠诚 (A,B)-双模. 当 R 不是整环时, 则 M 不是忠诚 (A,B)-双模.

证明 $T_n(R)$ 可表成如下的三角代数:

$$\begin{pmatrix} A & M \\ & B \end{pmatrix}.$$

易见, $Z(T_n(R)) = R\cdot 1$. 当 $n=2$ 时, 结论显然成立.

现在假设 $n \geqslant 3$. 我们指出条件 (1) 成立. 不妨假设 $[B,B] \neq 0$. 这时, $n-r \geqslant 2$. 任取 $a \in A$, 满足 $aM[B,B]=0$. 由于 $e_{i,r+1} \in M$, $e_{r+1,r+1}, e_{r+1,n} \in B$ 对任意的 $1 \leqslant i \leqslant r$, 可得

$$ae_{i,r+1}[e_{r+1,r+1}, e_{r+1,n}] = ae_{i,n} = 0$$

对所有的 $1 \leqslant i \leqslant r$. 因此, $a=0$. 这样, 条件 (1) 成立. 类似地, 我们可得条件 (2) 也成立. 从而 M 是弱忠诚的.

当 R 不是整环时, 存在两个非零元 $a, b \in R$ 使得 $ab=0$. 易见

$$(a\cdot 1_A)\mathcal{T}_n(R)(b\cdot 1_B) = 0.$$

由此可见, M 不是忠诚 (A,B)-双模. □

设 A 与 B 是两个有 "1" 的代数. 设 M 是一个忠实 (A,B)-双模. 则

$$U = \mathrm{Tri}(A,M,B) = \left\{ \begin{pmatrix} a & m \\ & b \end{pmatrix} \middle| \ a\in A, m\in M, b\in B \right\}$$

在通常的矩阵运算下构成一个代数. 称 U 为三角代数.

下面的关于三角代数的中心性质将在定理证明中经常使用.

性质 7.1.1 设 $U = \mathrm{Tri}(A,M,B)$ 是一个三角代数. 则 U 的中心

$$Z(U) = \{a \oplus b \mid am = mb \text{ 对任意的 } m \in M\}.$$

并且 $\pi_A(Z(U)) \subseteq Z(A)$ 和 $\pi_B(Z(U)) \subseteq Z(B)$, 存在一个代数同构 $\tau: \pi_A(Z(U)) \to \pi_B(Z(U))$ 使得 $am = m\tau(a)$ 对任意的 $m \in M$.

下面几个引理将在定理证明中使用.

引理 7.1.1 设 $U = \mathrm{Tri}(A,M,B)$ 是一个三角代数. 假设 M 是一个弱忠诚 (A,B)-双模. 则

(1) 任取 $\lambda \in \pi_A(Z(U))$, 由 $\lambda[A,A]=0$ 推出: $\lambda = 0$ 或者 $[A,A]=0$,

(2) 任取 $\lambda \in \pi_B(Z(U))$, 由 $\lambda[B,B]=0$ 推出: $\lambda = 0$ 或者 $[B,B]=0$.

证明 假设 $\lambda[A,A]=0$ 且 $[A,A]\neq 0$. 则

$$[A,A]M\tau(\lambda)=0.$$

这样, $\tau(\lambda)=0$. 从而, $\lambda=0$. 说明结论 (1) 成立. 类似地, 可证明结论 (2) 成立. □

引理 7.1.2 设 M 是一个弱忠诚 (A,B)-双模. 则有

(1) 设 $f,g:M\to A$ 是一个映射, 满足

$$f(m)n+g(n)m=0$$

对所有的 $m,n\in M$. 若 B 是非交换的, 则 $f=g=0$,

(2) 设 $f,g:M\to B$ 是一个映射, 满足

$$mf(n)+ng(m)=0$$

对所有的 $m,n\in M$. 若 A 是非交换的, 则 $f=g=0$.

证明 我们只证明结论 (1) 成立, 结论 (2) 可类似证明. 使用满足的等式得到

$$\begin{aligned}(f(m)nb_1)b_2&=-g(nb_1)mb_2=(f(mb_2)n)b_1\\&=-(g(n)m)b_2b_1=f(m)nb_2b_1\end{aligned}$$

对所有的 $m,n\in M$, $b_1,b_2\in B$. 因此, $f(M)M[B,B]=0$. 由于 M 是忠诚的, 且 B 是非交换的, 得到 $f=0$. 易见, 由 $f=0$ 可推出 $g=0$. □

下面的假设条件将在定理中使用: 对每一个 $x\in A$, 若

$$[x,A]\subseteq Z(A) \quad 推出 \quad x\in Z(A). \tag{7.1.1}$$

易见, 条件 (7.1.1) 等价于条件: A 不存在中心内导子. 满足条件 (7.1.1) 的代数包括如下几种常见代数: 交换代数、素代数 (参见 [2, 引理 3]), 以及三角代数 (参见性质 1.2.4).

完全按照文献 [3, 定理 8] 的方法, 我们能够得到三角代数上中心化线性映射的一种刻画. 这里我们省略它的证明过程.

命题 7.1.1 设 $U=\mathrm{Tri}(A,M,B)$ 是一个三角代数. 若下列条件成立:

(1) $\pi_A(Z(U))=Z(A)$ 与 $\pi_B(Z(U))=Z(B)$,

(2) A 与 B 都满足条件 (7.1.1),

(3) 存在 $m_0\in M$ 使得

$$Z(U)=\{a+b\mid am_0=m_0b,\ a\in Z(A),b\in Z(B)\}.$$

则 U 上的每一个中心化线性映射具有标准形式.

作为命题 7.1.1 的直接推论, 我们得到上三角矩阵代数上中心化线性映射的一种刻画.

推论 7.1.1　设 $n \geqslant 2$. 则 $T_n(R)$ 上的每一个中心化线性映射一定具有标准形式.

引理 7.1.3　设 $U = \mathrm{Tri}(A, M, B)$ 是一个三角代数. 并且

$$\pi_A(Z(U)) = Z(A), \quad \pi_B(Z(U)) = Z(B).$$

则 A 与 B 都是交换代数当且仅当存在一个线性映射 $\mu : U \to Z(U)$, 一个双线性映射的迹 $\nu : U \to Z(U)$ 使得

$$x^2 + \mu(x)x + \nu(x) = 0$$

对所有的 $x \in U$.

证明　假设 A 与 B 都是交换代数. 令

$$\mu\begin{pmatrix} a & m \\ & b \end{pmatrix} = \begin{pmatrix} -a - \tau^{-1}(b) & 0 \\ & -\tau(a) - b \end{pmatrix},$$
$$\nu\begin{pmatrix} a & m \\ & b \end{pmatrix} = \begin{pmatrix} a\tau^{-1}(b) & 0 \\ & \tau(a)b \end{pmatrix}$$

对所有的 $a \in A, m \in M, b \in B$. 容易验证

$$x^2 + \mu(x)x + \nu(x) = 0$$

对所有的 $x \in U$. 反过来, 假设存在一个线性映射 $\mu : U \to Z(U)$ 与一个双线性映射的迹 $\nu : U \to Z(U)$ 使得

$$x^2 + \mu(x)x + \nu(x) = 0$$

对所有的 $x \in U$. 容易验证

$$[[x^2, y], [x, y]] = 0$$

对所有的 $x, y \in U$. 由 [1, 引理 2.7] 可知: A 与 B 都是交换代数. □

引理 7.1.4　设 $U = \mathrm{Tri}(A, M, B)$ 是一个三角代数. 则 A 与 B 都交换的充分必要条件为

$$[[[x^2, y], z], [x, y]] = 0$$

对所有的 $x, y, z \in U$.

证明 若 A 与 B 都是交换代数, 我们容易验证 U 满足如下等式:

$$[[[x^2,y],z],[x,y]]=0.$$

现假设上述等式成立. 任取 $a_1,a_2\in A$, $m\in M$, 在上述等式中取

$$x=\begin{pmatrix} a_1 & 0 \\ & 0 \end{pmatrix},\quad y=\begin{pmatrix} a_2 & m \\ & 0 \end{pmatrix},\quad z=\begin{pmatrix} 0 & 0 \\ & 1_B \end{pmatrix},$$

可得

$$[a_1,a_2]a_1^2m=0$$

对所有的 $a_1,a_2\in A$, $m\in M$. 由于 M 是一个忠实左 A-模, 得到

$$[a_1,a_2]a_1^2=0$$

对所有的 $a_1,a_2\in A$. 在上式中用 $a_1\pm 1_A$ 代替 a_1, 然后比较这两个等式可得

$$2[a_1,a_2]=0$$

对所有的 $a_1,a_2\in A$. 因此, A 是交换代数. 类似地, B 也是交换代数. □

7.2 三角代数上双线性映射的交换化迹

首先给出如下引理.

引理 7.2.1 设 $U=\mathrm{Tri}(A,M,B)$ 是一个三角代数. 假设存在一个 $m_0\in M$ 使得

$$Z(U)=\{a+b \mid am_0=m_0b,\ a\in Z(A),b\in Z(B)\}.$$

则下面的两个结论成立.

(1) 若 $f:M\to Z(A)$ 与 $g:M\to Z(B)$ 是两个线性映射, 且满足

$$f(m)m=mg(m)$$

对所有的 $m\in M$, 则

$$f(m)+g(m)\in Z(U)$$

对所有的 $m\in M$.

(2) 若 $f:M\times M\to Z(A)$ 以及 $g:M\times M\to Z(B)$ 是两个线性映射, 且满足

$$f(m,m)m=mg(m,m) \tag{7.2.1}$$

对所有的 $m \in M$, 则

$$f(m,m)+g(m,m) \in Z(U)$$

对所有的 $m \in M$.

证明 我们只证明结论 (2). 结论 (1) 可类似证明. 由 (7.2.1) 得

$$f(m_0,m_0)m_0 = m_0 g(m_0,m_0).$$

根据假设条件, 我们可由上式得到

$$f(m_0,m_0)m = mg(m_0,m_0) \tag{7.2.2}$$

对所有的 $m \in M$. 在 (7.2.1) 中用 m_0+m 代替 m, 得到

$$f(m_0+m,m_0+m)(m_0+m) = (m_0+m)g(m_0+m,m_0+m)$$

对所有的 $m \in M$. 扩展上式, 然后使用 (7.2.1) 和 (7.2.2) 可得

$$\begin{aligned}&(f(m_0,m)+f(m,m_0))m_0+(f(m_0,m)+f(m,m_0))m+f(m,m)m_0\\=&m_0(g(m_0,m)+g(m_0,m))+m(g(m_0,m)\\&+g(m_0,m))+m_0g(m,m)\end{aligned} \tag{7.2.3}$$

对所有的 $m \in M$. 在上式中用 $-m$ 代替 m, 然后比较两个式子得到

$$(f(m_0,m)+f(m,m_0))m_0 = m_0(g(m_0,m)+g(m_0,m)) \tag{7.2.4}$$

对所有的 $m \in M$. 这样, 根据假设条件可由 (7.2.4) 得到

$$(f(m_0,m)+f(m,m_0))m = m(g(m_0,m)+g(m_0,m)) \tag{7.2.5}$$

对所有的 $m \in M$. 这样, 从式 (7.2.3), (7.2.4), 以及 (7.2.5) 得到

$$f(m,m)m_0 = m_0g(m,m)$$

对所有的 $m \in M$. 再根据假设条件得到

$$f(m,m)+g(m,m) \in Z(U)$$

对所有的 $m \in M$. □

引理 7.2.2 设 $U=\mathrm{Tri}(A,M,B)$ 是一个三角代数. 假设 $[A,A] \neq 0$, 且存在 $a_0 \in A$, $m_0 \in M$ 使得 a_0m_0 与 m_0 在 $Z(A)$ 上线性无关. 若 $f: M \to Z(A)$ 是一个线性映射, $g: A \times M \to Z(A)$ 是一个双线性映射, 使得

$$(f(m)a+g(a,m))m = 0 \tag{7.2.6}$$

对所有的 $a \in A$, $m \in M$, 则 $f(m)=0=g(a,m)$ 对所有的 $a \in A$, $m \in M$.

证明 由式 (7.2.6) 得

$$f(m_0)a_0m_0 + g(a_0, m_0)m_0 = 0.$$

由于 a_0m_0 与 m_0 在 $Z(A)$ 上线性无关, 得

$$f(m_0) = 0 = g(a_0, m_0).$$

在式 (7.2.6) 中用 $m + m_0$ 代替 m, 再用 a_0 代替 a, 得

$$(f(m + m_0)a_0 + g(a_0, m + m_0))(m + m_0) = 0$$

对所有的 $m \in M$. 进一步得到

$$f(m)a_0m_0 + g(a_0, m)m_0 = 0$$

对所有的 $m \in M$. 由于 a_0m_0 与 m_0 在 $Z(A)$ 上线性无关, 则 $f(m) = 0$ 对所有的 $m \in M$. 再利用 (7.2.6) 得到, $g(a, m)m = 0$ 对所有的 $m \in M$. 使用类似的方法可得 $g(a, m) = 0$ 对所有的 $a \in A$, $m \in M$. □

类似地, 我们有如下结果.

引理 7.2.3 设 $U = \mathrm{Tri}(A, M, B)$ 是一个三角代数. 假设 $[B, B] \neq 0$, 且存在 $b_0 \in B$, $m_0 \in M$ 使得 m_0 与 m_0b_0 在 $Z(B)$ 上线性无关. 若 $f : M \to Z(B)$ 是一个线性映射, $g : B \times B \to Z(B)$ 是一个双线性映射, 使得

$$m(f(m)b + g(b, m)) = 0$$

对所有的 $b \in B$, $m \in M$, 则 $f(m) = 0 = g(b, m)$ 对所有的 $b \in B$, $m \in M$.

使用上面的引理, 我们得到本节的主要结果.

定理 7.2.1 设 $U = \mathrm{Tri}(A, M, B)$ 是一个三角代数. 假设下列条件成立:

(1) $\pi_A(Z(U)) = Z(A)$ 与 $\pi_B(Z(U)) = Z(B)$,

(2) A 与 B 上的每一个交换化映射都具有标准形式,

(3) 若 $[A, A] \neq 0$, $[B, B] = 0$, 则存在 $a_0 \in A$, $m_0 \in M$ 使得 a_0m_0 与 m_0 在 $Z(A)$ 上线性无关,

(4) 若 $[A, A] = 0$, $[B, B] \neq 0$, 则存在 $b_0 \in B$, $m_0 \in M$ 使得 m_0b_0 与 m_0 在 $Z(B)$ 上线性无关,

(5) 存在 $m_0 \in M$ 使得

$$Z(U) = \{a + b \mid am_0 = m_0b,\ a \in Z(A), b \in Z(B)\},$$

(6) M 是弱忠诚的.

若 $q: U \to U$ 是一个双线性映射的交换化迹, 则存在 $\lambda \in Z(U)$, 一个线性映射 $\mu: U \to Z(U)$, 以及一个双线性映射的交换化迹 $\nu: U \to Z(U)$ 使得

$$q(x) = \lambda x^2 + \mu(x)x + \nu(x)$$

对所有的 $x \in U$. 并且, 当 A 与 B 都是交换代数时, 可取 $\lambda = 0$.

证明　令 $1 = 1_A$ 以及 $1' = 1_B$. 为了方便, 设 $A_1 = A$, $A_2 = B$, 以及 $A_3 = M$. 则存在双线性映射 $f_{ij}: A_i \times A_j \to A_1$, $g_{ij}: A_i \times A_j \to A_2$, 以及 $h_{ij}: A_i \times A_j \to A_3$, 这里, $1 \leqslant i \leqslant j \leqslant 3$, 使得

$$q\begin{pmatrix} a_1 & a_3 \\ & a_2 \end{pmatrix} = \begin{pmatrix} F(a_1, a_2, a_3) & H(a_1, a_2, a_3) \\ & G(a_1, a_2, a_3) \end{pmatrix},$$

这里,

$$F(a_1, a_2, a_3) = \sum_{1 \leqslant i \leqslant j \leqslant 3} f_{ij}(a_i, a_j),$$

$$G(a_1, a_2, a_3) = \sum_{1 \leqslant i \leqslant j \leqslant 3} g_{ij}(a_i, a_j),$$

$$H(a_1, a_2, a_3) = \sum_{1 \leqslant i \leqslant j \leqslant 3} h_{ij}(a_i, a_j).$$

由于 q 是交换化迹, 可得

$$\left[\begin{pmatrix} F & H \\ & G \end{pmatrix}, \begin{pmatrix} a_1 & a_3 \\ & a_2 \end{pmatrix}\right] = 0,$$

也就是

$$\begin{pmatrix} [F, a_1] & Fa_3 + Ha_2 - a_1 H - a_3 G \\ & [G, a_2] \end{pmatrix} = 0.$$

我们首先考虑下面等式:

$$0 = [F, a_1] = \sum_{1 \leqslant i \leqslant j \leqslant 3} [f_{ij}(a_i, a_j), a_1] \tag{7.2.7}$$

对所有的 $a_i \in A_i$, $i = 1, 2, 3$. 在 (7.2.7) 中取 $a_2 = 0$, $a_3 = 0$, 得到

$$[f_{11}(a_1, a_1), a_1] = 0$$

对所有的 $a_1 \in A_1$. 在上式中用 $a_1 \pm 1$ 代替 a_1, 可得

$$[f_{11}(a_1, 1), a_1] + [f_{11}(1, a_1), a_1] + [f_{11}(1, 1), a_1] = 0,$$

$$-[f_{11}(a_1, 1), a_1] - [f_{11}(1, a_1), a_1] + [f_{11}(1, 1), a_1] = 0$$

对所有的 $a_1 \in A_1$. 比较上面两个等式, 我们获得, $2[f_{11}(1,1), a_1] = 0$, 从而

$$[f_{11}(1,1), a_1] = 0$$

对所有的 $a_1 \in A_1$. 故有 $f_{11}(1,1) \in Z(A_1)$. 接下来, 在 (7.2.7) 中取 $a_3 = 0$, 可得

$$[f_{12}(a_1, a_2), a_1] + [f_{22}(a_2, a_2), a_1] = 0.$$

在上式中用 $-a_1$ 代替 a_1, 比较两个等式可得 $2[f_{12}(a_1, a_2), a_1] = 0$. 因此

$$[f_{12}(a_1, a_2), a_1] = 0$$

对所有的 $a_1 \in A_1$, $a_2 \in A_2$, $a_3 \in A_3$. 由此可见,

$$f_{22}(a_2, a_2) \in Z(A_1)$$

对所有的 $a_1 \in A_1$, $a_2 \in A_2$. 类似地, 在 (7.2.7) 中取 $a_2 = 0$ 可得

$$[f_{13}(a_1, a_3), a_1] = 0,$$

以及 $f_{33}(a_3, a_3) \in Z(A_1)$ 对所有的 $a_1 \in A_1$, $a_3 \in A_3$. 再使用 (7.2.7) 可得, f_{23} 映射到 $Z(A_1)$ 中.

类似地, 可由等式 $[G, a_2] = 0$ 推出 $g_{22}(1', 1') \in Z(A_2)$,

$$a_2 \mapsto g_{12}(a_1, a_2)$$

是一个交换化映射, 以及 $a_2 \mapsto g_{23}(a_2, a_3)$ 也是一个交换化映射, 并且 g_{11}, g_{13}, g_{33} 映射到 $Z(A_2)$ 中.

下面考虑等式

$$Fa_3 + Ha_2 - a_1H - a_3G = 0 \tag{7.2.8}$$

在 (7.2.8) 中取 $a_1 = 0$, $a_2 = 0$ 可得

$$f_{33}(a_3, a_3)a_3 = a_3g_{33}(a_3, a_3) \tag{7.2.9}$$

对所有的 $a_3 \in A_3$. 由引理 7.2.1 可知

$$f_{33}(a_3, a_3) + g_{33}(a_3, a_3) \in Z(U)$$

对所有的 $a_3 \in A_3$. 接下来, 在 (7.2.8) 中取 $a_1 = 0$, $a_3 = 0$ 可得

$$0 = Ha_2 = h_{22}(a_2, a_2)a_2$$

对所有的 $a_2 \in A_2$. 显然, $h_{22}(1', 1') = 0$. 用 $a_2 \pm 1'$ 代替 a_2, 然后比较两个式子得, $h_{22}(a_2, a_2) = 0$ 对所有的 $a_2 \in A_2$. 类似地, 我们能够得到

$$h_{11}(a_1, a_1) = 0 \quad 与 \quad h_{12}(a_1, a_2) = 0$$

对所有的 $a_1 \in A_1$, $a_2 \in A_2$.

我们下一个目标是证明

$$h_{23}(a_2, a_3)a_2 = a_3 g_{22}(a_2, a_2) - f_{22}(a_2, a_2)a_3 \tag{7.2.10}$$

对所有的 $a_2 \in A_2$, $a_3 \in A_3$. 在 (7.2.8) 中令 $a_1 = 0$, 然后使用 (7.2.9) 可得

$$\begin{aligned}&(f_{22}(a_2, a_2) + f_{23}(a_2, a_3))a_3 + (h_{33}(a_3, a_3) + h_{23}(a_2, a_3))a_2 \\ &-a_3(g_{22}(a_2, a_2) + g_{23}(a_2, a_3)) = 0.\end{aligned} \tag{7.2.11}$$

在上式中用 $-a_2$ 代替 a_2, 然后比较两个式子得

$$2f_{22}(a_2, a_2)a_3 + 2h_{23}(a_2, a_3)a_2 - 2a_3 g_{22}(a_2, a_2) = 0,$$

这样, 我们获得了等式 (7.2.10).

现在使用 (7.2.10) 加上 (7.2.11), 得到

$$h_{33}(a_3, a_3)a_2 = a_3 g_{23}(a_2, a_3) - f_{23}(a_2, a_3)a_3 \tag{7.2.12}$$

对所有的 $a_2 \in A_2$, $a_3 \in A_3$. 利用同样的方法, 在 (7.2.8) 中取 $a_2 = 0$, 然后使用 (7.2.9) 可得

$$a_1 h_{13}(a_1, a_3) = f_{11}(a_1, a_1)a_3 - a_3 g_{11}(a_1, a_1), \tag{7.2.13}$$

$$a_1 h_{33}(a_3, a_3) = f_{13}(a_1, a_3)a_3 - a_3 g_{13}(a_1, a_3) \tag{7.2.14}$$

对所有的 $a_1 \in A_1$, $a_3 \in A_3$. 使用 (7.2.9), (7.2.10), (7.2.12)—(7.2.14), 加上 (7.2.8) 得到

$$a_1 h_{23}(a_2, a_3) + a_3 g_{12}(a_1, a_2) = h_{13}(a_1, a_3)a_2 + f_{12}(a_1, a_2)a_3 \tag{7.2.15}$$

对所有的 $a_i \in A_i$, $i = 1, 2, 3$.

由于

$$[f_{13}(a_1, a_3), a_1] = 0$$

对所有的 $a_1 \in A_1$, $a_3 \in A_3$, 因此, 用 $a_1 + 1$ 代替 a_1 可得, $f_{13}(1, a_3) \in Z(A_1)$ 对所有的 $a_3 \in A_3$. 这样, 式 (7.2.14) 变成

$$h_{33}(a_3, a_3) = \alpha(a_3)a_3 \tag{7.2.16}$$

对所有的 $a_3 \in A_3$, 这里

$$\alpha(a_3) = f_{13}(1, a_3) - \tau^{-1}(g_{13}(1, a_3)) \in Z(A_1).$$

我们现在证明

$$\begin{aligned} f_{13}(a_1, a_3) &= \alpha(a_3)a_1 + \tau^{-1}(g_{13}(a_1, a_3)), \\ g_{23}(a_2, a_3) &= \tau(\alpha(a_3))a_2 + \tau(f_{23}(a_2, a_3)) \end{aligned} \tag{7.2.17}$$

对所有的 $a_i \in \mathcal{A}_i$, $i = 1, 2, 3$. 使用 (7.2.14) 与 (7.2.16) 可得

$$(f_{13}(a_1, a_3) - \alpha(a_3)a_1 - \tau^{-1}(g_{13}(a_1, a_3)))a_3 = 0 \tag{7.2.18}$$

对所有的 $a_1 \in A_1$, $a_3 \in A_3$. 若 $[A_2, A_2] \neq 0$, 根据引理 7.1.2, 得到

$$f_{13}(a_1, a_3) - \alpha(a_3)a_1 - \tau^{-1}(g_{13}(a_1, a_3)) = 0$$

对所有的 $a_1 \in A_1$, $a_3 \in A_3$. 下面我们假设 $[A_2, A_2] = 0$.

我们首先考虑 $[A_1, A_1] = 0$. 由引理 7.2.1 得

$$f_{13}(a_1, a_3) - \alpha(a_3)a_1 - \tau^{-1}(g_{13}(a_1, a_3)) = 0.$$

这样, f_{13} 具有 (7.2.17) 的形式. 接下来, 我们考虑 $[A_1, A_1] \neq 0$. 由于对每一个 $a_3 \in A_3$, $a_1 \mapsto f_{13}(a_1, a_3)$ 在 A_1 上是交换化映射, 则存在映射 $\psi : A_3 \to Z(A_1)$, 以及 $\omega : A_1 \times A_3 \to Z(A_1)$ 使得

$$f_{13}(a_1, a_3) = \psi(a_3)a_1 + \omega(a_1, a_3) \tag{7.2.19}$$

对所有的 $a_1 \in A_1$, $a_3 \in A_3$, 这里 ω 在第一个变量上是线性的. 下面我们指出: ψ 是线性映射, 以及 ω 是双线性映射.

显然有

$$\begin{aligned} f_{13}(a_1, a_3 + b_3) &= \psi(a_3 + b_3)a_1 + \omega(a_1, a_3 + b_3), \\ f_{13}(a_1, a_3) + f_{13}(a_1, b_3) &= \psi(a_3)a_1 + \omega(a_1, a_3) + \psi(b_3)a_1 + \omega(a_1, b_3), \end{aligned}$$

进而

$$(\psi(a_3 + b_3) - \psi(a_3) - \psi(b_3))a_1 + \omega(a_1, a_3 + b_3) - \omega(a_1, a_3) - \omega(a_1, b_3) = 0$$

对所有的 $a_1 \in A_1$, $a_3, b_3 \in A_3$. 由此得到

$$(\psi(a_3 + b_3) - \psi(a_3) - \psi(b_3))[a_1, b_1] = 0$$

对所有的 $a_1, b_1 \in A_1$, $a_3, b_3 \in A_3$. 根据引理 7.1.1, 可得

$$\psi(a_3 + b_3) - \psi(a_3) - \psi(b_3) = 0,$$

进而

$$\omega(a_1, a_3 + b_3) - \omega(a_1, a_3) - \omega(a_1, b_3) = 0$$

对所有的 $a_1 \in A_1$, $a_3, b_3 \in A_3$. 由此可见, ψ 是线性的, 以及 ω 是双线性的.

把 (7.2.19) 代入到 (7.2.18) 中, 得到

$$(\psi(a_3) - \alpha(a_3))a_1 - (\omega(a_1, a_3) - \tau^{-1}(g_{13}(a_1, a_3)))a_3 = 0$$

对所有的 $a_1 \in A_1$, $a_3 \in A_3$. 根据引理 7.2.2 和假设条件 (3) 可得

$$\psi(a_3) - \alpha(a_3) = 0,$$

以及

$$\omega(a_1, a_3) - \tau^{-1}(g_{13}(a_1, a_3)) = 0$$

对所有的 $a_1 \in A_1$, $a_3 \in A_3$. 这样, f_{13} 具有 (7.2.17) 中的形式. 类似地, 我们能够证得: g_{23} 也具有 (7.2.17) 中的形式.

由 (7.2.13) 得

$$h_{13}(1, a_3) = f_{11}(1, 1)a_3 - a_3 g_{11}(1, 1)$$

对所有的 $a_3 \in A_3$. 这样, 在 (7.2.15) 中令 $a_1 = 1$ 可得

$$h_{23}(a_2, a_3) = a_3 \left(\eta a_2 + \tau(f_{12}(1, a_2)) - g_{12}(1, a_2)\right) \tag{7.2.20}$$

对所有的 $a_2 \in A_2$, $a_3 \in A_3$, 这里

$$\eta = \tau(f_{11}(1, 1)) - g_{11}(1, 1).$$

类似地, 由 (7.2.10) 与 (7.2.15) 得

$$h_{13}(a_1, a_3) = \left(\theta a_1 + \tau^{-1}(g_{12}(a_1, 1')) - f_{12}(a_1, 1')\right) a_3 \tag{7.2.21}$$

对所有的 $a_1 \in A_1$, $a_3 \in A_3$, 这里

$$\theta = \tau^{-1}(g_{22}(1', 1')) - f_{22}(1', 1').$$

下面指出, 存在两个线性映射 $\gamma : A_2 \to Z(A_1)$, $\gamma' : A_1 \to Z(A_2)$, 以及一个双线性映射 $\delta : A_1 \times A_2 \to Z(A_1)$ 使得

$$\begin{aligned} f_{12}(a_1, a_2) &= \gamma(a_2)a_1 + \delta(a_1, a_2), \\ g_{12}(a_1, a_2) &= \gamma'(a_1)a_2 + \tau(\delta(a_1, a_2)) \end{aligned} \tag{7.2.22}$$

对所有的 $a_1 \in A_1$, $a_2 \in A_2$. 并且, 存在 $\varepsilon \in Z(A_1)$ 和 $\varepsilon' \in Z(A_2)$ 使得

$$\begin{aligned} &h_{23}(a_2, a_3) = a_3\left(\varepsilon' a_2 + \tau(\gamma(a_2))\right), \\ &h_{13}(a_1, a_3) = \left(\varepsilon a_1 + \tau^{-1}(\gamma'(a_1))\right) a_3 \end{aligned} \tag{7.2.23}$$

对所有的 $a_i \in A_i$, $i = 1, 2, 3$.

首先假设 $[A_1, A_1] \neq 0$. 由于对每个 $a_2 \in A_2$, $a_1 \mapsto f_{12}(a_1, a_2)$ 都是交换化映射, 按照上面的方法我们可得: 存在 $\gamma : A_2 \to Z(A_1)$ 以及 $\delta : A_1 \times A_2 \to Z(A_1)$ 使得

$$f_{12}(a_1, a_2) = \gamma(a_2)a_1 + \delta(a_1, a_2) \tag{7.2.24}$$

对所有的 $a_1 \in A_1$, $a_2 \in A_2$. 这样, 使用 (7.2.24), (7.2.20), (7.2.21), 以及 (7.2.15) 可得

$$\begin{aligned} &a_1a_3\{(\eta + \tau(\gamma(1') - \theta))a_2 + \tau(\delta(1, a_2)) - g_{12}(1, a_2)\} \\ &= a_3\{\gamma'(a_1)a_2 + \tau(\delta(a_1, a_2)) - g_{12}(a_1, a_2)\} \end{aligned} \tag{7.2.25}$$

对所有的 $a_i \in A_i$, $i = 1, 2, 3$, 这里

$$\gamma'(a_1) = g_{12}(a_1, 1') - \tau(\delta(a_1, 1'))$$

对所有的 $a_1 \in A_1$. 在 (7.2.25) 中用 b_1a_3 替代 a_3, 以及用 b_1 左乘以原等式 (7.2.25), 然后两个等式相减得到

$$[a_1, b_1]A_3\left\{(\eta + \tau(\gamma(1) - \theta))a_2 + \tau(\delta(1, a_2)) - g_{12}(1, a_2)\right\} = 0$$

对所有的 $a_1, b_1 \in A_1$, $a_2 \in A_2$. 由于 A_3 是弱忠诚的, 得到

$$g_{12}(1, a_2) = (\eta + \tau(\gamma(1) - \theta))a_2 + \tau(\delta(1, a_2))$$

对所有的 $a_2 \in A_2$. 进而, 由 (7.2.25) 可得

$$A_3\left(\gamma'(a_1)a_2 + \tau(\delta(a_1, a_2)) - g_{12}(a_1, a_2)\right) = 0$$

对所有的 $a_1 \in A_1$, $a_2 \in A_2$. 这样, g_{12} 具有 (7.2.22) 所需要的形式.

下面假设 $[A_1, A_1] = 0$. 由等式 (7.2.20), (7.2.21), 加上 (7.2.15) 可得

$$\begin{aligned} &a_1a_3(\eta a_2 + \tau(f_{12}(1, a_2)) - g_{12}(1, a_2)) + a_3g_{12}(a_1, a_2) \\ &= (\theta a_1 + \tau^{-1}(g_{12}(a_1, 1')) - f_{12}(a_1, 1'))a_3a_2 + f_{12}(a_1, a_2)a_3 \end{aligned} \tag{7.2.26}$$

对所有的 $a_i \in A_i$, $i=1,2,3$. 由此可见

$$\begin{aligned}&a_3\tau(a_1)(\eta a_2+\tau(f_{12}(1,a_2))-g_{12}(1,a_2))+a_3g_{12}(a_1,a_2)\\=&a_3(\tau(\theta)\tau(a_1)+g_{12}(a_1,1')-\tau(f_{12}(a_1,1')))a_2\\&+a_3\tau(f_{12}(a_1,a_2))\end{aligned} \tag{7.2.27}$$

对所有的 $a_i \in A_i$, $i=1,2,3$. 由于 A_3 是忠实右 A_2-模, 从 (7.2.27) 得到

$$\begin{aligned}&\tau(a_1)(\eta a_2+\tau(f_{12}(1,a_2))-g_{12}(1,a_2))+g_{12}(a_1,a_2)\\=&(\tau(\theta)\tau(a_1)+g_{12}(a_1,1')-\tau(f_{12}(a_1,1')))a_2\\&+\tau(f_{12}(a_1,a_2))\end{aligned} \tag{7.2.28}$$

对所有的 $a_i \in A_i$, $i=1,2,3$. 令

$$\begin{aligned}&\gamma(a_2)=f_{12}(1,a_2)-\tau^{-1}(g_{12}(1,a_2)),\\&\delta(a_1,a_2)=-\gamma(a_2)a_1+f_{12}(a_1,a_2),\\&\gamma'(a_1)=-\tau(a_1)\eta+\tau(\theta)\tau(a_1)+g_{12}(a_1,1')-\tau(f_{12}(a_1,1'))\end{aligned}$$

对所有的 $a_1 \in A_1$, $a_2 \in A_2$. 则由 (7.2.28) 可知 f_{12} 与 g_{12} 具有 (7.2.22) 中的形式. 再令

$$\varepsilon=\theta-\gamma(1') \quad 与 \quad \varepsilon'=\eta-\gamma'(1).$$

使用 (7.2.20)—(7.2.22) 可得 (7.2.23) 成立.

下面我们证明

$$\begin{aligned}&f_{11}(a_1,a_1)=\varepsilon a_1^2+\tau^{-1}\left(\gamma'(a_1)\right)a_1+\tau^{-1}(g_{11}(a_1,a_1)),\\&g_{22}(a_2,a_2)=\varepsilon' a_2^2+\tau(\gamma(a_2))a_2+\tau(f_{22}(a_2,a_2))\end{aligned} \tag{7.2.29}$$

对所有的 $a_1 \in A_1$, $a_2 \in A_2$. 使用 (7.2.13) 和 (7.2.23) 可得

$$\left(f_{11}(a_1,a_1)-\varepsilon a_1^2-\tau^{-1}(\gamma'(a_1))a_1-\tau^{-1}(g_{11}(a_1,a_1))\right)a_3=0$$

对所有的 $a_1 \in A_1$, $a_3 \in A_3$. 由 A_3 是忠实左 A_1-模, 我们得到: f_{11} 具有 (7.2.29) 中的形式. 类似地, 可以得到, g_{22} 具有 (7.2.29) 中的形式. 在 (7.2.15) 中取 $a_1=1$, $a_2=1'$, 然后使用 (7.2.22) 与 (7.2.23) 可得

$$\varepsilon a_3=a_3\varepsilon'$$

对所有的 $a_3 \in A_3$. 由此可见

$$\varepsilon\oplus\varepsilon'\in Z(U).$$

最后, 令 $\lambda = \varepsilon + \varepsilon'$, 再定义 $\mu : U \to Z(U)$ 如下

$$\mu\begin{pmatrix} a_1 & a_3 \\ & a_2 \end{pmatrix} = \begin{pmatrix} \tau^{-1}(\gamma'(a_1)) + \gamma(a_2) + \alpha(a_3) & 0 \\ & \gamma'(a_1) + \tau(\gamma(a_2)) + \tau(\alpha(a_3)) \end{pmatrix}.$$

易见, μ 是线性映射. 使用上面获得的式子可得

$$\nu(x) = q(x) - \lambda x^2 - \mu(x)x \in Z(U)$$

对所有的 $x \in U$. 当 A 和 B 都是交换代数时, 根据引理 7.1.3 可取 $\lambda = 0$. □

7.3 三角代数上双线性映射的中心化迹

为了给出双线性映射的中心化迹的刻画, 我们需要下面引理.

引理 7.3.1 设 $U = \mathrm{Tri}(A, M, B)$ 是一个三角代数. 则有

(1) 若 A 上的每一个中心化线性映射都具有标准形式, 则 A 满足条件 (7.1.1),

(2) 若 B 上的每一个中心化线性映射都具有标准形式, 则 B 满足条件 (7.1.1).

证明 我们只证明结论 (1). 结论 (2) 可类似证明. 假设 $a \in A$, $[a, A] \subseteq Z(A)$. 不妨假设 $[A, A] \neq 0$. 则有

$$\begin{aligned}[a, x^2] &= [a, x]x + x[a, x] \\ &= 2[a, x]x = 2[ax, x] \in Z(A)\end{aligned}$$

对所有的 $x \in A$. 由上式可得 $[ax, x] \in Z(A)$ 对所有的 $x \in A$. 由于 A 上每个中心化线性映射都具有标准形式, 则存在 $\lambda \in Z(A)$ 使得 $ax - \lambda x \in Z(A)$ 对所有的 $x \in A$. 特别地, 令 $x = 1$, 得到 $a \in Z(A)$. □

使用引理 7.3.1 和定理 7.2.1, 我们得到如下结论.

定理 7.3.1 设 $U = \mathrm{Tri}(A, M, B)$ 是一个三角代数. 假设下列条件成立:

(1) $\pi_A(Z(U)) = Z(A)$ 和 $\pi_B(Z(U)) = Z(B)$,

(2) A 与 B 上每一个中心化线性映射都具有标准形式,

(3) 若 $[A, A] \neq 0$, 且 $[B, B] = 0$, 则存在 $a_0 \in A$, $m_0 \in M$ 使得 $a_0 m_0$ 与 m_0 在 $Z(A)$ 上线性无关,

(4) 若 $[A, A] = 0$, 且 $[B, B] \neq 0$, 则存在 $b_0 \in B$, $m_0 \in M$ 使得 $m_0 b_0$ 与 m_0 在 $Z(B)$ 上线性无关,

(5) 存在 $m_0 \in M$ 使得

$$Z(U) = \{a + b \mid am_0 = m_0 b,\ a \in Z(A),\ b \in Z(B)\},$$

(6) M 是一个弱忠诚 (A, B)-双模.

如果 $q: U \to U$ 是一个双线性映射的中心化迹, 则存在 $\lambda \in Z(U)$, 一个线性映射 $\mu: U \to Z(U)$, 以及一个双线性映射的迹 $\nu: U \to Z(U)$ 使得

$$q(x) = \lambda x^2 + \mu(x)x + \nu(x)$$

对所有的 $x \in U$.

证明 使用和定理 7.2.1 相同的符号, 得到

$$\left[q\begin{pmatrix} a_1 & a_3 \\ & a_2 \end{pmatrix}, \begin{pmatrix} a_1 & a_3 \\ & a_2 \end{pmatrix}\right] = \begin{pmatrix} [F, a_1] & 0 \\ & [G, a_2] \end{pmatrix} \in Z(U)$$

对所有的 $a_i \in A_i$, $i = 1, 2, 3$. 由此可见

$$\tau([F, a_1]) = [G, a_2] \tag{7.3.1}$$

对所有的 $a_i \in A_i$, 这里 $i = 1, 2, 3$. 在 (7.3.1) 中取 $a_2 = 0$, $a_3 = 0$, 我们可见

$$[f_{11}(a_1, a_1), a_1] = 0$$

对所有的 $a_1 \in A_1$. 类似地, 在 (7.3.1) 中取 $a_1 = 0$ 与 $a_3 = 0$, 可得

$$[g_{22}(a_2, a_2), a_2] = 0$$

对所有的 $a_2 \in A_2$. 接下来, 在 (7.3.1) 中取 $a_3 = 0$, 我们可见

$$\tau([f_{12}(a_1, a_2), a_1] + [f_{22}(a_2, a_2), a_1]) = [g_{11}(a_1, a_1) + g_{12}(a_1, a_2), a_2] \tag{7.3.2}$$

对所有的 $a_1 \in A_1$, $a_2 \in A_2$. 在 (7.3.2) 中用 $-a_1$ 替代 a_1, 然后比较两个等式可得

$$\tau([f_{22}(a_2, a_2), a_1]) = [g_{12}(a_1, a_2), a_2] \in Z(A_1) \tag{7.3.3}$$

对所有的 $a_1 \in Z(A_1)$, $a_2 \in A_2$. 特别地, 得到

$$[f_{22}(a_2, a_2), A_1] \subseteq Z(A_1)$$

对所有的 $a_2 \in A_2$. 由假设条件 (2) 以及引理 7.3.1 可知, A_1 满足条件 (7.1.1). 这样, 我们获得 $f_{22}(a_2, a_2) \in Z(A_1)$ 对所有的 $a_2 \in A_2$. 根据式 (7.3.3) 可得

$$[g_{12}(a_1, a_2), a_2] = 0$$

对所有的 $a_1 \in A_1$, $a_2 \in A_2$. 类似地, 我们可从等式 (7.3.1) 得到

$$[f_{12}(a_1, a_2), a_1] = 0$$

以及 $g_{11}(a_1,a_1)\in Z(A_2)$ 对所有的 $a_1\in A_1$, $a_2\in A_2$.

在 (7.3.1) 中取 $a_2=0$, 可得

$$[f_{13}(a_1,a_3)+f_{33}(a_3,a_3),a_1]=0$$

对所有的 $a_1\in A_1$, $a_3\in A_3$. 在上式中用 $-a_3$ 代替 a_3, 然后比较两个等式可得

$$[f_{13}(a_1,a_3),a_1]=0=[f_{33}(a_3,a_3),a_1]$$

对所有的 $a_1\in A_1$, $a_3\in A_3$. 因此, $f_{33}(a_3,a_3)\in Z(A_1)$. 类似地, 在 (7.3.1) 中取 $a_1=0$ 可得

$$[g_{23}(a_2,a_3),a_2]=0$$

以及 $g_{33}(a_3,a_3)\in Z(A_2)$ 对所有的 $a_2\in A_2$, $a_3\in A_3$. 这样, 由等式 (7.3.1) 可得

$$\tau([f_{23}(a_2,a_3),a_1])=[g_{13}(a_1,a_3),a_2]$$

对所有的 $a_i\in A_i$, 这里 $i=1,2,3$. 特别地,

$$[f_{23}(a_2,a_3),a_1]\in Z(A)$$

对所有的 $a_i\in A_i$, 这里 $i=1,2,3$. 这样, 由引理 7.3.1 可得

$$f_{23}(a_2,a_3)\in Z(A_1)\quad 和 \quad g_{13}(a_1,a_3)\in Z(A_2)$$

对所有的 $a_i\in A_i$, 这里 $i=1,2,3$.

综合上述结论可得, $[F,a_1]=0$ 和 $[G,a_2]=0$ 对所有的 $a_i\in A_i$. 也就是, q 是交换化迹. 这样, 由定理 7.2.1 可知结论成立. □

由注释 7.1.1, 推论 7.1.1, 加上定理 7.3.1 可得如下推论.

推论 7.3.1 假设 $n\geqslant 2$. 则 $T_n(R)$ 上的每一个交换迹一定是标准的.

7.4 三角代数上 Lie 三重同构

本节将给出三角代数上 Lie 三重同构的刻画. 我们先给出下面的引理.

引理 7.4.1 设 $U=\mathrm{Tri}(A,M,B)$ 与 $U'=\mathrm{Tri}(A',M',B')$ 是两个三角代数. 设 $\theta:U\to U'$ 是一个 Lie 三重同构. 则 $\theta(Z(U))\subseteq Z(U')$.

证明 由假设可见

$$[[\theta(x),\theta(y)],\theta(z)]=\theta([[x,y],z])=0$$

对所有的 $x \in Z(U)$, $y, z \in U$. 由此可见

$$[\theta(x), U'] \subseteq Z(U')$$

对所有的 $x \in Z(U)$. 由于每个三角代数都满足条件 (7.1.1), 我们得到, $\theta(x) \in Z(U')$ 对所有的 $x \in Z(U)$. □

定理 7.4.1　设 $U = \mathrm{Tri}(A, M, B)$ 与 $U' = \mathrm{Tri}(A', M', B')$ 是两个三角代数. 设 $\theta : U \to U'$ 是一个 Lie 三重同构. 假设下列条件成立

(1) U 上每一个中心化线性映射是标准的,

(2) U' 上每一个中心化迹是标准的,

(3) A 与 B 中至少有一个是非交换代数,

(4) A' 与 B' 中至少有一个是非交换代数,

(5) M 与 M' 都是弱忠诚的.

则有

$$\theta = \lambda\varphi + \tau,$$

这里 $\lambda \in Z(U')$, 且 $\lambda^2 = 1_{U'}$, $\varphi : U \to U'$ 是一个 Jordan 同态, φ 是单映射, 以及 $\tau : U \to Z(U')$ 是一个零化每个交换子的线性映射. 进一步, 当 U' 是 R 上中心代数时, 则 φ 是一个 Jordan 同构.

证明　易见, θ 满足下面的等式:

$$[[\theta(x^2), \theta(x)], \theta(z)] = 0$$

对所有的 $x, z \in U$. 用 $\theta^{-1}(y)$ 代替 x 可得

$$[\theta(\theta^{-1}(y)^2), y] \in Z(U').$$

由此可见, $q(y) = \theta(\theta^{-1}(y)^2)$ 是 $B(y, z) = \theta(\theta^{-1}(y)\theta^{-1}(z))$ 的中心化迹. 根据假设条件可知, 存在 $\lambda \in Z(U')$, 一个线性映射 $\mu_1 : U' \to Z(U')$, 以及一个双线性映射的迹 $\nu_1 : U' \to Z(U')$ 使得

$$\theta(\theta^{-1}(y)^2) = \lambda y^2 + \mu_1(y)y + \nu_1(y)$$

对所有的 $y \in U'$. 令 $\mu = \mu_1\theta$, $\nu = \nu_1\theta$. 因此

$$\theta\left(x^2\right) = \lambda\theta(x)^2 + \mu(x)\theta(x) + \nu(x) \tag{7.4.1}$$

对所有的 $x \in U$. 我们指出, $\lambda \neq 0$. 假设 $\lambda = 0$. 由 (7.4.1) 可得

$$\theta(x^2) - \mu(x)\theta(x) \in Z(U'),$$

进而

$$\begin{aligned}\theta([[x^2,y],[x,y]]) &= [[\theta(x^2),\theta(y)],\theta([x,y])]\\ &= \mu(x)[[\theta(x),\theta(y)],\theta([x,y])]\\ &= \mu(x)\theta([[x,y],[x,y]]) = 0\end{aligned}$$

对所有的 $x,y\in U$. 从而

$$[[x^2,y],[x,y]] = 0$$

对所有的 $x,y\in U$. 根据 [1, 引理 2.7], 可见, 上面等式和假设 (3) 矛盾. 进一步, 定义 $\varphi: U\to U'$ 如下

$$\varphi(x) = \lambda\theta(x) + \frac{1}{2}\mu(x).$$

根据 (7.4.1) 容易验证

$$\varphi(x^2) - \varphi(x)^2 \in Z(U') \tag{7.4.2}$$

对所有的 $x\in U$. 线性化 (7.4.2) 可得

$$\varphi(x\circ y) - \varphi(x)\circ\varphi(y) \in Z(U') \tag{7.4.3}$$

对任意的 $x,y\in U$. 令

$$\varepsilon(x,y) = \varphi(x\circ y) - \varphi(x)\circ\varphi(y)$$

对任意的 $x,y\in U$. 考虑如下等式

$$[[x,y],z] = x\circ(y\circ z) - y\circ(x\circ z)$$

对任意的 $x,y,z\in U$. 一方面, 有

$$\begin{aligned}\varphi([[x,y],z]) &= \lambda\theta([x,y],z]) + \frac{1}{2}\mu([[x,y],z])\\ &= \lambda[[\theta(x),\theta(y)],\theta(z)] + \frac{1}{2}\mu([[x,y],z])\end{aligned}$$

对任意的 $x,y,z\in U$. 另一方面, 使用 (7.4.3) 可得

$$\begin{aligned}&\varphi(x\circ(y\circ z)) - \varphi(y\circ(x\circ z))\\ =&\varphi(x)\circ\varphi(y\circ z) - \varphi(y)\circ\varphi(x\circ z) + \varepsilon(x,y\circ z) - \varepsilon(y,x\circ z)\\ =&\varphi(x)\circ(\varphi(y)\circ\varphi(z)) + 2\varepsilon(y,z)\varphi(x) - \varphi(y)\circ(\varphi(x)\circ\varphi(z))\\ &-2\varepsilon(x,z)\varphi(y) + \varepsilon(x,y\circ z) - \varepsilon(y,x\circ z)\end{aligned}$$

$$
\begin{aligned}
&=[[\varphi(x),\varphi(y)],\varphi(z)]+2\varepsilon(y,z)\varphi(x)-2\varepsilon(x,z)\varphi(y)\\
&\quad+\varepsilon(x,y\circ z)-\varepsilon(y,x\circ z)\\
&=\lambda^3[[\theta(x),\theta(y)],\theta(z)]+2\lambda\varepsilon(y,z)\theta(x)+\varepsilon(y,z)\mu(x)\\
&\quad-2\lambda\varepsilon(x,z)\theta(y)-\varepsilon(x,z)\mu(y)+\varepsilon(x,y\circ z)-\varepsilon(y,x\circ z)
\end{aligned}
$$

对所有的 $x,y,z\in U$. 比较上面两个式子可得

$$
(\lambda^3-\lambda)[[\theta(x),\theta(y)],\theta(z)]+2\lambda\varepsilon(y,z)\theta(x)-2\lambda\varepsilon(x,z)\theta(y)\in Z(U') \tag{7.4.4}
$$

对所有的 $x,y,z\in U$. 下面指出, $\lambda^3=\lambda$ 和 $\lambda\varepsilon=0$.

我们假设 $[A',A']\neq 0$. 对任意的 $a_1,a_2\in A'$, $m\in M'$, 存在 $x_0,y_0,z_0\in U$, 使得

$$
\theta(x_0)=\begin{pmatrix} a_1 & 0\\ & 0\end{pmatrix},\quad \theta(y_0)=\begin{pmatrix} a_2 & 0\\ & 0\end{pmatrix},\quad \theta(z_0)=\begin{pmatrix} 0 & m\\ & 0\end{pmatrix}.
$$

在 (7.4.4) 中用 x_0,y_0,z_0 分别代替 x,y,z 可得

$$
\begin{pmatrix} 2\pi_{A'}(\lambda\varepsilon(y_0,z_0))a_1-2\pi_{A'}(\lambda\varepsilon(x_0,z_0))a_2 & \pi_{A'}(\lambda^3-\lambda)[a_1,a_2]m\\ & 0\end{pmatrix}\in Z(U'),
$$

以及

$$
\pi_{A'}(\lambda^3-\lambda)[a_1,a_2]m=0
$$

对所有的 $a_1,a_2\in A'$, $m\in M'$. 由于 M' 是一个忠实左 A'-模, 得到

$$
\pi_{A'}(\lambda^3-\lambda)[A',A']=0.
$$

使用引理 7.1.1 可知, $\pi_{A'}(\lambda^3-\lambda)=0$, 进而, $\lambda^3=\lambda$. 这样, 由等式 (7.4.4) 可得

$$
\lambda\varepsilon(y,z)\theta(x)-\lambda\varepsilon(x,z)\theta(y)\in Z(U')
$$

对所有的 $x,y,z\in U$. 因此

$$
\lambda\varepsilon(y,z)[\theta(x),\theta(y)]=0 \tag{7.4.5}
$$

对所有的 $x,y,z\in U$. 对任意的 $m\in M'$, 存在 $x_0,y_0\in U$ 使得

$$
\theta(x_0)=\begin{pmatrix} 0 & m\\ & 0\end{pmatrix}\quad 以及\quad \theta(y_0)=\begin{pmatrix} 0 & 0\\ & 1_{B'}\end{pmatrix}.
$$

在 (7.4.5) 中分别用 x_0,y_0 代替 x,y, 得到

$$
\pi_{A'}(\lambda\varepsilon(y_0,z))m=0
$$

对所有的 $z \in U, m \in M'$, 由 M 的忠实性得

$$\lambda\varepsilon(y_0, z) = 0$$

对所有的 $z \in U$. 在 (7.4.5) 中分别用 $x_0, y_0 + y$ 代替 x, y, 得到

$$\pi_{A'}(\lambda\varepsilon(y, z))m = 0$$

对所有的 $y, z \in U, m \in M'$. 由 M' 的忠实性得, $\lambda\varepsilon(y, z) = 0$ 对所有的 $y, z \in U$.

接下来证明: $\lambda^2 = 1_{U'}$ 以及 $\varepsilon = 0$. 令

$$\beta = \lambda^2 - 1_{U'}.$$

则有 $\beta\lambda = 0$. 由 (7.4.1) 可知

$$\beta\theta\left(x^2\right) = \beta\mu(x)\theta(x) + \beta\nu(x) \tag{7.4.6}$$

对任意的 $x \in U$. 由于 θ^{-1} 也是一个 Lie 三重同构, 由下面等式

$$[[\beta\theta(x), \theta(x)], \theta(y)] = 0$$

对所有的 $x, y \in U$, 推出

$$\left[\theta^{-1}(\beta\theta(x)), x\right] \in Z(U)$$

对所有的 $x \in U$. 即, $x \mapsto \theta^{-1}(\beta\theta(x))$ 是一个中心化线性映射. 由于每个中心化线性映射都是标准的, 我们可知, 存在 $\gamma \in Z(U)$, 以及一个可加映射 $\omega : U \to Z(U)$, 使得

$$\theta^{-1}(\beta\theta(x)) = \gamma x + \omega(x)$$

对所有的 $x \in U$. 从而

$$\beta\theta(x) = \theta(\gamma x) + \theta(\omega(x)) \tag{7.4.7}$$

对所有的 $x \in U$. 根据引理 7.4.1 可见, $\theta(\omega(x)) \in Z(U')$ 对所有的 $x \in U$. 这样, 我们可由 (7.4.6) 和 (7.4.7) 得出

$$\begin{aligned}
&\theta([\gamma z_1, [z_2, [[x^2, y], [x, y]]]]) = [\theta(\gamma z_1), [\theta(z_2), \theta([[x^2, y], [x, y]])]] \\
=&[\beta\theta(z_1), [\theta(z_2), [[\theta(x^2), \theta(y)], \theta([x, y])]]] \\
=&[\theta(z_1), [\theta(z_2), [[\beta\theta(x^2), \theta(y)], \theta([x, y])]]] \\
=&[\theta(z_1), [\theta(z_2), [[\beta\mu(x)\theta(x), \theta(y)], \theta([x, y])]]] \\
=&\beta\mu(x)[\theta(z_1), [\theta(z_2), [[\theta(x), \theta(y)], \theta([x, y])]]] \\
=&\beta\mu(x)[\theta(z_1), [\theta(z_2), \theta([[x, y], [x, y]])]] = 0
\end{aligned}$$

对所有的 $x, y, z_1, z_2 \in U$. 由于 θ 是一对一映射, 得到

$$\gamma[z_1, [z_2, [[x^2, y], [x, y]]]] = 0$$

对所有的 $x, y, z_1, z_2 \in U$. 我们现在假设 $[A, A] \neq 0$. 令

$$z_1 = z_2 = \begin{pmatrix} 1_A & 0 \\ & 0 \end{pmatrix}, \quad x = \begin{pmatrix} a & 0 \\ & 0 \end{pmatrix}, \quad y = \begin{pmatrix} a' & m \\ & 0 \end{pmatrix},$$

这里 $a, a' \in A$, $m \in M$. 我们获得

$$\pi_A(\gamma)a[a, a']am = 0$$

对所有的 $a, a' \in A$, $m \in M$. 由 M 的忠实性得

$$\pi_A(\gamma)a[a, a']a = 0$$

对所有的 $a, a' \in A$. 用 $a \pm 1_A$ 代替 a, 然后比较两个等式可得

$$\pi_A(\gamma)[a, a'] = 0$$

对所有的 $a, a' \in A$. 由引理 7.1.1 可知, $\pi_A(\gamma) = 0$. 从而, $\gamma = 0$. 由此可见, (7.4.7) 可导出, $\beta U' \subseteq Z(U')$. 这样, $\beta U'$ 是 U' 的一个中心理想. 由于每个三角代数不包含非零中心理想 (参见性质 1.2.3), 我们得到, $\beta = 0$. 从而, $\lambda^2 = 1_{U'}$, 进而, $\varepsilon = 0$. 因此, φ 是一个 Jordan 同态. 令 $\tau = -\dfrac{1}{2}\lambda\mu$. 则有

$$\theta = \lambda\varphi + \tau.$$

下面我们指出: φ 是一对一映射. 假设 $\varphi(w) = 0$ 对某个 $w \in \mathcal{U}$. 则有 $\theta(w) \in Z(U')$, 进而, $w \in Z(U)$. 由此可见, $\varphi^{-1}(0) \subseteq Z(U)$. 即, $\varphi^{-1}(0)$ 是 $Z(U)$ 的一个 Jordan 理想. 根据 [6, 引理 4.1] 可得, $\varphi^{-1}(0) = 0$.

最后我们指出: 当 U' 是中心代数时, φ 是满映射. 我们先证明, $\varphi(1_U) = 1_{U'}$. 由于 θ 是一个 Lie 三重同构, 可得 $\theta(1_U) \in Z(U')$, 进而, $\varphi(1_U) \in Z(U')$. 考虑 φ 是一个 Jordan 同态. 我们可得

$$2\varphi(x) = \varphi(x \circ 1_U) = 2\varphi(x)\varphi(1_U).$$

由于 $\dfrac{1}{2} \in R$, $(\varphi(1_U) - 1_{U'})\varphi(x) = 0$, 则有

$$(\varphi(1_U) - 1_{U'})\theta(U) \subseteq Z(U').$$

由于每一个三角代数不包含非零中心理想, 可得 $\varphi(1_U) = 1_{U'}$. 显然, 我们可以写成 $\tau(x) = f(x)1_{U'}$ 对某个线性映射 $f: U \to R$. 由于 φ 是线性的, 可得

$$\theta(x) = \lambda\varphi(x) + f(x)1_{U'} = \varphi(\lambda x + f(x)1_U)$$

对所有的 $x \in U$. 由于 θ 是一个双射, 可见 φ 是满映射. □

定理 7.4.2 设 $U = \mathrm{Tri}(A, M, B)$ 与 $U' = \mathrm{Tri}(A', M', B')$ 是两个三角代数. 假设 $\theta: U \to U'$ 是一个 Lie 三重同构. 如果下列条件满足:

(1) $\pi_{A'}(Z(U')) = Z(A')$ 以及 $\pi_{B'}(Z(U')) = Z(B')$,

(2) A' 与 B' 都是交换代数,

(3) 存在 $m_0 \in M'$ 使得

$$Z(U') = \{a + b \mid am_0 = m_0 b,\ a \in A',\ b \in B'\}.$$

则有

$$\theta = \varphi + \tau,$$

这里, $\varphi: U \to \mathcal{U}'$ 是一个 Jordan 同态, φ 是单映射, 以及 $\tau: U \to Z(U')$ 是一个零化每一个交换子的线性映射. 并且, A 与 B 都是交换代数. 当 U' 是 R 上的中心代数时, 则 φ 是一个 Jordan 同构.

证明 根据定理 7.3.1, 我们可见, U' 上的任意一个双线性映射的中心化迹一定是标准的. 使用和定理 7.4.1 相同的证明方法, 可得, 存在一个线性映射 $\rho: U \to Z(U')$ 使得

$$\theta(x^2) - \rho(x)\theta(x) \in Z(U')$$

对所有的 $x \in U$. 由于 A' 与 B' 都是交换的, 由引理 7.1.3 得, 存在一个线性映射 $\eta: U \to Z(U')$ 使得

$$\theta(x)^2 - \eta(x)\theta(x) \in Z(U')$$

对所有的 $x \in U$. 定义 $\varphi: U \to U'$ 如下

$$\varphi = \theta - \frac{\mu - \eta}{2}.$$

容易验证

$$\varphi(x^2) - \varphi(x)^2 \in Z(U')$$

对所有的 $x \in U$, 进一步可得

$$\varphi(x \circ y) - \varphi(x) \circ \varphi(y) \in Z(U')$$

对所有的 $x, y \in U$. 令

$$\varepsilon(x,y)=\varphi(x\circ y)-\varphi(x)\circ\varphi(y)$$

对所有的 $x, y \in \mathcal{U}$. 使用定理 7.4.1 的证明方法, 可得

$$\varepsilon(y,z)[\theta(x),\theta(y)]=0 \tag{7.4.8}$$

对所有的 $x, y, z \in U$. 令

$$\theta(y_0)=\begin{pmatrix} 1_{A'} & 0 \\ & 0 \end{pmatrix}$$

对某个 $y_0 \in U$. 由 (7.4.8) 可知

$$\pi_{A'}(\varepsilon(y_0,U))m=0$$

对所有的 $m \in M'$. 由于 M' 是一个忠实左 A'-模, 得到 $\pi_{A'}(\varepsilon(y_0,U))=0$, 以及 $\varepsilon(y_0,U)=0$. 在 (7.4.8) 中用 y_0+y 代替 y, 可得

$$\varepsilon(y,U)[\theta(y_0),U']=0$$

对所有的 $y \in U$. 使用上面的方法可得, $\varepsilon=0$. 因此, φ 是一个 Jordan 同态. 令 $\tau=\dfrac{\mu-\eta}{2}$. 则有, $\theta=\varphi+\tau$.

最后, 我们证明, A 与 B 都是交换代数. 使用引理 7.1.4 可得

$$\begin{aligned}\theta([[[x^2,y],z],[x,y]])&=[\theta([[x^2,y],z]),[\theta(x),\theta(y)]]\\&=[[[\theta(x^2),\theta(y)],\theta(z)],[\theta(x),\theta(y)]]\\&=[[[\varphi(x^2),\varphi(y)],\varphi(z)],[\varphi(x),\varphi(y)]]\\&=[[[\varphi(x)^2,\varphi(y)],\varphi(z)],[\varphi(x),\varphi(y)]]=0\end{aligned}$$

对所有的 $x, y, z \in U$. 因此

$$[[[x^2,y],z],[x,y]]=0$$

对所有的 $x, y, z \in U$. 再使用引理 7.1.4 可得: A 与 B 都是交换代数. □

推论 7.4.1 设 $n, n' \geqslant 2$. 假设 $\theta: T_n(R)\to T_{n'}(R)$ 是一个 Lie 三重同构. 则有

$$\theta=\lambda\varphi+\tau,$$

这里, $\lambda\in R$ 且 $\lambda^2=1$, $\varphi: T_n(R)\to T_{n'}(R)$ 是一个 Jordan 同构, $\tau: T_n(R)\to R\cdot 1$ 是一个零化每一个交换子的线性映射, 并且, $n=2$ 当且仅当 $n'=2$.

证明 首先假设 $n, n' > 2$. 使用注释 7.1.1, 推论 7.1.1, 以及定理 7.3.1, 可见, 定理 7.4.1 的所有假设条件都成立. 这样, 此结果可由定理 7.4.1 得到. 现假设 $n'=2$. 则此结果可由定理 7.4.2 得到. 若 $n=2$, 把定理 7.4.2 应用到 θ^{-1} 上可得, $n'=2$. □

7.5 三角代数上 Lie 同构

应用定理 7.4.1, 我们给出三角代数的 Lie 同构的一种刻画.

定理 7.5.1 设 $U = \text{Tri}(A, M, B)$ 和 $U' = \text{Tri}(A', M', B')$ 是两个三角代数. 设 $\theta: U \to U'$ 是一个 Lie 同构. 若

(1) U 上的每一个交换化线性映射是标准的,

(2) U' 上的每一个双线性映射的迹是标准的,

(3) A 与 B 至少有一个是非交换的,

(4) A' 与 B' 至少有一个是非交换的,

(5) M 与 M' 都是弱忠诚的.

则有

$$\theta = \lambda\varphi + \tau,$$

这里, $\lambda \in Z(U')$ 且 $\lambda^2 = 1_{U'}$, $\varphi: U \to U'$ 是一个同态与一个反同态的负之和, 且 φ 是一对一的映射, 以及 $\tau: U \to Z(U')$ 是一个零化每一个交换子的线性映射. 并且, 当 U' 是 R 上中心代数时, φ 是满的.

证明 令 $1 = 1_{U'}$. 由定理 7.4.1 可知

$$\theta = \lambda\varphi + \tau,$$

这里 $\lambda \in Z(U')$ 且 $\lambda^2 = 1$, $\varphi: U \to U'$ 是一个 Jordan 同态, φ 是一对一映射, 以及 $\tau: U \to Z(U')$ 是一个零化所有交换子的线性映射. 并且, 当 U' 是中心代数时, 则 φ 是到上的. 由于 θ 是一个 Lie 同构, 我们容易验证

$$\lambda\varphi([x, y]) - [\varphi(x), \varphi(y)] \in Z(U') \tag{7.5.1}$$

对所有的 $x, y \in U$. 由于 φ 是一个 Jordan 同态, 我们可从 (7.5.1) 得到

$$\lambda\varphi(xy) - \frac{1}{2}(\lambda + 1)\varphi(x)\varphi(y) - \frac{1}{2}(\lambda - 1)\varphi(y)\varphi(x) \in Z(U')$$

对所有的 $x, y \in U$. 由此可见

$$\varepsilon(x, y) = \lambda\varphi(xy) - \frac{1}{2}(\lambda + 1)\varphi(x)\varphi(y) - \frac{1}{2}(\lambda - 1)\varphi(y)\varphi(x)$$

是从 $U \times U$ 到 $Z(U')$ 的映射. 令 $\alpha = \dfrac{1}{2}(\lambda + 1)$. 易见, $\alpha^2 = \alpha$. 因此

$$\lambda\varphi(xy) = \alpha\varphi(x)\varphi(y) + (\alpha - 1)\varphi(y)\varphi(x) + \varepsilon(x, y) \tag{7.5.2}$$

对所有的 $x, y \in U$. 根据 (7.5.2), 有

$$\begin{aligned}\varphi(xyz) &= \varphi(x(yz)) = \alpha\varphi(x)\varphi(yz) + (\alpha-1)\varphi(yz)\varphi(x) + \varepsilon(x, yz)\\&= \alpha\varphi(x)(\alpha\varphi(y)\varphi(z) + (\alpha-1)\varphi(z)\varphi(y) + \varepsilon(y,z))\\&\quad + (\alpha-1)(\alpha\varphi(y)\varphi(z) + (\alpha-1)\varphi(z)\varphi(y)\\&\quad + \varepsilon(y,z))\varphi(x) + \varepsilon(x, yz)\\&= \alpha^2\varphi(x)\varphi(y)\varphi(z) + (\alpha-1)^2\varphi(z)\varphi(y)\varphi(x)\\&\quad + \varepsilon(x, yz) + \varepsilon(y,z)\varphi(x).\end{aligned}$$

另一方面, 有

$$\begin{aligned}\varphi(xyz) &= \varphi((xy)z)\\&= \alpha\varphi(xy)\varphi(z) + (\alpha-1)\varphi(z)\varphi(xy) + \varepsilon(xy, z)\\&= \alpha(\alpha\varphi(x)\varphi(y) + (\alpha-1)\varphi(y)\varphi(x) + \varepsilon(x,y))\varphi(z)\\&\quad + (\alpha-1)\varphi(z)(\alpha\varphi(x)\varphi(y) + (\alpha-1)\varphi(y)\varphi(x)\\&\quad + \varepsilon(x,y)) + \varepsilon(xy, z)\\&= \alpha^2\varphi(x)\varphi(y)\varphi(z) + (\alpha-1)^2\varphi(z)\varphi(y)\varphi(x)\\&\quad + \varepsilon(xy, z) + \varepsilon(x,y)\varphi(z).\end{aligned}$$

比较上面两个等式可得

$$\varepsilon(y,z)\varphi(x) - \varepsilon(x,y)\varphi(z) \in Z(U')$$

对所有的 $x, y, z \in U$. 从而

$$\varepsilon(y,z)\theta(x) - \varepsilon(x,y)\theta(z) \in Z(U') \tag{7.5.3}$$

对所有的 $x, y, z \in U$. 使用定理 7.4.1 的证明方法, 我们可得, $\varepsilon = 0$. 由此可见, $\alpha\varphi$ 是一个同态, 或者 $(1-\alpha)\varphi$ 是一个反同态的负. 故有, φ 是一个同态与一个反同态负之和. □

应用定理 7.4.2 可得如下结论.

定理 7.5.2 设 $U = \mathrm{Tri}(A, M, B)$ 和 $U' = \mathrm{Tri}(A', M', B')$ 是两个三角代数. 设 $\theta : U \to U'$ 是一个 Lie 同构. 假设下列条件成立.

(1) $\pi_{A'}(Z(U')) = Z(A')$ 与 $\pi_{B'}(Z(U')) = Z(B')$,

(2) A' 与 B' 都是交换的,

(3) 存在 $m_0 \in M'$ 使得

$$Z(U') = \{a + b \mid am_0 = m_0 b,\ a \in Z(A'), b \in Z(B')\}.$$

则有

$$\theta = \varphi + \tau,$$

这里, $\varphi : U \to U'$ 是一个同构, φ 是一对一映射, 以及 $\tau : U \to Z(U')$ 是一个零化所有交换子的线性映射. 并且, A 与 B 均为交换代数. 当 U' 是 R 上的中心代数时, 则有 φ 是满映射.

证明　根据定理 7.4.2 可得

$$\theta = \varphi + \tau,$$

这里, $\varphi : U \to U'$ 是一个 Jordan 同态, φ 是一对一的, 以及 $\tau : U \to Z(U')$ 是一个零化所有交换子的线性映射. 由于 θ 是一个 Lie 同构, 得到

$$\varphi([x, y]) - [\varphi(x), \varphi(y)] \in Z(U')$$

对所有的 $x, y \in U$. 这样, 可得

$$\varphi(xy) - \varphi(x)\varphi(y) \in Z(U')$$

对所有的 $x, y \in U$. 令

$$\varepsilon(x, y) = \varphi(xy) - \varphi(x)\varphi(y)$$

对所有的 $x, y \in U$. 按照定理 7.5.1 的证明方法可得

$$\varepsilon(y, z)[\theta(x), \theta(y)] = 0 \tag{7.5.4}$$

对所有的 $x, y, z \in U$. 再按照定理 7.5.1 的证明方法, 我们最终获得, $\varepsilon = 0$. 从而, φ 是一个同态. □

作为定理 7.5.1 与定理 7.5.2 的一个直接推论, 我们得到如下结论.

推论 7.5.1　设 $n, n' \geqslant 2$. 若 $\theta : T_n(R) \to T_{n'}(R)$ 是一个 Lie 同构, 则

$$\theta = \lambda\varphi + \tau,$$

这里, $\lambda \in R$ 且 $\lambda^2 = 1$, $\varphi : T_n(R) \to T_{n'}(R)$ 是一个同构与一个反同构负之和, $\tau : T_n(R) \to R \cdot 1$ 是一个零化所有交换子的线性映射. 并且, $n = 2$ 当且仅当 $n' = 2$. 特别地, 当 $n = 2$ 时, φ 是一个同构.

7.6 注　记

1993 年, Brešar 首先使用双可加映射的交换化迹的方法给出了一类素环上 Lie

同构的刻画 (参见文献 [4]). 双可加映射的交换化迹其实是一个特殊的 3 个变量的函数恒等式. 到 21 世纪初, 环上函数恒等式理论建立完成. 通过使用此理论, 人们得到了任意素环上 Lie 同态及其各种推广结果. 关于环上函数恒等式理论及其应用的详细内容可参见 Brešar 等的专著 [5].

2004 年, Benkovič 和 Eremita 首先研究了三角代数上双线性映射的交换化迹. 然后应用到一类三角代数上 Lie 同构研究上. 作为推论, 他们给出了整环上的上三角矩阵代数与套代数上 Lie 同构的刻画 (见文献 [1]). 这篇论文的一个创新点是引入了忠诚双模概念. 他们指出, 整环上的上三角矩阵代数与套代数包含忠诚双模, 但一般环上的上三角矩阵代数不包含忠诚双模. 因此, 这篇论文没有得到一般环上的上三角矩阵代数上的 Lie 同构的刻画. 类似地, Xiao 等使用忠诚双模给出了一类三角代数上 Lie 三重同构的刻画 (见文献 [6]). 作为推论, 他们给出了整环上的上三角矩阵代数与套代数上 Lie 三重同构的刻画. 同样地, 这篇论文没有得到一般环上的上三角矩阵代数上的 Lie 三重同构的刻画.

本章首先定义了弱忠诚双模概念. 忠诚双模一定是弱忠诚双模, 同时一般环上的上三角矩阵代数与套代数一定包括弱忠诚双模. 通过使用弱忠诚双模, 本章讨论了一类三角代数上双线性映射的交换化以及中心化迹. 作为应用得到了一类三角代数上 Lie 同构和 Lie 三重同构的刻画. 作为推论, 得到了一般环上的上三角矩阵代数上的 Lie 同构与 Lie 三重同构的完整刻画. 从而, 改进了文献 [1] 和文献 [6] 的结果. 由此可见, 弱忠诚双模的概念不是忠诚双模的简单推广. 弱忠诚双模还可应用了其他三角代数上映射问题研究上, 例如, 此概念可应用到三角代数上双导子的研究上. 我们将在后面详细介绍. 本章的内容详见文献 [7].

三角代数上 Lie 同构要比三角代数上 Lie 导子复杂许多, 需要借助双线性交换化迹来解决, 也就是要借助函数恒等式的研究方法来处理. 到目前为止, 三角代数上 3 个变量的函数恒等式的标准解研究成果还没有出现. 比三角代数上 Lie 同构更广泛的三角代数上 Lie 同态目前还没有研究成果出现.

参 考 文 献

[1] Benkovič D, Eremita D. Commuting traces and commutativity preserving maps on triangular algebras. J. Algebra, 2004, 280: 797-824.

[2] Posner E C. Derivations in prime rings. Proc. Amer. Math. Soc., 1957, 8: 1093-1100.

[3] Cheung W S. Lie derivations of triangular algebras. Linear and Multilinear Algebra, 2003, 51: 299-310.

[4] Brešar M. Commuting traces of biadditive mappings, commutativity-preserving mappings and Lie mappings. Trans. Amer. Math. Soc., 1993, 335: 525-546.

[5] Brešar M, Chebotar M A. Martindale W S. Functional Identities. Frontiers in Mathematics. Basel: Birkhäuser, 2007.

[6] Xiao Z K, Wei F, Fošner A. Centralizing traces and Lie triple isomorphisms on triangular algebras. Linear Multilinear Algebra, 2015, 63: 1309-1331.

[7] Wang Y. Commuting (centralizing) traces and Lie (triple) isomorphisms on triangular algebras revisited. Linear Algebra Appl., 2016, 488: 45-70.

第 8 章　上三角矩阵环上的 Jordan 满同态

本章主要介绍上三角矩阵环之间的 Jordan 满同态的两个结果. 一是给出上三角矩阵环之间的 Jordan 满同态为同态或反同态的充分条件, 二是给出素环上的上三角矩阵环之间的 Jordan 满同态的一个刻画.

8.1　定义及性质

设 R 和 S 是两个结合环. 令 $x \circ y = xy + yx$, $x, y \in R$.

定义 8.1.1　一个可加映射 $\varphi : R \to S$ 称为同态, 如果

$$\varphi(xy) = \varphi(x)\varphi(y)$$

对所有的 $x, y \in R$.

定义 8.1.2　一个可加映射 $\varphi : R \to S$ 称为反同态, 如果

$$\varphi(xy) = \varphi(y)\varphi(x)$$

对所有的 $x, y \in R$.

定义 8.1.3　一个可加映射 $\varphi : R \to S$ 称为 Jordan 同态, 如果

$$\varphi(x \circ y) = \varphi(x) \circ \varphi(y)$$

对所有的 $x, y \in R$.

易见, 同态与反同态均为 Jordan 同态. 双射 Jordan 同态称为 Jordan 同构.

下面假设 S 为一个 2- 扭自由环 (若 $2x = 0$, 则 $x = 0$). 设 $\varphi : R \to S$ 是一个 Jordan 同态. 容易验证,

$$\varphi(x^2) = \varphi(x)^2$$

对所有的 $x \in R$. 由于 $2xyx = x \circ (x \circ y) - x^2 \circ y$, 我们容易验证, φ 满足下面的等式

$$\varphi(xyx) = \varphi(x)\varphi(y)\varphi(x)$$

对所有的 $x, y \in R$. 线性化上式可得

$$\varphi(xyz + zyx) = \varphi(x)\varphi(y)\varphi(z) + \varphi(z)\varphi(y)\varphi(x)$$

对所有的 $x, y, z \in R$ (参见文献 [1, 2]). 上面三个等式将在定理证明中多次使用.

下面用 $T_n(R)$ $(n \geqslant 2)$ 代表 R 上全体 n 阶方阵构成的环. 用 e_{ij} 表示 $T_n(R)$ 中 (i, j) 位置为 1, 其余位置为 0 的矩阵，通常称为矩阵单位.

8.2 主要结果一

为了给出本节的主要结果, 我们需要如下引理.

引理 8.2.1 设 R 是一个有 "1" 的环. 设 S 是一个 2- 扭自由环. 假设 $\varphi: R \to S$ 是一个 Jordan 满同态. 当 e 是 R 的一个幂等元时, 则 $\varphi(e)$ 也是 S 的一个幂等元. 特别地, $\varphi(1_R) = 1_S$.

证明 由于 e 是一个幂等元, 易见

$$\varphi(e)^2 = \varphi(e^2) = \varphi(e).$$

特别地, $\varphi(1_R)$ 也是 S 的幂等元. 任取 $x \in R$, 一方面

$$2\varphi(x) = \varphi(1_R \circ x) = \varphi(1_R) \circ \varphi(x).$$

另一方面, 有

$$\varphi(x) = \varphi(1_R x 1_R) = \varphi(1_R)\varphi(x)\varphi(1_R).$$

这样, 得到

$$2\varphi(1_R)\varphi(x)\varphi(1_R) = \varphi(1_R)\varphi(x) + \varphi(x)\varphi(1_R).$$

用 $\varphi(1_R)$ 右乘上式得

$$\varphi(1_R)\varphi(x)\varphi(1_R) = \varphi(1_R)\varphi(x).$$

类似地, 可得

$$\varphi(1_R)\varphi(x)\varphi(1_R) = \varphi(x)\varphi(1_R).$$

由此可见

$$\varphi(1_R)\varphi(x) = \varphi(x)\varphi(1_R)$$

对所有的 $x \in R$. 也就是, $\varphi(1_R) \in Z(S)$. 这样, 有

$$\varphi(x) = \varphi(1_R)\varphi(x)\varphi(1_R) = \varphi(1_R)\varphi(x)$$

对所有的 $x \in R$. 从而, $\varphi(1_R)$ 是 S 的单位元. □

下面给出本节的主要结果.

定理 8.2.1　设 R 是一个 2- 扭自由的有 "1" 的环, 且 R 中不包含非平凡幂等元. 设 $n, n' \geqslant 2$. 假设 $\varphi: T_n(R) \to T_{n'}(R)$ 是一个 Jordan 满同态, 且 $\varphi(R\cdot 1_{T_n(R)}) \neq T_{n'}(R)$. 则 φ 是一个同态或者是一个反同态.

证明　我们首先证明: $\varphi(e_{11})$ 是 $T_{n'}(R)$ 的一个非平凡幂等元. 由引理 8.2.1 可知

$$\varphi(1_{T_n(R)}) = 1_{T_{n'}(R)}.$$

由此可见, $\varphi(e_{ii}) \neq 0$ 对某个 i. 我们选取最小正整数 i_0 使得 $\varphi(e_{i_0i_0}) \neq 0$. 现假设 $i_0 \geqslant 2$. 则有 $\varphi(e_{ii}) = 0$ 对所有的 $1 \leqslant i < i_0$. 进一步可知

$$\varphi(e_{ij}) = \varphi(e_{ii} \circ e_{ij}) = \varphi(e_{ii}) \circ \varphi(e_{ij}) = 0$$

对所有的 $i < j$, 且 $1 \leqslant i < i_0$. 进一步, 我们有

$$\begin{aligned}2\varphi(ae_{ij}) &= \varphi(a \cdot 1_{T_n(R)}e_{ij} + e_{ij}a \cdot 1_{T_n(R)})\\&= \varphi((a \cdot 1_{T_n(R)}) \circ e_{ij})\\&= \varphi(a \cdot 1_{T_n(R)}) \circ \varphi(e_{ij})\\&= 0\end{aligned}$$

对所有的 $i < j$, 且 $1 \leqslant i < i_0$. 若 $i_0 = n$, 根据 i_0 的定义以及 φ 是满的, 得

$$\varphi(Re_{nn}) = T_{n'}(S).$$

另一方面, 由引理 8.2.1 可得

$$\varphi(e_{nn}) = 1_{T_{n'}(R)}.$$

从而

$$\begin{aligned}2\varphi(ae_{nn}) &= \varphi(a \cdot 1_{T_n(R)}e_{nn} + e_{nn}a \cdot 1_{T_n(R)})\\&= \varphi((a \cdot 1_{T_n(R)}) \circ e_{nn})\\&= \varphi(a \cdot 1_{T_n(R)}) \circ \varphi(e_{nn})\\&= \varphi(a \cdot 1_{T_n(R)}) \circ 1_{T_{n'}(R)}\\&= 2\varphi(a \cdot 1_{T_n(R)}).\end{aligned}$$

故有

$$\varphi(ae_{nn}) = \varphi(a \cdot 1_{T_n(R)})$$

对所有的 $a \in R$. 由此可见

$$\varphi(Re_{nn}) = \varphi(R \cdot 1_{T_n(R)}).$$

由于 $\varphi(Re_{nn}) = T_{n'}(R)$, 得到, $\varphi(R \cdot 1_{T_n(R)}) = T_{n'}(R)$, 与假设矛盾. 因此, $i_0 \neq n$.

当 $n = 2$ 时, 可知, $i_0 = 1$, 也就是, $\varphi(e_{11}) \neq 0$. 现假设 $n > 2$. 令 $A = T_{i_0-1}(R)$, $M = M_{(i_0-1)\times(n-i_0+1)}(R)$, 以及 $B = T_{n-i_0+1}(R)$. 则 $T_n(R)$ 可表成一个三角环

$$\begin{pmatrix} A & M \\ & B \end{pmatrix}.$$

易见, $\varphi(A) = 0$ 以及 $\varphi(M) = 0$. 这样, φ 诱导一个从 B 到 $T_{n'}(R)$ 的 Jordan 同态 φ_{i_0} (这里, $n - i_0 + 1 \geqslant 2$). 如果 φ_{i_0} 是一个同态或者是一个反同态, 则 φ 是一个同态或者是一个反同态. 因此, 不妨假设 $i_0 = 1$, 也就是假设 $\varphi(e_{11}) \neq 0$.

下面指出, $\varphi(e_{11}) \neq 1_{T_{n'}(R)}$. 假设 $\varphi(e_{11}) = 1_{T_{n'}(R)}$. 任取 $x \in T_n(R)$, 一方面

$$\varphi(e_{11}xe_{11}) = \varphi(e_{11})\varphi(x)\varphi(e_{11}) = \varphi(x).$$

另一方面, 得到

$$\begin{aligned} 2\varphi(e_{11}xe_{11}) &= 2\varphi(ae_{11}) \\ &= \varphi(a \cdot 1_{T_n(R)}) \circ \varphi(e_{11}) \\ &= 2\varphi(a \cdot 1_{T_n(R)}), \end{aligned}$$

这里, $a \in R$. 比较上面两个式子得

$$\varphi(x) = \varphi(a \cdot 1_{T_n(R)}).$$

由于 φ 是满的, 由上式可看出, $\varphi(R \cdot 1_{T_n(R)}) = T_{n'}(R)$, 与假设矛盾. 因此, $\varphi(e_{11}) \neq 1_{T_{n'}(R)}$. 这样, $\varphi(e_{11})$ 是一个非平凡幂等元.

现在设 $A = R$, $M = R^{n-1}$, 以及 $B = T_{n-1}(R)$. 这样, $T_n(R)$ 可看成如下三角环

$$\begin{pmatrix} A & M \\ & B \end{pmatrix}.$$

令 $e = e_{11}$ 以及 $f = \sum\limits_{i=2}^{n} e_{ii}$. 易见, e 与 f 分别是 A 与 B 的单位元. 令 $e' = \varphi(e)$ 以及 $f' = \varphi(f)$. 易见, e' 与 f' 均为 $T_{n'}(R)$ 中的非平凡幂等元. 由于 $e + f = 1_{T_n(R)}$, 根据引理 8.2.1 可知, $e' + f' = 1_{T_{n'}(R)}$. 因此

$$T_{n'}(R) = e'T_{n'}(R)e' + e'T_{n'}(R)f' + f'T_{n'}(R)e' + f'T_{n'}(R)f'.$$

由于

$$e' \circ f' = \varphi(e \circ f) = 0 = \varphi(efe) = e'f'e',$$

我们得到 $e'f' = 0 = f'e'$. 容易验证, $\varphi(A) \subseteq e'T_{n'}(R)e'$ 以及 $\varphi(B) \subseteq f'T_{n'}(R)f'$. 由于

$$\varphi(exf) = \varphi(exf + fxe) = e'\varphi(x)f' + f'\varphi(x)e'$$

对所有的 $x \in T_n(R)$, 得到

$$\varphi(M) \subseteq e'T_{n'}(R)f' + f'T_{n'}(R)e'.$$

考虑 φ 是满的, 可见, $\varphi(A) = e'T_{n'}(R)e'$, $\varphi(B) = f'T_{n'}(R)f'$, 以及

$$\varphi(M) = e'T_{n'}(R)f' + f'T_{n'}(R)e'.$$

令 $M_1 = \varphi^{-1}(e'T_{n'}(R)f') \cap M$ 以及 $M_2 = \varphi^{-1}(f'T_{n'}(R)e') \cap M$. 下面指出

$$\varphi(M_1) = e'T_{n'}(R)f' \quad \text{以及} \quad \varphi(M_2) = f'T_{n'}(R)e'.$$

任取 $a + b + m \in \varphi^{-1}(e'T_{n'}(R)f')$, 这里 $a \in A$, $b \in B$, 以及 $m \in M$, 有

$$\varphi(a) + \varphi(b) + \varphi(m) \in e'T_{n'}(R)f'.$$

由此可见, $\varphi(a) = 0$, $\varphi(b) = 0$, 以及 $\varphi(m) \in e'T_{n'}(R)f'$. 从而, $m \in M_1$, 以及

$$\varphi(m) = \varphi(a + b + m).$$

这样, $\varphi(M_1) = e'T_{n'}(R)f'$. 类似地, 可得 $\varphi(M_2) = f'T_{n'}(R)e'$.

下面指出, $M = M_1 + M_2$. 任取 $m \in M$, 有

$$\varphi(m) \in e'T_{n'}(R)f' + f'T_{n'}(R)e' = \varphi(M_1) + \varphi(M_2).$$

这样, 存在 $m_1 \in M_1$, $m_2 \in M_2$ 使得

$$\varphi(m) = \varphi(m_1) + \varphi(m_2).$$

令

$$m_0 = m - m_1 - m_2.$$

显然, $\varphi(m_0) = 0$, 从而, $m_0 \in M_1 \cap M_2$. 因此

$$m = (m_0 + m_1) + m_2,$$

这里, $m_0 + m_1 \in M_1$, $m_2 \in M_2$. 故有 $M = M_1 + M_2$.

下面指出, M_1 与 M_2 均为 (A,B)-双模. 任取 $a\in A$, $b\in B$, $m_1\in M_1$, 以及 $m_2\in M_2$, 有

$$\varphi(am_1)=\varphi(a\circ m_1)=\varphi(a)\circ\varphi(m_1)=\varphi(a)\varphi(m_1), \tag{8.2.1}$$

$$\varphi(am_2)=\varphi(a\circ m_2)=\varphi(a)\circ\varphi(m_2)=\varphi(m_2)\varphi(a), \tag{8.2.2}$$

$$\varphi(m_1b)=\varphi(m_1\circ b)=\varphi(m_1)\circ\varphi(b)=\varphi(m_1)\varphi(b), \tag{8.2.3}$$

$$\varphi(m_2b)=\varphi(m_2\circ b)=\varphi(m_2)\circ\varphi(b)=\varphi(b)\varphi(m_2). \tag{8.2.4}$$

由 (8.2.1) 和 (8.2.3) 得, $AM_1\subseteq M_1$ 和 $M_1B\subseteq M_1$. 可见 M_1 是一个 (A,B)-双模. 类似地, 可由 (8.2.2) 和 (8.2.4) 得, M_2 也是一个 (A,B)-双模.

由 (8.2.1) 式推出

$$\begin{aligned}\varphi(a_1a_2)\varphi(m_1)&=\varphi(a_1a_2m_1)\\&=\varphi(a_1)\varphi(a_2m_1)\\&=\varphi(a_1)\varphi(a_2)\varphi(m_1)\end{aligned}$$

对所有的 $a_1,a_2\in A$, $m_1\in M_1$. 得到

$$(\varphi(a_1a_2)-\varphi(a_1)\varphi(a_2))\varphi(m_1)=0$$

对所有的 $a_1,a_2\in A$, $m_1\in M_1$, 也就是

$$(\varphi(a_1a_2)-\varphi(a_1)\varphi(a_2))e'T_{n'}(R)f'=0 \tag{8.2.5}$$

对所有的 $a_1,a_2\in A$. 由 (8.2.2) 式得

$$\begin{aligned}\varphi(m_2)\varphi(a_1a_2)&=\varphi(a_1a_2m_2)\\&=\varphi(a_2m_2)\varphi(a_1)\\&=\varphi(m_2)\varphi(a_2)\varphi(a_1)\end{aligned}$$

对所有的 $a_1,a_2\in A$, $m_2\in M_2$. 从而

$$\varphi(m_2)(\varphi(a_1a_2)-\varphi(a_2)\varphi(a_1))=0$$

对所有的 $a_1,a_2\in A$, $m_2\in M_2$. 也就是

$$f'T_{n'}(R)e'(\varphi(a_1a_2)-\varphi(a_2)\varphi(a_1))=0 \tag{8.2.6}$$

对所有的 $a_1,a_2\in A$. 类似地, 可得

$$(\varphi(b_1b_2)-\varphi(b_2)\varphi(b_1))f'T_{n'}(R)e'=0, \tag{8.2.7}$$

$$e'T_{n'}(R)f'(\varphi(b_1b_2)-\varphi(b_1)\varphi(b_2))=0 \tag{8.2.8}$$

对所有的 $b_1, b_2 \in B$.

考虑 $M = M_1 + M_2$, 存在 $u \in M_1$, $v \in M_2$ 使得

$$e_{12} = u + v.$$

由于 M_1 与 M_2 均为 (A, B)-双模, 可见, $ue_{22} \in M_1$, $ve_{22} \in M_2$. 这样, 存在 $\alpha, \beta \in R$ 使得 $ue_{22} = \alpha e_{12}$ 以及 $ve_{22} = \beta e_{12}$. 得到

$$e_{12} = \alpha e_{12} + \beta e_{12},$$

这里, $\alpha e_{12} \in M_1$, $\beta e_{12} \in M_2$. 显然, $\alpha + \beta = 1$. 进而

$$\alpha e_{1i} = \alpha e_{12} e_{2i} \in M_1$$

对所有的 $i \geqslant 2$. 这说明, $\alpha M \cup M\alpha \subseteq M_1$. 类似地, 可得, $\beta M \cup M\beta \subseteq M_2$.

由 $\alpha M \cup M\alpha \subseteq M_1$ 可见, $\varphi(\alpha M), \varphi(M\alpha) \subseteq e'T_{n'}(R)f'$. 由于

$$\varphi(A) = e'T_{n'}(R)e' \quad 与 \quad \varphi(M_2) = f'T_{n'}(R)e',$$

有

$$\begin{aligned} \varphi(m_2)\varphi(\alpha e) &= \varphi(\alpha e) \circ \varphi(m_2) \\ &= \varphi(\alpha m_2) \in e'T_{n'}(R)f' \end{aligned}$$

对所有的 $m_2 \in M_2$. 也就是

$$f'T_{n'}(R)e'\varphi(\alpha e) \subseteq e'T_{n'}(R)f'.$$

从而

$$f'T_{n'}(R)e'\varphi(\alpha e) = 0. \tag{8.2.9}$$

根据 $\varphi(B) = f'T_{n'}(R)f'$ 与 $\varphi(M_2) = f'T_{n'}(R)e'$, 可得

$$\begin{aligned} \varphi(\alpha f)\varphi(m_2) &= \varphi(\alpha f) \circ \varphi(m_2) \\ &= \varphi(m_2\alpha) \in e'T_{n'}(R)f' \end{aligned}$$

对所有的 $m_2 \in M_2$. 即 $\varphi(\alpha f)f'T_{n'}(R)e' \subseteq e'T_{n'}(R)f'$. 这样, 得到

$$\varphi(\alpha f)f'T_{n'}(R)e' = 0. \tag{8.2.10}$$

类似地, 可从 $\beta M \cup M\beta \subseteq M_2$ 得到

$$\varphi(\beta e)e'T_{n'}(R)f' = 0, \tag{8.2.11}$$

$$e'T_{n'}(R)f'\varphi(\beta f) = 0. \tag{8.2.12}$$

令

$$e' = \sum_{1 \leqslant i \leqslant j \leqslant n'} a_{ij} e_{ij},$$

这里 $a_{ij} \in R$. 由于 e' 是幂等元, 容易看出, 每个 a_{ii} 是 R 中的幂等元. 由于 R 不包含非平凡幂等元, 可得 $a_{ii} = 0$ 或者 $a_{ii} = 1$. 根据 $e' + f' = 1_{T_{n'}(R)}$, 得到

$$f' = \sum_{i=1}^{n'} (1 - a_{ii}) e_{ii} - \sum_{1 \leqslant i < j \leqslant n'} a_{ij} e_{ij}.$$

首先假设 $a_{11} = 0$. 则有, $1 - a_{11} = 1$. 由 (8.2.9) 式得

$$0 = e_{11} f' e_{1i} \varphi(\alpha e) = e_{1i} \varphi(\alpha e)$$

对所有的 $i = 1, 2, \cdots, n'$. 从而 $\varphi(\alpha e) = 0$. 进一步, 可从 (8.2.11) 式推出

$$\begin{aligned} e' T_{n'}(R) f' &= (\varphi(e) - \varphi(\alpha e)) e' T_{n'}(R) f' \\ &= \varphi(\beta e) e' T_{n'}(R) f' = 0. \end{aligned}$$

下面指出 $a_{n'n'} = 1$. 若 $a_{n'n'} = 0$, 则 $1 - a_{n'n'} = 1$. 由 $e' T_{n'}(R) f' = 0$ 可得

$$\begin{aligned} 0 &= e' e_{in'} f' e_{n'n'} \\ &= e' e_{in'} (1 - a_{n'n'}) e_{n'n'} \\ &= e' e_{in'} \end{aligned}$$

对所有的 $i = 1, 2, \cdots, n'$. 由此可见, $e' = 0$, 与假设矛盾.

根据 (8.2.6) 式得

$$e_{11} f' e_{1i} (\varphi(a_1 a_2) - \varphi(a_2) \varphi(a_1)) = 0$$

对所有的 $a_1, a_2 \in A$, 这里, $i = 1, 2, \cdots, n'$. 故有

$$e_{1i} (\varphi(a_1 a_2) - \varphi(a_2) \varphi(a_1)) = 0$$

对所有的 $a_1, a_2 \in A$, 这里, $i = 1, 2, \cdots, n'$. 因此

$$\varphi(a_1 a_2) - \varphi(a_2) \varphi(a_1) = 0 \tag{8.2.13}$$

对所有的 $a_1, a_2 \in A$. 类似地, 可从 (8.2.7) 式得出

$$\varphi(b_1 b_2) - \varphi(b_2) \varphi(b_1) = 0 \tag{8.2.14}$$

对所有的 $b_1, b_2 \in B$. 使用 $\varphi(M_1) = 0$ 与 $M = M_1 + M_2$, 可从 (8.2.2), (8.2.4), (8.2.13), 以及 (8.2.14) 得出

$$\begin{aligned}\varphi(xy) &= \varphi((a+m+b)(a'+m'+b')) \\ &= \varphi(aa') + \varphi(am') + \varphi(mb') + \varphi(bb') \\ &= \varphi(a')\varphi(a) + \varphi(m')\varphi(a) + \varphi(b')\varphi(m) + \varphi(b')\varphi(b) \\ &= \varphi(a'+m'+b')\varphi(a+m+b) \\ &= \varphi(y)\varphi(x)\end{aligned}$$

对所有的 $x = a+m+b, y = a'+m'+b' \in T_n(R)$. 因此 φ 是一个反同态.

下面假设 $a_{11} = 1$. 根据 (8.2.12) 式可得

$$0 = e_{11}e'e_{1i}\varphi(\beta f) = e_{1i}\varphi(\beta f)$$

对所有的 $i = 1, 2, \cdots, n'$. 从而 $\varphi(\beta f) = 0$. 由于 $\alpha + \beta = 1$, 可知

$$f' = \varphi(f) = \varphi(\alpha f).$$

这样, 从 (8.2.10) 式得出, $f'T_{n'}(R)e' = 0$.

下面指出, $a_{n'n'} = 0$. 若 $a_{n'n'} = 1$, 由 $f'T_{n'}(R)e' = 0$ 可得

$$0 = f'e_{in'}e'e_{n'n'} = f'e_{in'}$$

对所有的 $i = 1, 2, \cdots, n'$. 从而 $f' = 0$, 矛盾. 这样, $1 - a_{n'n'} = 1$. 类似地, 由 (8.2.5) 与 (8.2.8) 得到

$$\varphi(a_1a_2) - \varphi(a_1)\varphi(a_2) = 0, \tag{8.2.15}$$

$$\varphi(b_1b_2) - \varphi(b_1)\varphi(b_2) = 0 \tag{8.2.16}$$

对所有的 $a_1, a_2 \in A$, $b_1, b_2 \in B$. 类似地, 利用 $\varphi(M_2) = 0$ 与 $M = M_1 + M_2$, 由 (8.2.1), (8.2.3), (8.2.15), 以及 (8.2.16) 得出, φ 是一个同态. □

作为定理 8.2.1 的一个推论, 我们有如下结论.

定理 8.2.2　设 R 是一个 2- 扭自由的有 “1” 的单环, 且 R 不包含非平凡幂等式. 假定 $n, n' \geqslant 2$. 假设 $\varphi: T_n(R) \to T_{n'}(R)$ 是一个满 Jodan 同态. 则 φ 是一个同态或者一个反同态.

证明　假设 $\varphi(R \cdot 1_{T_n(R)}) = T_{n'}(R)$. 这样, φ 诱导一个 R 到 $T_{n'}(R)$ 的 Jordan 满同态 φ'. 设 K 是 φ' 的核. 易见, K 是 R 的一个 Jordan 理想. 当 $K = 0$ 时, 则 φ' 是一个 Jordan 同构. 由 Herstein 的经典定理可知, φ' 是一个同构或者是反同构

(参见文献 [1, 2]). 由于 $n' \geqslant 2$, 这是一个矛盾. 因此, $K \neq 0$. 由 [3, 定理 1.1] 可知, K 一定包含一个 R 的非零理想. 由于 R 是单环, 则有 $K = R$, 也就是 $\varphi' = 0$, 矛盾. 综上所述, $\varphi(R \cdot 1_{T_n(R)}) \neq T_{n'}(R)$. 因此, 此结果可由定理 8.2.1 得到. □

作为定理 8.2.2 的一个推论, 我们有如下结论.

推论 8.2.1 设 D 是一个 2- 扭自由的除环. 假定 $n, n' \geqslant 2$. 假设 $\varphi : T_n(D) \to T_{n'}(D)$ 是一个 Jordan 满同态. 则 φ 是一个同态或者一个反同态.

8.3 主要结果二

本节将讨论素环上的上三角矩阵环的 Jordan 同态问题.

设 R 是一个有 "1" 的环. 则 $T_n(R)$ 可表成如下的三角环

$$\begin{pmatrix} A & M \\ & B \end{pmatrix},$$

这里 $A = T_{n-1}(R)$, $B = R$, 以及 $M = M_{(n-1)\times 1}(R)$, 全体 R 上 $(n-1) \times 1$- 矩阵构成的环. 为了避免使用矩阵符号, 我们假设

$$T_n(R) = A + M + B.$$

易见, $AB = BA = MA = BM = M^2 = 0$.

为了证明主要结果, 我们需要如下引理.

引理 8.3.1 设 R 是一个有 "1" 的素环. 假设 e 与 f 均为 $T_n(R)$ 的非平凡幂等元, 且满足 $e + f = 1_{T_n(R)}$, 以及

$$\begin{aligned} aT_n(R)f &= 0 = fT_n(R)(e-a), \\ bT_n(R)e &= 0 = eT_n(R)(f-b), \end{aligned}$$

这里, $a = eae, b = fbf \in T_n(R)$. 则 $eT_n(R)f = 0$ 或者 $fT_n(R)e = 0$.

证明 设

$$a = a_1 + m_1 + b_1 \quad 与 \quad f = a_2 + m_2 + b_2,$$

这里 $a_1, a_2 \in A$, $b_1, b_2 \in B$, 以及 $m_1, m_2 \in M$. 若 $b_2 = 0$, 则有

$$f = a_2 + m_2.$$

这样

$$e = 1_A - a_2 + 1_B - m_2,$$

以及 $1_B e = 1_B$. 由条件 $bT_n(R)e = 0$ 可得, $bT_n(R)1_B = 0$. 特别地,

$$b1_B = 0 \quad \text{以及} \quad b1_A M = 0.$$

由 M 是忠实左 A-模, 得到, $b1_A = 0$. 考虑 $1_A + 1_B = 1_{T_n(R)}$, 得出, $b = 0$. 这样, 由 $eT_n(R)(f - b) = 0$ 可见, $eT_n(R)f = 0$.

假设 $b_2 \neq 0$. 由 $aT_n(R)f = 0$ 可得, $b_1 B b_2 = 0$. 由于 B 是素环, 可得, $b_1 = 0$. 进一步, 由 $fT_n(R)(e - a) = 0$ 可得

$$b_2 B(1_B - b_2) = 0.$$

由此可得, $b_2 = 1_B$ 以及 $1_B f = 1_B$. 类似地, 使用相同的方法可由 $aT_n(R)f = 0$ 推出 $a = 0$. 这样, 由条件 $fT_n(R)(e - a) = 0$ 可见 $fT_n(R)e = 0$. □

引理 8.3.2　设 R 是一个有 “1” 的素环. 假设 e 与 f 均为 $T_n(R)$ 中的非平凡幂等元, 且 $e + f = 1_{T_n(R)}$. 假设 $eT_n(R)f = 0$. 则有 $1_B e = 1_B$ 以及 $ee_{11} = 0$.

证明　对 n 进行归纳. 令

$$e = a + b + m,$$

这里, $a \in A$, $b \in B$, 以及 $m \in M$. 首先假设 $n = 2$. 易见

$$A = R, \quad B = R, \quad \text{以及} \quad M = R.$$

若 $a = 0$, 则有 $e = b + m$. 由于 e 是非平凡的, 我们可见 $b \neq 0$.

由条件 $eT_2(R)f = 0$ 可得 $bB(1_B - b) = 0$. 由于 B 是素环, 可得, $1_B - b = 0$. 这样, $e = 1_B + m$, 进一步可得, $1_B e = 1_B$ 以及 $ee_{11} = 0$.

假设 $a \neq 0$. 由条件 $eT_2(R)f = 0$ 得到

$$aM(1_B - b) = 0.$$

由于 M 是素环, 我们得到, $b = 1_B$. 类似地, 可从 $eT_2(R)f = 0$ 得到, $a = 1_A$. 从而 $f = -m$. 这与 f 是非平凡幂等元相矛盾.

现在假设 $n > 2$. 若 $a = 0$, 则有

$$e = b + m.$$

由于 e 是非平凡幂等元可知, $b \neq 0$. 这样, 由 $eT_n(R)f = 0$ 得到

$$bB(1_B - b) = 0.$$

考虑 B 是素环, 得到, $b = 1_B$. 因此

$$e = 1_B + m.$$

进一步可得, $1_B e = 1_B$ 以及 $ee_{11} = 0$.

若 $a \neq 0$, 则 $aM(1_B - b) = 0$. 令

$$a = \sum_{1 \leqslant i \leqslant j \leqslant n-1} a_{ij} e_{ij},$$

这里 $a_{ij} \in R$. 由于 $a \neq 0$, 易见 $a_{i_0 j_0} \neq 0$ 对某个 $1 \leqslant i_0 \leqslant j_0 \leqslant n-1$.

由 $aM(1_B - b) = 0$ 可推出

$$a_{i_0 j_0} R(1_B - b) = 0.$$

由于 R 是素环, 我们得到, $b = 1_B$. 这样,

$$e = a + 1_B + m.$$

因此, $1_B e = 1_B$. 我们指出, $a \neq 1_A$. 否则, $f = -m$, 与 f 是非平凡幂等元矛盾. 由 $eT_n(R)f = 0$ 推出

$$aA(1_A - a) = 0.$$

由于 a 与 $1_A - a$ 都是非平凡幂等元, 对 A 使用归纳假设, 我们可由 $aA(1_A - a) = 0$ 推出, $ae_{11} = 0$. 考虑 $(1_B + m)e_{11} = 0$, 我们可见, $ee_{11} = 0$. □

引理 8.3.3 设 R 是一个有 "1" 的素环. 假设 e 与 f 是 $T_n(R)$ 中的非平凡幂等元, 且 $e + f = 1_{T_n(R)}$ 以及 $eT_n(R)f = 0$. 则有

(1) 任取 $u \in fT_n(R)f$, 由 $uT_n(R)e = 0$ 推出 $u = 0$,

(2) 任取 $v \in eT_n(R)e$, 由 $fT_n(R)v = 0$ 推出 $v = 0$.

证明 由引理 8.3.2 得

$$1_B e = 1_B \quad 以及 \quad ee_{11} = 0.$$

我们首先证明结论 (1) 成立. 一方面, 由 $uT_n(R)e = 0$ 得出, $u1_B e = 0$, 进而, $u1_B = 0$.

另一方面, 可由 $uT_n(R)e = 0$ 得到 $u1_A T_n(R)1_B e = 0$, 进而

$$u1_A T_n(R)1_B = 0.$$

由于 $1_A T_n(R)1_B$ 是一个忠实左 A- 模, 得到 $u1_A = 0$. 考虑 $1_A + 1_B = 1_{T_n(R)}$, 可得 $u = 0$.

下面证明结论 (2) 成立. 注意到 $fe_{11} = e_{11}$, 可从 $fT_n(R)v = 0$ 得出, $e_{11}T_n(R)v = 0$. 特别地, 得出

$$e_{11}e_{1i}v = 0,$$

进而, $e_{1i}v = 0$ 对所有的 $i = 1, 2, \cdots, n$. 从而, $v = 0$. □

引理 8.3.4　假定 $n, n' \geqslant 2$. 设 R 是一个有 "1" 的环. 设 R' 是 2- 扭自由的有 "1" 素环. 假设 $\varphi: T_n(R) \to T_{n'}(R')$ 是一个 Jordan 满同态, 且 $\varphi(e_{nn}) \neq 0, 1_{T_{n'}(R')}$. 则 φ 是一个同态或者一个反同态.

证明　令 $e = \varphi(1_A)$ 与 $f = \varphi(1_B)$. 由引理 8.2.1 得, e 和 f 是两个非平凡幂等元, 且 $e + f = 1_{T_{n'}(R')}$. 这样, $T_{n'}(R')$ 可表成

$$T_{n'}(R') = eT_{n'}(R')e + eT_{n'}(R')f + fT_{n'}(R')e + fT_{n'}(R')f.$$

易见,

$$\varphi(A) \subseteq eT_{n'}(R')e \quad 以及 \quad \varphi(B) \subseteq fT_{n'}(R')f.$$

由于

$$\begin{aligned}\varphi(1_A x 1_B) &= \varphi(1_A x 1_B + 1_B x 1_A)\\ &= e\varphi(x)f + f\varphi(x)e\end{aligned}$$

对所有的 $x \in T_n(R)$, 得到

$$\varphi(M) \subseteq eT_{n'}(R')f + fT_{n'}(R')e.$$

考虑 φ 是满的, 可知

$$\varphi(A) = eT_{n'}(R')e, \quad \varphi(B) = fT_{n'}(R')f,$$

以及

$$\varphi(M) = eT_{n'}(R')f + fT_{n'}(R')e.$$

令

$$M_1 = \varphi^{-1}(eT_{n'}(R')f) \cap M \quad 与 \quad M_2 = \varphi^{-1}(fT_{n'}(R')e) \cap M.$$

下面证明, $\varphi(M_1) = eT_{n'}(R')f$ 与 $\varphi(M_2) = fT_{n'}(R')e$.

任取 $a + b + m \in \varphi^{-1}(eT_{n'}(R')f)$, 这里 $a \in A$, $b \in B$, 以及 $m \in M$, 得到

$$\varphi(a) + \varphi(b) + \varphi(m) \in eT_{n'}(R')f.$$

从而

$$\varphi(a) = 0, \quad \varphi(b) = 0, \quad 以及 \quad \varphi(m) \in eT_{n'}(R')f.$$

易见

$$m \in M_1 \quad 和 \quad \varphi(m) = \varphi(a + b + m).$$

从而, $\varphi(M_1) = eT_{n'}(R')f$. 类似地, 可得, $\varphi(M_2) = fT_{n'}(R')e$.

下面指出: $M = M_1 + M_2$. 对每一个 $m \in M$, 得到

$$\varphi(m) \in \varphi(M_1) + \varphi(M_2).$$

这样, 存在 $m_1 \in M_1$ 和 $m_2 \in M_2$ 使得

$$\varphi(m) = \varphi(m_1) + \varphi(m_2).$$

令

$$m_0 = m - m_1 - m_2.$$

易见, $\varphi(m_0) = 0$, 进而, $m_0 \in M_1 \cap M_2$. 这样, 有

$$m = m_0 + m_1 + m_2,$$

这里, $m_0 + m_1 \in M_1$ 以及 $m_2 \in M_2$. 因此 $M = M_1 + M_2$.

下面指出, M_1 与 M_2 都是 (A, B)-双模. 对每一个 $a \in A$, $b \in B$, $m_1 \in M_1$, 以及 $m_2 \in M_2$, 得

$$\varphi(am_1) = \varphi(a \circ m_1) = \varphi(a) \circ \varphi(m_1) = \varphi(a)\varphi(m_1), \tag{8.3.1}$$

$$\varphi(am_2) = \varphi(a \circ m_2) = \varphi(a) \circ \varphi(m_2) = \varphi(m_2)\varphi(a), \tag{8.3.2}$$

$$\varphi(m_1 b) = \varphi(m_1 \circ b) = \varphi(m_1) \circ \varphi(b) = \varphi(m_1)\varphi(b), \tag{8.3.3}$$

$$\varphi(m_2 b) = \varphi(m_2 \circ b) = \varphi(m_2) \circ \varphi(b) = \varphi(b)\varphi(m_2). \tag{8.3.4}$$

由 (8.3.1) 和 (8.3.3) 得, $AM_1 \subseteq M_1$, $M_1 B \subseteq M_1$. 可见, M_1 是一个 (A, B)-双模. 类似地, 由 (8.3.2) 和 (8.3.4) 可得, M_2 是一个 (A, B)-双模.

由 (8.3.1) 得

$$\begin{aligned}\varphi(a_1 a_2)\varphi(m_1) &= \varphi(a_1 a_2 m_1) \\ &= \varphi(a_1)\varphi(a_2 m_1) \\ &= \varphi(a_1)\varphi(a_2)\varphi(m_1)\end{aligned}$$

对所有的 $a_1, a_2 \in A$, $m_1 \in M_1$. 从而

$$(\varphi(a_1 a_2) - \varphi(a_1)\varphi(a_2))eT_{n'}(R')f = 0 \tag{8.3.5}$$

对所有的 $a_1, a_2 \in A$. 由 (8.3.2) 得

$$\begin{aligned}\varphi(m_2)\varphi(a_1 a_2) &= \varphi(a_1 a_2 m_2) \\ &= \varphi(a_2 m_2)\varphi(a_1) \\ &= \varphi(m_2)\varphi(a_2)\varphi(a_1)\end{aligned}$$

对所有的 $a_1, a_2 \in A$, $m_2 \in M_2$. 从而

$$fT_{n'}(R')e(\varphi(a_1a_2) - \varphi(a_2)\varphi(a_1)) = 0 \tag{8.3.6}$$

对所有的 $a_1, a_2 \in A$. 类似地, 可得

$$(\varphi(b_1b_2) - \varphi(b_2)\varphi(b_1))fT_{n'}(R')e = 0, \tag{8.3.7}$$

$$eT_{n'}(R')f(\varphi(b_1b_2) - \varphi(b_1)\varphi(b_2)) = 0 \tag{8.3.8}$$

对所有的 $b_1, b_2 \in B$.

由于 $e_{n-1,n} \in M$ 以及 $M = M_1 + M_2$, 则存在 $m_1 \in M_1$, $m_2 \in M_2$ 使得

$$e_{n-1,n} = m_1 + m_2.$$

由于 M_1 与 M_2 都是 (A, B)-双模, 得到

$$\begin{aligned}e_{n-1,n} &= e_{n-1,n-1}m_1e_{nn} + e_{n-1,n-1}m_2e_{nn}\\&= \alpha e_{n-1,n} + \beta e_{n-1,n},\end{aligned}$$

这里, $\alpha, \beta \in R$, 且 $\alpha e_{n-1,n} \in M_1$ 以及 $\beta e_{n-1,n} \in M_2$. 显然, $\alpha + \beta = 1_R$. 由于 M_1 是左 A- 模以及 $\alpha e_{n-1,n} \in M_1$, 可得

$$\alpha e_{in} = e_{i,n-1}\alpha e_{n-1,n} \in M_1$$

对所有的 $1 \leqslant i \leqslant n-1$. 由此可见

$$\alpha M \cup M\alpha \subseteq M_1.$$

类似地, 可得

$$\beta M \cup M\beta \subseteq M_2.$$

由 $\alpha M \subseteq M_1$ 可得

$$\varphi(\alpha M) \subseteq eT_{n'}(R')f.$$

考虑 $\varphi(A) = eT_{n'}(R')e$ 和 $\varphi(M_2) = fT_{n'}(R')e$, 得

$$\begin{aligned}\varphi(m_2)\varphi(\alpha 1_A) &= \varphi(\alpha 1_A) \circ \varphi(m_2)\\&= \varphi(\alpha m_2) \in eT_{n'}(R')f\end{aligned}$$

对所有的 $m_2 \in M_2$. 也就是说, $fT_{n'}(R')e\varphi(\alpha 1_A) \subseteq eT_{n'}(R')f$. 由此可见

$$fT_{n'}(R')e\varphi(\alpha 1_A) = 0. \tag{8.3.9}$$

由于 $\varphi(B) = fT_{n'}(R')f$, 以及 $\varphi(M_2) = fT_{n'}(R')e$, 得

$$\begin{aligned}\varphi(\alpha 1_B)\varphi(m_2) &= \varphi(\alpha 1_B) \circ \varphi(m_2)\\&= \varphi(m_2\alpha) \in eT_{n'}(R')f\end{aligned}$$

对所有的 $m_2 \in M_2$. 也就是说, $\varphi(\alpha 1_B)fT_{n'}(R')e \subseteq eT_{n'}(R')f$. 从而

$$\varphi(\alpha 1_B)fT_{n'}(R')e = 0. \tag{8.3.10}$$

类似地, 可以从 $\beta M \cup M\beta \subseteq M_2$ 推出

$$\varphi(\beta 1_A)eT_{n'}(R')f = 0, \tag{8.3.11}$$

$$eT_{n'}(R')f\varphi(\beta 1_B) = 0. \tag{8.3.12}$$

注意到

$$\varphi(\alpha 1_A) + \varphi(\beta 1_A) = e \quad 以及 \quad \varphi(\alpha 1_B) + \varphi(\beta 1_B) = f.$$

根据引理 8.3.1, 可以从 (8.3.9)—(8.3.12) 得到

$$eT_{n'}(R')f = 0 \quad 或者 \quad fT_{n'}(R')e = 0.$$

首先假设 $eT_{n'}(R')f = 0$. 使用引理 8.3.3, 可从 (8.3.6) 和 (8.3.7) 得到

$$\begin{aligned} \varphi(a_1a_2) - \varphi(a_2)\varphi(a_1) = 0, \\ \varphi(b_1b_2) - \varphi(b_2)\varphi(b_1) = 0 \end{aligned} \tag{8.3.13}$$

对所有的 $a_1, a_2 \in A$, $b_1, b_2 \in B$. 注意到 $\varphi(M_1) = 0$. 对任意的 $a \in A$, $b \in B$, $m \in M$, 设

$$m = m_1 + m_2,$$

这里 $m_1 \in M_1$, $m_2 \in M_2$. 这样, 由 (8.3.2) 和 (8.3.4) 推出

$$\begin{aligned} \varphi(am) = \varphi(am_2) = \varphi(m_2)\varphi(a) = \varphi(m)\varphi(a), \\ \varphi(mb) = \varphi(m_2b) = \varphi(b)\varphi(m_2) = \varphi(b)\varphi(m). \end{aligned} \tag{8.3.14}$$

任取 $x = a + m + b$, $y = a' + m' + b' \in T_n(R)$, 由 (8.3.13) 与 (8.3.14) 推出

$$\begin{aligned} \varphi(xy) &= \varphi((a + m + b)(a' + m' + b')) \\ &= \varphi(aa') + \varphi(am') + \varphi(mb') + \varphi(bb') \\ &= \varphi(a')\varphi(a) + \varphi(m')\varphi(a) + \varphi(b')\varphi(m) + \varphi(b')\varphi(b) \\ &= (\varphi(a') + \varphi(m') + \varphi(b'))(\varphi(a) + \varphi(m) + \varphi(b)) \\ &= \varphi(y)\varphi(x). \end{aligned}$$

因此, φ 是一个反同态.

现在假设 $fT_{n'}(R')e = 0$. 即 $\varphi(M_2) = 0$. 类似地, 应用引理 8.3.3, 可从 (8.3.5) 与 (8.3.8) 推出

$$\begin{aligned}\varphi(a_1a_2) - \varphi(a_1)\varphi(a_2) = 0,\\ \varphi(b_1b_2) - \varphi(b_1)\varphi(b_2) = 0\end{aligned} \tag{8.3.15}$$

对所有的 $a_1, a_2 \in A, b_1, b_2 \in B$. 使用和上面相同的方法, 我们可以由 (8.3.1), (8.3.3), 以及 (8.3.15) 得到 φ 是一个同态. □

下面给出本节的主要结果.

定理 8.3.1　假定 $n, n' \geqslant 2$. 设 R 是一个有 "1" 的环. 设 R' 是一个 2- 扭自由的有 "1" 的素环. 假设 $\varphi : T_n(R) \to T_{n'}(R')$ 是一个 Jordan 满同态, 且 $\varphi(R \cdot 1_{T_n(R)}) \neq T_{n'}(R')$. 则 φ 是一个同态或者反同态.

证明　设 $A = T_{n-1}(R)$, $B = R$, 以及 $M = M_{(n-1)\times 1}(R)$. 则

$$T_n(R) = \begin{pmatrix} A & M \\ & B \end{pmatrix}.$$

下面对 n 进行归纳假设. 首先假设 $n = 2$. 若 $\varphi(e_{nn}) = 1_{T_{n'}(R')}$, 则有 $\varphi(1_A) = 0$. 从而

$$\varphi(a) = \varphi(1_A a 1_A) = \varphi(1_A)\varphi(a)\varphi(1_A) = 0$$

对所有的 $a \in A$ 以及

$$\varphi(m) = \varphi(1_A \circ m) = \varphi(1_A) \circ \varphi(m) = 0$$

对所有的 $m \in M$. 也就是

$$\varphi(A) = 0, \quad \varphi(M) = 0.$$

由于 φ 是满的, 可见 $\varphi(B) = T_{n'}(R')$. 这样, $\varphi(R \cdot 1_{T_n(R)}) = T_{n'}(R')$, 矛盾.

若 $\varphi(e_{nn}) = 0$, 则 $\varphi(1_B) = 0$. 类似地, 可得 $\varphi(B) = 0$ 与 $\varphi(M) = 0$. 由此可推出, $\varphi(A) = T_{n'}(R')$. 可见, $\varphi(R \cdot 1_{T(R)}) = T_{n'}(R')$, 矛盾. 由上面讨论可知

$$\varphi(e_{nn}) \neq 0, 1_{T_{n'}(R')}.$$

由引理 8.3.4 可知结论成立.

下面假设 $n > 2$. 首先假设 $\varphi(e_{nn}) = 1_{T_{n'}(R')}$. 则 $\varphi(1_A) = 0$. 使用和上面相似的方法可得, $\varphi(B) = T_{n'}(R')$. 因此

$$\varphi(R \cdot 1_{T_n(R)}) = T_{n'}(R'),$$

与假设条件矛盾. 下面假设 $\varphi(e_{nn})=0$. 也就是说, $\varphi(1_B)=0$. 使用和上面相似的方法, 我们可得

$$\varphi(B)=0 \quad 以及 \quad \varphi(M)=0.$$

由此可得, $\varphi(A)=T_{n'}(R')$. 对 A 使用归纳假设可知, $\varphi|_A$ 是一个同态或者反同态. 从而 φ 是一个同态或者反同态. 最后考虑 $\varphi(e_{nn})\neq 0, 1_{T_{n'}(R')}$. 由引理 8.3.4 可知结论成立. □

应用定理 8.3.1, 我们有如下结论.

推论 8.3.1 假定 $n,n'\geqslant 2$. 设 R 是一个有 "1" 的交换环. 设 R' 是一个 2- 扭自由的有 "1" 的素环. 假设 $\varphi: T_n(R)\to T_{n'}(R')$ 是一个 Jordan 满同态. 则 φ 是一个同态或者一个反同态.

证明 若 $\varphi(R\cdot 1_{T_n(R)})=T_{n'}(R')$. 则 φ 诱导一个从 R 到 $T_{n'}(R')$ 的 Jordan 满同态. 由于每一个 Jordan 同态也是一个 Lie 三重同态, 则有

$$\varphi([[x,y],z])=[[\varphi(x),\varphi(y)],\varphi(z)]$$

对所有的 $x,y,z\in R$. 由于 R 是交换环, φ 是满的, 得到

$$[[T_{n'}(R'),T_{n'}(R')],T_{n'}(R')]=0.$$

特别地,

$$[[e_{11},e_{12}],e_{22}]=e_{12}=0,$$

矛盾. 因此, $\varphi(R\cdot 1_{T_n(R)})\neq T_{n'}(R')$. 由定理 8.3.1 可知结论成立. □

推论 8.3.2 假定 $n,n'\geqslant 2$. 设 R 是一个有 "1" 的单环. 设 R' 是一个 2- 扭自由的有 "1" 的素环. 假设 $\varphi: T_n(R)\to T_{n'}(R')$ 是一个 Jordan 满同态. 则 φ 是一个同态或者一个反同态.

证明 假设 $\varphi(R\cdot 1_{T_n(R)})=T_{n'}(R')$. 这样, φ 诱导一个 R 到 $T_{n'}(R')$ 的 Jordan 满同态. 我们用 K 表示 φ 的核. 易见, K 是 S 的一个 Jordan 理想. 当 $K=0$ 时, 则 φ 是一个 Jordan 同构. 由 Herstein 的经典定理 (参见文献 [1]) 可知, φ 是一个同构或者一个反同构. 由此可见, $T_{n'}(R')$ 也是一个单环, 矛盾. 因此 $K\neq 0$. 容易看出, R 也是 2- 扭自由的. 根据 [3, 定理 1.1] 可知 K 包含 R 的一个非零理想. 由于 R 是单环, 可得 $K=R$, 从而 $\varphi=0$, 矛盾. 由此可见, $\varphi(R\cdot 1_{T_n(R)})\neq T_{n'}(R')$. 这样, 此结果可由定理 8.3.1 得到. □

8.4 注　记

1956 年, Herstein 证明了从一个环到另一个特征不为 2 的素环上的 Jordan 满同态一定是同态或者反同态 (见文献 [1]). 半素环之间的 Jordan 满同态也得到了刻

画 (参见文献 [4–6]). 带对合的素环上的 Jordan 满同态问题可使用环的函数恒等式理论来研究 (参见文献 [7, 第六章]). 因此, 素环或半素环上 Jordan 同态问题已经获得解决.

2005 年, Wong 研究了三角环之间的 Jordan 同构. 作为主要结果的推论, 得到了一类上三角矩阵环与套代数上 Jordan 同构的刻画 (见文献 [8]). 此结果推广了关于上三角矩阵环与套代数上 Jordan 同构的许多结果 (见文献 [9–12]). 目前, 关于三角环上的 Jordan 满同态问题还没有研究成果出现. 关于三角环上 Jordan 同构的研究方法不适用于研究三角环上 Jordan 满同态.

本章的主要内容是介绍关于上三角矩阵环上的 Jordan 满同态的两个结果. 结果之一是给出了上三角矩阵环上的 Jordan 满同态为同态或反同态的一个充分条件. 结果之二是给出了素环上的上三角矩阵环上的 Jordan 满同态的一个刻画. 本章的主要创新点是给出了一个充分条件: $\varphi(R \cdot 1_{T_n(R)}) \neq T_{n'}(R')$. 这个条件是对一般 Jordan 满同态是成立的. 本章的内容见文献 [13–15].

目前, 关于套代数上的 Jordan 满同态问题还没有研究成果出现. 更一般地, 三角环上的 Jordan 满同态问题也没有得到解决.

参 考 文 献

[1] Herstein I N. Jordan homomorphisms. Trans. Amer. Math. Soc., 1956, 81: 331-351.

[2] Smiley M F. Jordan homomorphisms onto prime rings. Trans. Amer. Math. Soc., 1957, 84: 426-429.

[3] Herstein I N. Topics in Ring Theory. Chicago: University of Chicago Press, 1969.

[4] Baxter W E, Martindale W S. Jordan homomorphisms of semiprime rings. J. Algebra, 1979, 56: 457-471.

[5] Brešar M. Jordan mappings of semiprime rings. J. Algebra, 1989, 127: 218-228.

[6] Brešar M. Jordan mappings of semiprime rings II. Bull. Austral. Math. Soc., 1991, 44: 233-238.

[7] Brešar M, Chebotar M A, Martindale W S. Functional Identities. Frontiers in Mathematics. Basel: Birkhäuser, 2007.

[8] Wong T L. Jordan isomorphisms of triangular rings. Proc. Amer. Math. Soc., 2005, 133: 3381-3388.

[9] Beidar K I, Brešar M, Chebotar M A. Jordan isomorphisms of triangular matrix algebras over a connected commutative ring. Linear Algebra Appl., 2000, 312: 197-201.

[10] Liu C K, Tsai W Y. Jordan isomorphisms of upper triangular matrix rings. Linear Algebra Appl., 2007, 426: 143-148.

[11] Molnár L, Šemrl P. Some linear preserver problems on upper triangular matrices. Linear and Multilinear Algebra, 1998, 45: 189-206.

[12] Lu F. Jordan isomorphisms of nest algebras. Proc. Amer. Math. Soc., 2002, 131: 147-154.

[13] Wang Y, Wang Y. Jordan homomorphisms of upper triangular matrix rings. Linear Algebra Appl., 2013, 439: 4063-4069.

[14] Du Y Q, Wang Y, Wang Y. Erratum to "Jordan homomorphisms of upper triangular matrix rings". Linear Algebra Appl., 2014, 452: 345-350.

[15] Du Y Q, Wang Y. Jordan homomorphisms of upper triangular matrix rings over a prime ring. Linear Algebra Appl., 2014, 458: 197-206.

第 9 章　三角代数上 Jordan σ-导子与 Lie σ-导子

本章主要介绍两方面内容. 一是关于三角代数上 Jordan σ-导子的讨论. 二是关于三角代数上 Lie σ-导子的讨论.

9.1　定义与性质

本章所涉及的代数均指一个有 "1" 的交换环 R 上的代数, 且 $\frac{1}{2} \in R$. 设 A 是一个代数. 令 $x \circ y = xy + yx$, $[x, y] = xy - yx$.

定义 9.1.1　设 A 是一个代数. 一个线性双射 $\phi: A \to A$ 若满足

$$\phi(xy) = \phi(x)\phi(y)$$

对所有的 $x, y \in A$, 则称 ϕ 是 A 的一个自同构.

定义 9.1.2　设 A 是一个代数. 一个自同构 $\phi: A \to A$ 若满足

$$\phi(x) = s^{-1}xs$$

对所有的 $x \in A$, 这里 s 是 A 的一个可逆元, 则称 ϕ 是 A 的一个由 s 诱导的内自同构. 记为 $\phi = \sigma_s$.

不是内自同构的自同构称为外自同构. 容易验证, $\sigma_s^{-1} = \sigma_{s^{-1}}$.

定义 9.1.3　设 A 是一个代数. 设 σ 是一个 A 的一个自同构. 一个线性映射 $d: A \to A$ 称为 σ-导子, 如果

$$d(xy) = d(x)y + \sigma(x)d(y)$$

对所有的 $x, y \in A$.

定义 9.1.4　设 A 是一个代数. 设 σ 是一个 A 的一个自同构. 一个线性映射 $d: A \to A$ 称为 Jordan σ-导子, 如果

$$\Delta(x \circ y) = \Delta(x)y + \sigma(x)\Delta(y) + \Delta(y)x + \sigma(y)\Delta(x)$$

对所有的 $x, y \in A$.

Jordan σ-导子是 Jordan 导子的推广. 显然, σ-导子是 Jordan σ-导子.

定义 9.1.5 一个线性映射 $\varphi: A \to A$ 称为 Lie σ-导子, 如果

$$\varphi([x,y]) = \varphi(x)y + \sigma(x)\varphi(y) - \varphi(y)x - \sigma(y)\varphi(x)$$

对所有的 $x, y \in A$.

Lie σ-导子是 Lie 导子的推广. 显然, σ-导子也是 Lie σ-导子.

定义 9.1.6 设 A 与 B 是两个代数. 一个 (A,B)-双模 M 称为忠诚的, 如果对于 $a \in A, b \in B$, 条件 $aMb = 0$ 可推出 $a = 0$ 或者 $b = 0$.

我们知道, 整环上的上三角矩阵代数以及套代数均包括忠诚双模 (参见 [1, 注释 2.9 与注释 2.11]).

下面给出忠诚双模的一种推广形式.

定义 9.1.7 设 A 与 B 是两个代数. 一个 (A,B)-双模 M 称为左弱忠诚的, 如果对于 $a \in A$, 条件 $aM[B,B] = 0$ 可推出 $a = 0$ 或者 $[B,B] = 0$. 类似地, 一个 (A,B)-双模 M 称为右弱忠诚的, 如果对于 $b \in B$, 条件 $[A,A]Mb = 0$ 可推出 $[A,A] = 0$ 或者 $b = 0$. 一个 (A,B)-双模 M 称为弱忠诚的, 如果 M 既是左弱忠诚的, 同时又是右弱忠诚的.

设 A 是一个有 "1" 的代数. 假定 n 是一个正整数. 假设 $\bar{k} = (k_1, k_2, \cdots, k_m)$ 是一个有序正整数序列, 且 $k_1 + k_2 + \cdots + k_m = n$. A 上的块上三角矩阵代数 $B_n^{\bar{k}}(A)$ 是全矩阵代数 $M_n(A)$ 的一个子代数. 具体如下

$$B_n^{\bar{k}}(A) = \begin{pmatrix} M_{k_1}(A) & M_{k_1 \times k_2}(A) & \cdots & M_{k_1 \times k_m}(A) \\ 0 & M_{k_2}(A) & \cdots & M_{k_2 \times k_m}(A) \\ \vdots & \vdots & & \vdots \\ 0 & 0 & \cdots & M_{k_m}(A) \end{pmatrix}.$$

当 $n \geqslant 2$ 且 $B_n^{\bar{k}}(A) \neq M_n(A)$ 时, 则 $B_n^{\bar{k}}(A)$ 可看成一个三角代数. 特别地, 当

$$k_1 = k_2 = \cdots = k_m = 1$$

时, 则 $B_n^{\bar{k}}(A)$ 就是一个上三角矩阵代数.

注释 9.1.1 当 A 是具有零因子的交换代数时, $B_n^{\bar{k}}(A)$ 一定不包含忠诚双模.

证明 假设 A 是一个有零因子的交换代数. 则存在两个非零元 $a, b \in A$ 使得 $ab = 0$. 易见, $aB_n^{\bar{k}}(A)b = 0$. 由此可见, $B_n^{\bar{k}}(A)$ 不包含忠诚双模. □

命题 9.1.1 设 $n \geqslant 3$. 设 $B_n^{\bar{k}}(A) \neq M_n(A)$ 是一个块上三角矩阵代数. 任取 $t = 1, 2, \cdots, m-1$, 令

$$s = k_1 + k_2 + \cdots + k_t.$$

以及

$$e = e_{11} + e_{22} + \cdots + e_{ss}.$$

令 $f = 1 - e$. 则下面两个结论成立:

(1) 当 $s = 1$ 时, 则 $eB_n^{\bar{k}}(A)f$ 是一个左弱忠诚 $(eB_n^{\bar{k}}(A)e, fB_n^{\bar{k}}(A)f)$-双模,

(2) 当 $s \geqslant 2$ 时, 则 $eB_n^{\bar{k}}(A)f$ 是一个右弱忠诚 $(eB_n^{\bar{k}}(A)e, fB_n^{\bar{k}}(A)f)$-双模.

证明　首先假设 $s = 1$. 对于 $a \in eB_n^{\bar{k}}(A)e$, 我们假定

$$aeB_n^{\bar{k}}(A)f[fB_n^{\bar{k}}(A)f, fB_n^{\bar{k}}(A)f] = 0.$$

由于 $n \geqslant 3$, 我们易见 $[fB_n^{\bar{k}}(A)f, fB_n^{\bar{k}}(A)f] \neq 0$. 下面指出, $a = 0$.

取 $e_{12} \in eB_n^{\bar{k}}(A)f$ 以及 $e_{22}, e_{2n} \in fB_n^{\bar{k}}(A)f$, 得到

$$ae_{12}[e_{22}, e_{2n}] = ae_{1n} = 0.$$

由此可得, $a = 0$.

下面假设 $s \geqslant 2$. 任取 $b \in fB_n^{\bar{k}}(A)f$, 我们假设

$$[eB_n^{\bar{k}}(A)e, eB_n^{\bar{k}}(A)e]eB_n^{\bar{k}}(A)fb = 0.$$

易见 $[eB_n^{\bar{k}}(A)e, eB_n^{\bar{k}}(A)e] \neq 0$. 我们将证明 $b = 0$.

取 $e_{si} \in eB_n^{\bar{k}}(A)f$, 这里 $i = s+1, s+2, \cdots, n$, 以及 $e_{11}, e_{1s} \in eB_n^{\bar{k}}(A)e$, 由假设得

$$[e_{11}, e_{1s}]e_{si}b = e_{1i}b = 0$$

对所有的 $i = s+1, s+2, \cdots, n$. 因此, $b = 0$. □

由上面结果看出, 块上三角矩阵代数 $B_n^{\bar{k}}(A)$ $(n \geqslant 3)$, 一定包括一个左弱忠诚双模或者一个右弱忠诚双模.

作为命题 9.1.1 的一个直接推论, 我们有如下结论.

推论 9.1.1　设 A 是一个有 “1” 的代数. 若 $n \geqslant 3$, 则 $T_n(A)$ 既包含左弱忠诚双模, 同时又包含右弱忠诚双模.

证明　对于 $s = 1, 2, \cdots, n-1$, 令

$$e = e_{11} + e_{22} + \cdots + e_{ss} \quad 以及 \quad f = 1 - e.$$

当 $s = 1$ 时, 由命题 9.1.1 可见, $eT_n(A)f$ 是一个左弱忠诚 $(eT_n(A)e, fT_n(A)f)$-双模. 当 $s \geqslant 2$ 时, 由命题 9.1.1 可见, $eT_n(A)f$ 是一个右弱忠诚 $(eT_n(A)e, fT_n(A)f)$-双模. □

定义 9.1.8　设 φ 是 A 的一个自同构. 定义 $T_n(A)$ 上的一个线性映射 $\bar{\varphi}$ 如下:

$$\bar{\varphi}(A) = (\varphi(a_{ij}))$$

对所有的 $A = (a_{ij}) \in T_n(A)$, 这里 $a_{ij} \in A$. 容易验证, $\bar{\varphi}$ 是 $T_n(A)$ 的一个自同构. 称 $\bar{\varphi}$ 是由 φ 诱导的自同构.

下面结果将在本章中使用.

引理 9.1.1([2, 定理 1]) 设 A 是一个有 "1" 的非素环或者是幂等元属于中心的有 "1" 的环. 则 $T_n(A)$ 上的每一个自同构 ϕ 都可表成

$$\phi = \sigma_Y \bar{\varphi},$$

这里, σ_Y 是 $T_n(A)$ 上的由 $Y \in T_n(A)$ 诱导的内自同构, $\bar{\varphi}$ 是由 A 的一个自同构 φ 诱导的 $T_n(A)$ 上的自同构.

设 A 是一个具有非平凡幂等元 e 的有 "1" 代数. 令 $f = 1 - e$. 假设 $fAe = 0$. 这样, A 有如下的 Peirce 分解式

$$A = eAe + eAf + fAf,$$

这里 eAe 和 fAf 是 A 的两个子代数, eAf 是 (eAe, fAf)-双模, 以及 fAe 是 (fAf, eAe)-双模. 当 eAf 是忠实 (eAe, fAf)-双模时, 称 A 为三角代数.

定义 9.1.9 设 $A = eAe + eAf + fAf$ 是一个三角代数. A 的一个 Jordan σ-导子称为奇异 Jordan σ-导子, 如果 $\delta(eAe + fAf) = 0$, $\delta(eAf) \subseteq \sigma(f)eAe$.

我们知道, 当 eAf 是忠诚 (eAe, fAf)-双模时, A 上的每一个奇异 Jordan σ-导子必为零 (参见 [3, 定理 4.1(v)]).

定义 9.1.10 设 $A = eAe + eAf + fAf$ 是一个三角代数. A 的一个 Lie σ-导子称为奇异 Lie σ-导子, 如果 $\delta(eAe + fAf) = 0$, $\delta(eAf) \subseteq \sigma(f)eAe$.

9.2 三角代数上 Jordan σ-导子

下面是本节的主要结果.

定理 9.2.1 设 $A = eAe + eAf + fAf$ 是一个三角代数. 假设 eAf 是一个左弱忠诚 (eAe, fAf)-双模, 或者是一个右弱忠诚 (eAe, fAf)-双模. 则 A 上每一个 Jordan σ-导子一定是 σ-导子.

证明 根据 [3, 定理 3.1], A 上的每一个 Jordan σ-导子一定是一个 σ-导子与一个奇异 Jordan σ-导子之和. 假设 $\delta : A \to A$ 是一个奇异 Jordan σ-导子. 即

$$\delta(eAe + fAf) = 0 \quad 以及 \quad \delta(eAf) \subseteq \sigma(f)eAe.$$

下面证明 $\delta = 0$.

由于 δ 是一个 Jordan σ-导子, 有

$$\begin{aligned} 0 &= \delta(m_1 m_2 + m_1 m_2) \\ &= \delta(m_1)m_2 + \sigma(m_1)\delta(m_2) + \delta(m_2)m_1 + \sigma(m_2)\delta(m_1) \end{aligned} \tag{9.2.1}$$

对所有的 $m_1, m_2 \in eAf$.

首先假设 eAf 是一个左弱忠诚 (eAe, fAf)-双模. 若 fAf 是交换的, 由 [3, 定理 4.1(ii)] 可知, $\delta = 0$. 下面假设 fAf 是非交换的.

用 f 右乘 (9.2.1) 可得

$$\delta(m_1)m_2 + \delta(m_2)m_1 = 0$$

对所有的 $m_1, m_2 \in eAf$. 由此得到

$$\begin{aligned}(\delta(m_1)m_2b_1)b_2 &= -\delta(m_2b_1)m_1b_2 \\ &= (\delta(m_1b_2)m_2)b_1 \\ &= -(\delta(m_2)m_1)b_2b_1 \\ &= \delta(m_1)m_2b_2b_1\end{aligned}$$

对所有的 $m_1, m_2 \in eAf$, $b_1, b_2 \in fAf$. 故有

$$\delta(eAf)eAf[fAf, fAf] = 0.$$

考虑 eAf 是左弱忠诚双模, 且 fAf 是非交换的, 我们得到 $\delta = 0$.

下面假设 eAf 是一个右弱忠诚 (eAe, fAf)-双模. 若 eAe 是交换的, 由 [3, 定理 4.1(i)] 可知, $\delta = 0$. 下面假设 eAe 是非交换的. 用 e 右乘 (9.2.1) 得

$$\sigma(m_1)\delta(m_2) + \sigma(m_2)\delta(m_1) = 0$$

对所有的 $m_1, m_2 \in eAf$. 使用上面等式可得

$$\begin{aligned}\sigma(a_1a_2)\sigma(m_1)\delta(m_2) &= \sigma(a_1)\sigma(a_2m_1)\delta(m_2) \\ &= -\sigma(a_1)\sigma(m_2)\delta(a_2m_1) \\ &= -\sigma(a_1m_2)\delta(a_2m_1) \\ &= \sigma(a_2m_1)\delta(a_1m_2) \\ &= \sigma(a_2)\sigma(m_1)\delta(a_1m_2) \\ &= -\sigma(a_2)\sigma(a_1m_2)\delta(m_1) \\ &= -\sigma(a_2a_1)\sigma(m_2)\delta(m_1) \\ &= \sigma(a_2a_1)\sigma(m_1)\delta(m_2)\end{aligned}$$

对所有的 $m_1, m_2 \in eAf$ 以及 $a_1, a_2 \in eAe$. 由此可见

$$\sigma([a_1, a_2])\sigma(m_1)\delta(m_2) = 0$$

对所有的 $m_1, m_2 \in eAf$, $a_1, a_2 \in eAe$. 应用 σ^{-1} 到上面的等式上, 得

$$[eAe, eAe]eAf\sigma^{-1}(\delta(eAf)) = 0.$$

由于 $\delta(eAf) \subseteq \sigma(f)eAe$, 可见, $\sigma^{-1}(\delta(eAf)) \subseteq fAf$. 由于 eAf 是一个右弱忠诚双模以及 eAe 是非交换的, 我们得到, $\sigma^{-1}(\delta(eAf)) = 0$, 也就是, $\delta(eAf) = 0$. 由 δ 的定义可知, $\delta = 0$. □

应用命题 9.1.1 与定理 9.2.1 得到如下推论.

推论 9.2.1 设 A 是一个有 "1" 的代数. 设 $B_n^{\bar{k}}(A) \neq M_n(A)$, 这里 $n \geqslant 3$, 是一个块上三角矩阵代数. 则 $B_n^{\bar{k}}(A)$ 上的每一个 Jordan σ-导子一定是一个 σ-导子.

证明 任取 $t = 1, 2, \cdots, m-1$, 令

$$s = k_1 + k_2 + \cdots + k_t.$$

以及

$$e = e_{11} + e_{22} + \cdots + e_{ss} \quad 与 \quad f = 1 - e.$$

根据命题 9.1.1, 可知 $eB_n^{\bar{k}}(A)f$ 是一个左弱忠诚 $(eB_n^{\bar{k}}(A)e, fB_n^{\bar{k}}(A)f)$-双模, 或者是一个右弱忠诚 $(eB_n^{\bar{k}}(A)e, fB_n^{\bar{k}}(A)f)$-双模. 由定理 9.2.1 可得此结果成立. □

作为推论 9.2.1 的一个直接推论, 我们有如下结论.

推论 9.2.2 设 A 是一个 "1" 代数. 则 $T_n(A)$ $(n \geqslant 3)$ 上的每一个 Jordan σ-导子是一个 σ-导子.

9.3 三角代数上 Lie σ-导子

设 A 是一个代数. 设 σ 是 A 的一个自同构. 令

$$[x, y]_\sigma = xy - \sigma(y)x.$$

任取 $a \in A$, 易见, $d(x) = [x, a]_\sigma$ 对所有的 $x \in A$, 是一个 σ-导子. 我们称 d 为由 a 诱导的内 σ-导子.

设 S, T 是 A 的两个子集. 令

$$C(S, T) = \{a \in S \mid [a, x] = 0 \quad 对所有的\ x \in T\}.$$

进一步, 令

$$C_\sigma(S, T) = \{a \in S \mid [a, x]_\sigma = 0 \quad 对所有的\ x \in T\}.$$

为了方便, 令 $Z_\sigma(A) = C_\sigma(A, A)$. 称 $Z_\sigma(A)$ 为 A 的 σ-中心.

设 $A = eAe + eAf + fAf$ 是一个三角代数. 为了方便, 令

$$E = \sigma(e) \quad \text{与} \quad F = \sigma(f).$$

易见, E 与 F 是相互正交幂等元, 且

$$E + F = 1, \quad FAE = 0,$$

以及, EAF 是一个忠实 (EAE, FAF)-双模. 易见

$$A = (E+F)A(e+f) = EAe + EAf + FAe + FAf.$$

此分解式在研究三角代数上 Jordan σ-导子中起到重要作用 ([3, 第二节]).

下面结果给出了三角代数的 σ-中心的结构.

命题 9.3.1　设 $A = eAe + eAf + fAf$ 是一个三角代数. 设 σ 是 A 的一个自同构. 则

$$Z_\sigma(A) = \{a + d \mid a \in EAe, d \in FAf, am = \sigma(m)(d) \text{ 对所有的 } m \in eAf\}.$$

并且, $Z_\sigma(A)e \subseteq Z_\sigma(eAe)$ 以及 $Z_\sigma(A)f \subseteq C_\sigma(FAf, fAf)$, 且存在唯一代数同构 $\tau : Z_\sigma(A)e \to Z_\sigma(A)f$ 使得

$$am = \sigma(m)\tau(a)$$

对所有的 $m \in eAf$, $a \in Z_\sigma(A)e$.

证明　任取 $a + d \in EAe + FAf$, 使得

$$am = \sigma(m)d$$

对所有的 $m \in eAf$. 则有

$$aa'm = \sigma(a'm)d = \sigma(a')\sigma(m)d = \sigma(a')am$$

对所有的 $a' \in eAe$, $m \in eAf$. 因此,

$$(aa' - \sigma(a')a)eAf = 0$$

对所有的 $a' \in eAe$. 由 eAf 是左忠实 eAe-模, 得

$$aa' = \sigma(a')a$$

对所有的 $a' \in eAe$. 故有 $a \in Z_\sigma(eAe)$. 类似地,

$$\sigma(m)\sigma(b)d = \sigma(mb)d = amb = \sigma(m)db$$

对所有的 $m \in eAf, b \in fAf$. 这样

$$EAF(\sigma(b)d - db) = 0$$

对所有的 $b \in fAf$. 由于 $\sigma(b)d - db \in FAF$, 且 EAF 是一个忠实右 FAF-模, 得到

$$\sigma(b)d - db = 0$$

对所有的 $b \in fAf$. 因此, $d \in C_\sigma(FAf, fAf)$. 注意到 $Fa = FEa = 0$, 使用上面的等式可得

$$\begin{aligned}
&\sigma(a' + m' + b')(a + d) \\
=&\sigma(a')a + \sigma(a')d + \sigma(m')a + \sigma(m')d + \sigma(b')a + \sigma(b')d \\
=&aa' + \sigma(a')EFd + \sigma(m')Fa + am' + \sigma(b')Fa + db' \\
=&aa' + am' + db' \\
=&(a + d)(a' + m' + b')
\end{aligned}$$

对所有的 $a' + m' + b' \in A$. 因此, $a + d \in Z_\sigma(A)$.

最后, 定义 $\tau : Z_\sigma(A)e \to Z_\sigma(A)f$ 如下

$$\tau(a) = d,$$

这里, $am = \sigma(m)d$ 对任意的 $m \in eAf$. 容易验证, τ 是一个代数同构. □

为了证明本节的主要结果, 我们需要给出三角代数上 σ-导子的一种刻画.

命题 9.3.2　设 $A = eAe + eAf + fAf$ 是一个三角代数. 设 σ 是 A 的一个自同构. 假设 $d : A \to A$ 是一个线性映射, 并且

$$d(a) = Ed(a)e, \quad d(m) = Ed(m)f, \quad d(b) = Fd(b)f,$$

这里 $\sigma(e) = E$, $\sigma(f) = F$, 以及

(1) $d(am) = d(a)m + \sigma(a)d(m)$,

(2) $d(mb) = d(m)b + \sigma(m)d(b)$

对所有的 $a \in eAe, m \in eAf, b \in fAf$. 则 d 是一个 σ-导子.

证明　首先证明, $d|_{eAe}$ 是一个 σ-导子. 任取 $a_1, a_2 \in eAe$. 由条件 (1) 得

$$d((a_1a_2)m) = d(a_1a_2)m + \sigma(a_1a_2)d(m)$$

以及

$$\begin{aligned}
d(a_1(a_2m)) &= d(a_1)a_2m + \sigma(a_1)d(a_2m) \\
&= d(a_1)a_2m + \sigma(a_1)d(a_2)m + \sigma(a_1)\sigma(a_2)d(m)
\end{aligned}$$

对所有的 $m \in eAf$. 由于 $\sigma(a_1a_2) = \sigma(a_1)\sigma(a_2)$, 比较上面两个式得

$$(d(a_1a_2) - d(a_1)a_2 - \sigma(a_1)d(a_2))eAf = 0.$$

由于 $EAe \subseteq eAe$, eAf 是忠实的左 eAe-模, 得到

$$d(a_1a_2) = d(a_1)a_2 + \sigma(a_1)d(a_2)$$

对所有的 $a_1, a_2 \in eAe$. 因此, $d|_{eAe}$ 是一个 σ-导子.

任取 $b_1, b_2 \in fAf$. 使用假设条件 (2), 得到

$$d(m(b_1b_2)) = d(m)b_1b_2 + \sigma(m)d(b_1b_2)$$

对所有的 $m \in eAf$. 另一方面

$$\begin{aligned}d((mb_1)b_2) &= d(mb_1)b_2 + \sigma(mb_1)d(b_2)\\ &= d(m)b_1b_2 + \sigma(m)d(b_1)b_2 + \sigma(m)\sigma(b_1)d(b_2)\end{aligned}$$

对所有的 $m \in eAf$. 比较上面两式得

$$\sigma(eAf)(d(b_1b_2) - d(b_1)b_2 - \sigma(b_1)d(b_2)) = 0.$$

由此可见

$$EAF(d(b_1b_2) - d(b_1)b_2 - \sigma(b_1)d(b_2)) = 0.$$

由于 $FAf \subseteq FAF$, EAF 是一个忠实左 FAF-模, 得到

$$d(b_1b_2) = d(b_1)b_2 + \sigma(b_1)d(b_2)$$

对所有的 $b_1, b_2 \in fAf$. 可见, $d|_{fAf}$ 是一个 σ-导子.

最后指出, d 是一个 σ-导子. 任取 $x = a_1 + m_1 + b_1$, $y = a_2 + m_2 + b_2 \in A$. 由上面获得的结论得

$$\begin{aligned}d(xy) &= d((a_1 + m_1 + b_1)(a_2 + m_2 + b_2))\\ &= d(a_1a_2 + a_1m_2 + m_1b_2 + b_1b_2)\\ &= d(a_1)a_2 + \sigma(a_1)d(a_2) + d(a_1)m_2 + \sigma(a_1)d(m_2)\\ &\quad + d(m_1)b_2 + \sigma(m_1)d(b_2) + d(b_1)b_2 + \sigma(b_1)d(b_2)\\ &= d(a_1 + m_1 + b_1)(a_2 + m_2 + b_2)\\ &\quad + \sigma(a_1 + m_1 + b_1)d(a_2 + m_2 + b_2)\\ &= d(x)y + \sigma(x)d(y).\end{aligned}$$

因此, d 是一个 σ-导子. □

下面给出本节的主要结果.

定理 9.3.1 设 $A = eAe + eAf + fAf$ 是一个三角代数. 假设下列条件成立:

(1) $C_\sigma(EAe, eAe) \subseteq Z_\sigma(A)e$,

(2) $C_\sigma(FAf, fAf) \subseteq Z_\sigma(A)f$.

则每一个 Lie σ-导子 $\varphi: A \to A$ 具有如下形式

$$\varphi = d + \delta + \tau,$$

这里 $d: A \to A$ 是一个 σ-导子, $\delta: A \to \sigma(f) \cdot eAe$ 是一个奇异 Lie σ-导子, 以及 $\tau: A \to Z_\sigma(A)$ 是一个线性映射, $\tau([A, A]) = 0$. 并且, d, δ, 以及 τ 是唯一决定的.

证明 令 $t = E\varphi(e)f - F\varphi(e)e$. 定义

$$d(x) = [t, x]_\sigma$$

对所有的 $x \in A$. 显然, $\varphi_1 = \varphi + d$ 也是一个 Lie σ-导子. 并且

$$\begin{aligned} E\varphi_1(e)f &= E\varphi(e)f + Ed(e)f \\ &= E\varphi(e)f + E[E\varphi(e)f - F\varphi(e)e, e]_\sigma f \\ &= E\varphi(e)f - E\varphi(e)f = 0. \end{aligned}$$

类似地, $F\varphi_1(e)e = 0$. 用 φ_1 替代 φ, 不妨假设, $E\varphi(e)f = 0 = F\varphi(e)e$. 下面把证明过程分成几个步骤.

步骤 1 我们指出 $E\varphi(f)f = 0 = F\varphi(f)e$.

任取 $x \in A$, 我们有如下结论.

$$\begin{aligned} 0 = \varphi([1, x]) &= \varphi(1)x + \sigma(1)\varphi(x) - \varphi(x) - \sigma(x)\varphi(1) \\ &= \varphi(1)x - \sigma(x)\varphi(1). \end{aligned}$$

从而, $\varphi(1) \in Z_\sigma(A)$. 由于 $E\varphi(e)f = 0$, 有

$$\begin{aligned} E\varphi(f)f &= E\varphi(1)f - E\varphi(e)f \\ &= \varphi(1)ef = 0. \end{aligned}$$

类似地, 我们可得, $F\varphi(f)e = 0$.

步骤 2 我们指出

(1) $\varphi(a) = E\varphi(a)e + F\varphi(a)f$,

(2) $\varphi(b) = E\varphi(b)e + F\varphi(b)f$,

(3) $\varphi(m) = E\varphi(m)f + F\varphi(m)e$,

(4) $\varphi(am) = \varphi(a)m + \sigma(a)\varphi(m) - \varphi(m)a - \sigma(m)\varphi(a)$,

(5) $\varphi(mb) = \varphi(m)b + \sigma(m)\varphi(b) - \varphi(b)m - \sigma(b)\varphi(m)$.

对所有的 $a \in eAe$, $m \in eAf$, $b \in fAf$.

由于 φ 是一个 Lie σ-导子, 得

$$0 = \varphi([a, e]) = \varphi(a)e + \sigma(a)\varphi(e) - \varphi(e)a - E\varphi(a) \tag{9.3.1}$$

对所有的 $a \in eAe$. 用 f 右乘 (9.3.1) 可得, $E\varphi(a)f = 0$. 类似地, 用 F 左乘 (9.3.1) 可得, $F\varphi(a)e = 0$. 从而, (1) 得证.

易见

$$0 = \varphi([b, f]) = \varphi(b)f + \sigma(b)\varphi(f) - \varphi(f)b - F\varphi(b) \tag{9.3.2}$$

对所有的 $b \in fAf$. 根据 (1), 用 E 左乘 (9.3.2) 可得, $E\varphi(b)f = 0$. 类似地, $F\varphi(b)e = 0$ 对所有的 $b \in fAf$. 这样, (2) 得证. 注意到

$$\varphi(m) = \varphi([e, m]) = \varphi(e)m + E\varphi(m) - \varphi(m)e - \sigma(m)\varphi(e) \tag{9.3.3}$$

对所有的 $m \in eAf$. 由于 $F\varphi(e)e = 0$ 得到

$$\sigma(m)\varphi(e)e = \sigma(m)F\varphi(e)e = 0$$

对所有的 $m \in eAf$. 用 E 左乘 (9.3.3), 然后右乘 e 可得, $E\varphi(m)e = 0$ 对所有的 $m \in eAf$. 类似地, 用 F 左乘 (9.3.3), 然后右乘 f 可得, $F\varphi(m)f = 0$ 对所有的 $m \in eAf$. 这样, (3) 得证.

接下来, 由于 $am = [a, m]$, 有

$$\varphi(am) = \varphi(a)m + \sigma(a)\varphi(m) - \varphi(m)a - \sigma(m)\varphi(a)$$

对所有的 $a \in eAe$, $m \in eAf$. 可见 (4) 成立. 由于 $mb = [m, b]$, 有

$$\varphi(mb) = \varphi(m)b + \sigma(m)\varphi(b) - \varphi(b)m - \sigma(b)\varphi(m)$$

对所有的 $m \in eAf, b \in fAf$. 可见 (5) 成立.

步骤 3　我们指出, $F\varphi([eAe, eAe])f = 0 = E\varphi([fAf, fAf])e$.

对任意的 $a_1, a_2 \in eAe$, 使用步骤 2 可得

$$\begin{aligned} F\varphi([a_1, a_2])f &= F\varphi(a_1)a_2 f + F\sigma(a_1)\varphi(a_2)f \\ &\quad - F\varphi(a_1)a_2 f - F\sigma(a_2)\varphi(a_1)f \\ &= F\varphi(a_1)a_2 ef + FE\sigma(a_1)\varphi(a_2)f \\ &\quad - F\varphi(a_1)a_2 ef - FE\sigma(a_2)\varphi(a_1)f = 0. \end{aligned}$$

类似地, 可得 $E\varphi([b_1, b_2])e = 0$ 对所有的 $b_1, b_2 \in fAf$.

步骤 4　我们指出

$$F\varphi(eAe)f \subseteq C_\sigma(FAf, fAf) \quad 以及 \quad E\varphi(fAf)e \subseteq C_\sigma(EAe, eAe).$$

由于 $[a,b]=0$, 得

$$0=\varphi([a,b])=\varphi(a)b+\sigma(a)\varphi(b)-\varphi(b)a-\sigma(b)\varphi(a)$$

对所有的 $a\in eAe$, $b\in fAf$. 用 F 左乘上式, 然后右乘 f 得

$$0=F\varphi(a)fb-\sigma(b)F\varphi(a)f$$

对所有的 $a\in eAe$, $b\in fAf$. 由此可见, $F\varphi(a)f\in C_\sigma(FAf,fAf)$ 对所有的 $a\in eAe$. 类似地, 我们可得, $E\varphi(b)e\in C_\sigma(EAe,eAe)$ 对所有的 $b\in fAf$.

使用步骤 4 以及命题 9.3.1, 定义 A 上的一个线性映射 d 如下

$$\begin{aligned}d(a)&=E\varphi(a)e-\tau^{-1}(F\varphi(a)f)=Ed(a)e,\\d(m)&=E\varphi(m)f=Ed(m)f,\\d(b)&=F\varphi(b)f-\tau(E\varphi(b)e)=Fd(b)f\end{aligned}$$

对所有的 $a\in eAe$, $m\in eAf$, $b\in fAf$.

步骤 5 我们指出, d 是 A 的一个 σ-导子.

使用步骤 2 可得

$$\varphi(am)=\varphi(a)m+\sigma(a)\varphi(m)-\varphi(m)a-\sigma(m)\varphi(a)$$

对所有的 $a\in eAe$, $m\in eAf$. 由此可见

$$\begin{aligned}E\varphi(am)f&=E\varphi(a)m+\sigma(a)\varphi(m)f-\sigma(m)F\varphi(a)f\\&=(E\varphi(a)-\tau^{-1}(F\varphi(a)f))m+\sigma(a)E\varphi(m)f\end{aligned}$$

对所有的 $a\in eAe$, $m\in eAf$. 也就是

$$d(am)=d(a)m+\sigma(a)d(m)$$

对所有的 $a\in eAe$, $m\in eAf$. 类似地, 有

$$d(mb)=d(m)b+\sigma(m)d(b)$$

对所有的 $m\in eAf$, $b\in fAf$. 根据命题 9.3.2 可知, d 是一个 σ-导子.

定义 $\gamma:A\to Z_\sigma(A)$ 如下

$$\gamma(x)=\tau^{-1}(F\varphi(exe)f)+F\varphi(exe)f+E\varphi(fxf)e+\tau(E\varphi(fxf)e)$$

对所有的 $x\in A$. 考虑步骤 3, 我们可见 $\gamma([A,A])=0$. 进一步, 令

$$\delta=\varphi-d-\gamma.$$

易见, δ 是一个 Lie σ-导子, 并且

$$\delta(a)=0=\delta(b) \quad \text{以及} \quad \delta(m)=F\varphi(m)e=F\delta(m)e$$

对所有的 $a\in eAe$, $m\in eAf$, $b\in fAf$. 因此, δ 是一个奇异 Lie σ-导子.

下面指出, d, δ, 以及 γ 是唯一的. 假如

$$\varphi=d_1+\delta_1+\gamma_1=d_2+\delta_2+\gamma_2,$$

这里 d_1 与 d_2 是两个 σ-导子, δ_1 与 $\delta_2:A\to F\cdot eAe$ 是两个线性映射, 且有

$$\delta_1(eAe+fAf)=0=\delta_2(eAe+fAf),$$

$\gamma_1, \gamma_2: A\to Z_\sigma(A)$ 是两个 Lie σ-导子, 且它们零化 eAf. 则映射

$$h=d_2-d_1+\gamma_2-\gamma_1=\delta_1-\delta_2$$

同样映射到 $F\cdot eAe$, 且 $h(eAe+fAf)=0$. 另一方面

$$\begin{aligned}h(m)&=(d_2-d_1)(em)\\&=F(d_2-d_1)(em)e\\&=F(d_2-d_1)(e)me+FE(d_2-d_1)(m)e=0\end{aligned}$$

对所有的 $m\in eAf$. 因此, $h=0$. 也就是,

$$\delta_1=\delta_2, \quad d_2-d_1=\gamma_1-\gamma_2.$$

由于 $(d_2-d_1)(eAf)=0$, 可得

$$\begin{aligned}0=(d_2-d_1)(am)&=(d_2-d_1)(a)m+\sigma(a)(d_2-d_1)(m)\\&=(d_2-d_1)(a)m\end{aligned}$$

对所有的 $a\in eAe$, $m\in eAf$. 考虑 eAf 是一个忠实左 eAe-模, 得

$$(d_2-d_1)(a)e=0$$

对所有的 $a\in eAe$. 另一方面, 由于

$$(d_2-d_1)(a)=(\gamma_1-\gamma_2)(a)\in Z_\sigma(A)$$

对所有的 $a\in eAe$, 根据命题 9.3.1 可见, $(d_2-d_1)(a)f=0$, 从而

$$(d_2-d_1)(a)=0$$

对所有的 $a\in eAe$. 类似地, 可得

$$(d_2-d_1)(b)=0$$

对所有的 $b\in fAf$. 故有, $d_1=d_2$ 以及 $\gamma_1=\gamma_2$. □

9.4 上三角矩阵代数上 Lie σ-导子

为了给出定理 9.3.1 在上三角矩阵代数上的应用, 我们需要下面的结果.

引理 9.4.1 设 A 是一个有 "1" 的半素环或者是幂等元属于中心的有 "1" 的环. 设 $T_n(A)$, $n \geqslant 2$, 是 A 上的上三角矩阵代数. 设 σ 是 $T_n(A)$ 上的一个自同构. 令 $e = e_{11}$, $f = I_n - e$. 令 $E = \sigma(e)$, $F = \sigma(f)$. 则

(1) $C_\sigma(ET_n(A)e, eT_n(A)e) \subseteq Z_\sigma(T_n(A))e$,

(2) $C_\sigma(FT_n(A)f, fT_n(A)f) \subseteq Z_\sigma(T_n(A))f$.

证明 根据引理 9.1.1, 可知,

$$\sigma = \sigma_D \bar{\varphi},$$

这里 σ_D 是由 $D \in T_n(A)$ 诱导的 $T_n(A)$ 的一个内自同构, $\bar{\varphi}$ 是由 A 的一个自同构 φ 诱导的 $T_n(A)$ 的一个自同构.

我们首先指出

$$Z_\sigma(T_n(A)) = Z_\varphi(A) \cdot D^{-1}.$$

任取 $q \in Z_\sigma(T_n(A))$, 有

$$qx = \sigma(x)q$$

对所有的 $x \in T_n(A)$. 这样, $Dqx = \bar{\varphi}(x)Dq$ 对所有的 $x \in T_n(A)$. 特别地,

$$Dqe_{ij} = e_{ij}Dq$$

对所有的 $i \leqslant j$. 容易验证, $Dq \in A \cdot I_n$. 由于

$$Dqx = \bar{\varphi}(x)Dq$$

对所有的 $x \in A \cdot I_n$, 我们得到, $Dq \in Z_\varphi(A) \cdot I_n$. 这样, $q \in Z_\varphi(A) \cdot D^{-1}$. 从而, $Z_\varphi(T_n(A)) \subseteq Z_\varphi(A) \cdot D^{-1}$. 显然, $Z_\varphi(A) \cdot D^{-1} \subseteq Z_\sigma(T_n(A))$.

下面我们证明 (2) 成立. (1) 可类似证明. 对任意的

$$q \in C_\sigma(FT_n(A)f, fT_n(A)f),$$

有 $qx = \sigma(x)q$ 对所有的 $x \in fT_n(A)f$. 则

$$Dqx = \bar{\varphi}(x)Dq \tag{9.4.1}$$

对所有的 $x \in fT_n(A)f$. 特别地, 由 (9.4.1) 得

$$Dq = Dqf = \bar{\varphi}(f)Dq = fDq \in fT_n(A)f.$$

由 (9.4.1) 可得

$$Dqe_{ij} = e_{ij}Dq \tag{9.4.2}$$

对所有的 $2 \leqslant i \leqslant j \leqslant n$. 使用 (9.4.1) 和 (9.4.2), 容易验证, $Dq \in Z_\varphi(A) \cdot f$ 以及 $q \in Z_\varphi(A) \cdot D^{-1}f = Z_\sigma(T_n(A))f$. 因此

$$C_\sigma(FT_n(A)f, fT_n(A)f) \subseteq Z_\sigma(T_n(A))f.$$

从而 (2) 成立. □

引理 9.4.2 设 A 是一个有 "1" 的半素环或者是幂等元属于中心的有 "1" 的环. 设 $T_n(A)$, $n \geqslant 2$, 是 A 上的上三角矩阵代数. 设 σ 是 $T_n(A)$ 上的一个自同构. 令 $e = e_{11}$, $f = I_n - e$. 假设 $\delta : A \to \sigma(f) \cdot eAe$ 是一个映射. 则 $\delta = 0$.

证明 由引理 9.1.1 可知

$$\sigma = \sigma_D \bar{\varphi},$$

这里, σ_D 是由 $D \in T_n(A)$ 诱导的 $T_n(A)$ 的一个内自同构, $\bar{\varphi}$ 是由 A 的一个自同构 φ 诱导的 $T_n(A)$ 的一个自同构. 易见, $\bar{\varphi}(f) = f$. 故有

$$\sigma(f)e = D^{-1}\bar{\varphi}(f)De = D^{-1}fDe = 0.$$

由此可见, $\delta = 0$. □

作为引理 9.4.1、定理 9.3.1, 以及引理 9.4.2 的一个直接推论, 我们得如下结论.

推论 9.4.1 设 A 是一个有 "1" 的半素环或者是幂等元属于中心的有 "1" 环. 则 $T_n(A)$ $(n \geqslant 2)$ 上的每一个 Lie σ-导子 φ 可表成

$$\varphi = d + \tau,$$

这里, d 是 $T_n(A)$ 上的一个 σ-导子, $\tau : T_n(A) \to Z_\sigma(T_n(A))$ 是一个映射, 且有

$$\tau([T_n(A), T_n(A)]) = 0,$$

并且, d 与 τ 是唯一决定的.

作为推论 9.4.1 的一个直接推论, 我们有如下结论.

推论 9.4.2 设 A 是一个有 "1" 的交换代数. 则 $T_n(A)$, $n \geqslant 2$ 上的每一个 Lie σ-导子 φ 可表成

$$\varphi = d + \tau,$$

这里, d 是 $T_n(A)$ 上的一个 σ-导子, $\tau : T_n(A) \to Z_\sigma(T_n(A))$ 是一个映射, 且有

$$\tau([T_n(A), T_n(A)]) = 0,$$

并且, d 与 τ 是唯一决定的.

作为推论 9.4.1 的另一个推论, 我们有如下结论.

推论 9.4.3 设 A 是一个有唯一非平凡幂等元的有 “1” 的代数. 则 $T_n(A)$, $n \geqslant 2$ 上的每一个 Lie σ-导子 φ 可表成

$$\varphi = d + \tau,$$

这里, d 是 $T_n(A)$ 上的一个 σ-导子, $\tau : T_n(A) \to Z_\sigma(T_n(A))$ 是一个映射, 且有

$$\tau([T_n(A), T_n(A)]) = 0,$$

并且, d 与 τ 是唯一决定的.

证明 易见 A 中的唯一幂等元一定属于中心. 事实上, 若 e 是 A 的一个非平凡幂等元, 则 $e = 1 - e$. 则 $e = \dfrac{1}{2} \cdot 1 \in Z(A)$. 故此结果可由推论 9.4.1 得到. □

9.5 套代数上 Lie σ-导子

设 H 是一个复数域 C 上的 Hilbert 空间. 设 $\mathcal{N}$ 是 H 上的一个套. 一个非平凡套代数可看成一个三角代数. 即, 取 $N \in \mathcal{N} \setminus \{0, H\}$ 以及 e 是一个到 N 的正交投射, 则

$$\mathcal{T}(\mathcal{N}) = e\mathcal{T}(\mathcal{N})e + e\mathcal{T}(\mathcal{N})f + f\mathcal{T}(\mathcal{N})f,$$

这里 $f = 1 - e$ 是到 $N^\perp$ 的正交投射. 我们知道, $Z(\mathcal{T}(\mathcal{N})) = C \cdot 1$ (参见 [4, 推论 19.5]).

任取 $x, y \in H$, 用 $x \otimes y$ 表示 H 上一个秩为 1 的算子:

$$w \mapsto \langle w, y \rangle x$$

对所有的 $w \in H$.

我们知道, 套代数上每一个自同构都是内自同构 (参见 [5, 定理 3.16] 或者 [6, 定理 1]).

引理 9.5.1 $C(B(H), \mathcal{T}(\mathcal{N})) = Z(\mathcal{T}(\mathcal{N}))$.

证明 显然有 $Z(\mathcal{T}(\mathcal{N})) \subseteq C(B(H), \mathcal{T}(\mathcal{N}))$. 对任意的 $N \in \mathcal{N} \setminus \{0, H\}$, 取 $0 \neq x \in N$ 以及 $0 \neq y \in N^\perp$, 有 $x \otimes y \in \mathcal{T}(\mathcal{N})$ (参见 [4, 引理 2.8]).

任取 $S \in C(B(H), \mathcal{T}(\mathcal{N}))$, 我们得到, $S(x \otimes y) = (x \otimes y)S$. 由此可见

$$\langle z, y \rangle S(x) = \langle S(z), y \rangle x \tag{9.5.1}$$

对所有的 $z \in H$. 如果 $S(x)$ 与 x 是 C- 线性无关的, 则 $\langle z, y \rangle = 0$ 对所有的 $z \in H$. 这样, $y = 0$, 矛盾. 因此, $S(x) = \lambda x$ 对某个 $\lambda \in C$. 由 (9.5.1) 可得

$$\langle \lambda z, y \rangle x = \langle S(z), y \rangle x$$

对所有的 $z \in H$. 从而

$$\langle \lambda z - S(z), y \rangle = 0$$

对所有的 $y \in N^{\perp}$, $z \in H$. 故有 $\lambda z - S(z) \in N$ 对所有的 $z \in H$. 特别地, 我们可见 $S(z) \in N$ 对所有的 $z \in N$. 即 $S(N) \subseteq N$ 对所有的 $N \in \mathcal{N}$. 这样 $S \in \mathcal{T}(\mathcal{N})$ 以及 $S \in Z(\mathcal{T}(\mathcal{N}))$. 因此 $C(B(H), \mathcal{T}(\mathcal{N})) \subseteq Z(\mathcal{T}(\mathcal{N}))$. □

引理 9.5.2 设 $\mathcal{T}(\mathcal{N})$ 是一个套代数. 设 σ 是由 $T \in B(H)$ 诱导的 $\mathcal{T}(\mathcal{N})$ 上的一个内自同构. 则 $C_\sigma(B(H), \mathcal{T}(\mathcal{N})) = C \cdot T^{-1}$.

证明 任取 $q \in C_\sigma(B(H), \mathcal{T}(\mathcal{N}))$, 得

$$qx = \sigma(x)q$$

对所有的 $x \in \mathcal{T}(\mathcal{N})$. 由 [5, 定理 3.16] 或者 [6, 定理 1] 可知, σ 是一个内导子. 假设 σ 是由 $T \in B(H)$ 诱导的, 即

$$\sigma(x) = T^{-1}xT$$

对所有的 $x \in \mathcal{T}(\mathcal{N})$, 这样, 上式可得

$$Tqx = xTq$$

对所有的 $x \in \mathcal{T}(\mathcal{N})$. 从而, 由引理 9.5.1 可得 $Tq \in C(B(H), \mathcal{T}(\mathcal{N}))$ 以及 $Tq \in C \cdot 1$. 这样 $q \in C \cdot T^{-1}$. 从而 $C_\sigma(B(H), \mathcal{T}(\mathcal{N})) \subseteq C \cdot T^{-1}$. 显然有 $C \cdot T^{-1} \subseteq C_\sigma(B(H), \mathcal{T}(\mathcal{N}))$. 故有 $C_\sigma(B(H), \mathcal{T}(\mathcal{N})) = C \cdot T^{-1}$.

□

引理 9.5.3 设 $\mathcal{T}(\mathcal{N})$ 是一个非平凡套代数. 设 σ 是 $\mathcal{T}(\mathcal{N})$ 上的一个自同构. 则

(1) $C_\sigma(E\mathcal{T}(\mathcal{N})e, e\mathcal{T}(\mathcal{N})e) \subseteq C_\sigma(B(H), \mathcal{T}(\mathcal{N}))e$,

(2) $C_\sigma(F\mathcal{T}(\mathcal{N})f, f\mathcal{T}(\mathcal{N})f) \subseteq C_\sigma(B(H), \mathcal{T}(\mathcal{N}))f$.

证明 由于 σ 是一个自同构, 则存在一个可逆算子 $T \in B(H)$ 使得

$$\sigma(x) = T^{-1}xT$$

对所有的 $x \in \mathcal{T}(\mathcal{N})$. 我们只证明结论 (1) 成立. 结论 (2) 可类似得到.

对任意的 $q \in C_\sigma(E\mathcal{T}(\mathcal{N})e, e\mathcal{T}(\mathcal{N})e)$, 有

$$qx = \sigma(x)q$$

对所有的 $x \in e\mathcal{T}(\mathcal{N})e$. 即

$$Tqx = xTq$$

对所有的 $x \in e\mathcal{T}(\mathcal{N})e$. 特别地, $Tq \in eB(H)e$. 这样, 由引理 9.5.1 得

$$Tq \in C(eB(H)e, e\mathcal{T}(\mathcal{N})e) = C \cdot e.$$

因此 $q \in C \cdot T^{-1}e$. 根据引理 9.5.2 得 $q \in C_\sigma(B(H), \mathcal{T}(\mathcal{N}))e$. □

引理 9.5.4 设 $\mathcal{T}(\mathcal{N})$ 是一个非平凡套代数. 假设 $\delta : \mathcal{T}(\mathcal{N}) \to \sigma(f) \cdot e\mathcal{T}(\mathcal{N})e$ 是一个奇异 Lie σ-导子. 则 $\delta = 0$.

证明 假设 $f\mathcal{T}(\mathcal{N})f$ 是交换的. 根据 [3, 定理 4.1(ii)] 可得, $\delta = 0$. 下面假设 $f\mathcal{T}(\mathcal{N})f$ 是非交换的.

根据 δ 的定义可得

$$0 = \delta([m_1, m_2]) = \delta(m_1)m_2 + \sigma(m_1)\delta(m_2) - \delta(m_2)m_1 - \sigma(m_2)\delta(m_1)$$

对所有的 $m_1, m_2 \in e\mathcal{T}(\mathcal{N})f$. 用 f 右乘上式可得

$$\delta(m_1)m_2 - \delta(m_2)m_1 = 0$$

对所有的 $m_1, m_2 \in e\mathcal{T}(\mathcal{N})f$. 从而

$$\delta(m_1)m_2 = \delta(m_2)m_1$$

对所有的 $m_1, m_2 \in e\mathcal{T}(\mathcal{N})f$. 由此可见

$$\begin{aligned}(\delta(m_1)m_2b_1)b_2 &= \delta(m_2b_1)m_1b_2\\ &= (\delta(m_1b_2)m_2)b_1\\ &= (\delta(m_2)m_1)b_2b_1\\ &= \delta(m_1)m_2b_2b_1\end{aligned}$$

对所有的 $m_1, m_2 \in e\mathcal{T}(\mathcal{N})f$, $b_1, b_2 \in f\mathcal{T}(\mathcal{N})f$. 故有

$$\delta(e\mathcal{T}(\mathcal{N})f)e\mathcal{T}(\mathcal{N})f[f\mathcal{T}(\mathcal{N})f, f\mathcal{T}(\mathcal{N})f] = 0.$$

由于 $e\mathcal{T}(\mathcal{N})f$ 是忠诚双模 (参见 [1, 注释 2.11]), 则 $\delta(e\mathcal{T}(\mathcal{N})f) = 0$. 故有 $\delta = 0$. □

下面给出套代数上 Lie σ-导子的一种刻画.

定理 9.5.1 设 $\mathcal{T}(\mathcal{N})$ 是非平凡套代数. 设 σ 是 $\mathcal{T}(\mathcal{N})$ 的一个自同构. 则 $\mathcal{T}(\mathcal{N})$ 上的每一个 Lie σ-导子可表成

$$\varphi = d + \tau,$$

这里, $d : \mathcal{T}(\mathcal{N}) \to B(H)$ 是一个 σ-导子, $\tau : \mathcal{T}(\mathcal{N}) \to C_\sigma(B(H), \mathcal{T}(\mathcal{N}))$ 是一个线性映射, 满足

$$\tau([\mathcal{T}(\mathcal{N}), \mathcal{T}(\mathcal{N})]) = 0,$$

并且, d 与 τ 是唯一决定的.

证明　由引理 9.5.3 可知如下结论:

(1) $C_\sigma(E\mathcal{T}(\mathcal{N})e, e\mathcal{T}(\mathcal{N})e) \subseteq C_\sigma(B(H), \mathcal{T}(\mathcal{N}))e$,

(2) $C_\sigma(F\mathcal{T}(\mathcal{N})f, f\mathcal{T}(\mathcal{N})f) \subseteq C_\sigma(B(H), \mathcal{T}(\mathcal{N}))f$.

用上面 (1) 和 (2) 代替定理 9.3.1 中的假设条件 (1) 和 (2), 使用和定理 9.3.1 完全相同的证明方法, 再利用引理 9.5.4, 可知结果成立. 为了避免重复, 我们省略它的证明过程. □

一个套称为连续的, 如果对每一个 $N \in \mathcal{N}$, 总有

$$\inf\{M \in \mathcal{N} \mid N \subset M\} = N.$$

由 [7, 命题 2.6] 可知, 具有连续套的套代数上每一个元可表成两个交换子之和. 这样, 我们由定理 9.5.1 可得如下结论.

推论 9.5.1　具有连续套的套代数上每一个 Lie σ-导子一定是 σ-导子.

9.6 注　　记

1957 年, Herstein 证明了特征不为 2 的素环上每一个 Jordan 导子一定是导子 (见文献 [8]). 2016 年, Lee 使用函数恒等式方法证明了特征不为 2 素环上每一个 Jordan 导子一定是 σ-导子 (见文献 [9]). 目前, 素环上 Lie σ-导子还没有研究成果出现.

2006 年, Zhang 和 Yu 证明了三角代数上每一个 Jordan 导子一定是导子 (见文献 [10]). 2003 年, Cheung 研究了三角代数上 Lie 导子的结构 (见文献 [11]).

2011 年, Han 和 Wei 在一个强假设条件下证明了三角代数上每一个 Jordan σ-导子一定是 σ-导子 (见文献 [12]). 此强假设条件甚至在上三角矩阵代数和套代数上都不成立. 在此强假设条件下, Yang 和 Zhu 研究了三角代数上 Lie σ-导子 (见文献 [13]).

2016 年, Benkovič 证明了任意三角代数上每一个 Jordan σ-导子可表成一个 σ-导子与一个奇异 Jordan σ-导子之和 (见文献 [3, 定理 3.1]). 从而去掉了文献 [12] 中的强假设条件. Benkovič 在此论文中还给出了几个非零奇异 Jordan σ-导子不存在的充分条件. 例如, 具有忠诚双模的三角代数不存在非零奇异 Jordan σ-导子 (见 [3, 定理 4.1(v)]). 作为定理的应用, 他证明了一类特殊的有 “1” 的代数上的上三角矩阵代数上每一个 Jordan σ-导子是 σ-导子.

本章首先给出了左 (右) 弱忠诚双模概念. 然后证明了具有左弱忠诚双模或者右弱忠诚双模的三角代数上每一个 Jordan σ-导子是 σ-导子. 作为推论, 本章证明: 当 $n \geqslant 3$ 时, 任意有 “1” 代数上的 n 阶 (块) 上三角矩阵代数上的每一个 Jordan σ-导子是 σ-导子. 从而改进了 [3, 推论 4.3 和推论 4.5]. 这说明了弱忠诚双模在三角代数上映射问题研究中起到了重要的作用. 本章第一部分的内容见文献 [14].

本章定义了 σ-中心概念, 并且在三角代数上给出了 σ-中心的结构. 给出了一类三角代数上 Lie σ-导子的结构. 从而去掉了文献 [13] 中的强假设条件. 作为主要结果的一个推论, 得到了有 "1" 的交换代数上的上三角矩阵代数上每一个 Lie σ-导子一定是一个 σ-导子与一个到 σ-中心的映射之和. 作为主要结果的另一个推论, 得到了非平凡套代数上每一个 Lie σ-导子一定是一个 σ-导子与一个特殊的线性映射之和. 特别地, 我们得到了一个明确的结果: 具有连续套的套代数上每一个 Lie σ-导子一定是 σ-导子. 本章第二部分的内容目前还没有公开发表.

参 考 文 献

[1] Benkovič D, Eremita D. Commuting traces and commutativity preserving maps on triangular algebras. J. Algebra, 2004, 280: 797–824.

[2] JØndrup S. Automorphisms and derivations of upper triangular matrix rings. Linear Algebra Appl., 1995, 221: 205-218.

[3] Benkovič D. Jordan σ-derivations of triangular algebras. Linear and Multilinear Algebra, 2016; 64: 221–234.

[4] Davidson K R. 1988. Nest Algebras, Pitman Research Notes in Mathematics Series 191, Harlow: Longman.

[5] Arazy J, Solel B. Isometries of non-adjoint operators algebras. J. Funct. Anal., 1990, 90: 284-305.

[6] Lu F. Jordan isomorphisms of nest algebras. Proc. Amer. Math. Soc., 2002, 131: 147-154.

[7] Marcoux L W, Sourour A R. Lie isomorphisms of nest algebras. J. Functional Analysis, 1999, 164: 163-180.

[8] Herstein I N. Jordan derivations of prime rings. Proc. Amer. Math. Soc., 1957, 8:1104-1110.

[9] Lee T K. Functional identities and Jordan σ-derivations. Linear and Multilinear Algebra, 2016, 64: 221-234.

[10] Zhang J H, Yu W Y. Jordan derivations of triangular algebras. Linear Algebra Appl., 2006, 419: 251-255.

[11] Cheung W S. Lie derivations of triangular algebras. Linear and Multilinear Algebra, 2003, 51:299-310.

[12] Han D, Wei F. Jordan (α,β)-derivations on triangular algebras and related mappings. Linear Algebra Appl., 2011, 434: 259-284.

[13] Yang W, Zhu J. Characterizations of additive (generalized) ξ-Lie (α,β) derivations on triangular algebras. Linear Multilinear Algebra, 2013, 61: 811-830.

[14] Wang Y. A note on Jordan σ-derivations of triangular algebras. Linear and Multilinear Algebra, to appear.

第10章　三角环与具有幂等元环上 2 个变量函数恒等式及其应用

本章首先介绍环上 2 个变量函数恒等式的定义, 然后介绍两方面内容. 一是三角环上 2 个变量函数恒等式及其应用, 二是具有宽幂等元环上 2 个变量的函数恒等式及其应用.

10.1　基 本 概 念

设 A 是一个结合环. M 是一个 A-双模. 令 $[m,a]=ma-am$, $m\in M$, $a\in A$. 对于 $A'\subseteq A$ 和 $M'\subseteq M$, 令

$$C(A',M')=\{m\in M'\mid [m,A']=0\}.$$

为了简洁, 令 $C=C(A,M)$ 表示 M 的中心. 特别地, 当 $M=A$ 时, $C=Z(A)$ 为 A 的中心.

假设 $F_1,F_2,G_1,G_2:A\to M$ 是任意映射. 2 个变量的函数恒等式通常是指下面的两个恒等式:

$$F_1(x)y+F_2(y)x+xG_2(y)+yG_1(x)=0, \tag{10.1.1}$$

$$F_1(x)y+F_2(y)x+xG_2(y)+yG_1(x)\in C \tag{10.1.2}$$

对所有的 $x,y\in A$. 易见, (10.1.1) 与 (10.1.2) 存在如下解: 对任意的 $q_1,q_2\in A$, 以及 $\alpha_1,\alpha_2:A\to C$, 可取

$$\begin{aligned}F_1(x)&=xq_1+\alpha_1(x),\\F_2(x)&=xq_2+\alpha_2(x),\\G_1(x)&=-q_2x-\alpha_1(x),\\G_2(x)&=-q_1x-\alpha_2(x)\end{aligned}$$

对所有的 $x,y\in A$. 一般称上述解为 (10.1.1) 与 (10.1.2) 的标准解. 函数恒等式的研究的目标就是找出只存在标准解的条件.

令 $[x,y]=xy-yx$, $x,y\in A$. 令

$$Z_2(A) = \{a \in A \mid [[a,x],x] = 0 \text{ 对所有的 } x \in A\}.$$

我们称 $Z_2(A)$ 为 A 的 2-中心. 易见, $Z(A) \subseteq Z_2(A)$.

引理 10.1.1 设 A 是一个有 "1" 的环, 满足下面两个条件

(1) $Z_2(A) = Z(A)$,

(2) A 不包含非零中心理想.

假设存在 $a, b \in A$ 使得

$$ax + xb \in Z(A) \tag{10.1.3}$$

对所有的 $x \in A$. 则有 $a = -b \in Z(A)$.

证明 在 (10.1.3) 中取 $x = 1$ 得, $a + b \in Z(A)$. 令 $c = a + b$. 由 (10.1.3) 可得

$$[a,x] + xc \in Z(A)$$

对所有的 $x \in A$, 由此可见

$$[[a,x],x] = 0$$

对所有的 $x \in A$. 从而 $a \in Z_2(A) = Z(A)$, 进而 $b \in Z(A)$. 由 (10.1.3) 得 $(a+b)A \subseteq Z(A)$. 由于 A 不包含非零中心理想, 得到 $a + b = 0$, 即 $a = -b \in Z(A)$.

□

一个映射 $F: A \to M$ 称为模 C 可加的, 如果

$$F(x+y) - F(x) - F(y) \in C$$

对所有的 $x, y \in A$. 给定一个映射 $F: A \to M$ 以及一个正整数 n, 定义一个映射 $\delta_{n,F}: A^n \to M$ 如下

$$\delta_{n,F}(x_1, \cdots, x_n) = F(x_1 + \cdots + x_n) - F(x_1) - \cdots - F(x_n).$$

显然, 当 F 是模 C 可加时, $\delta_{n,F}(A^n) \subseteq C$.

10.2 三角环上 2 个变量函数恒等式

2015 年, Eremita 讨论了三角环上函数恒等式 (10.1.1) 的解的存在性问题 (见文献 [1]). 本章将讨论三角环上函数恒等式 (10.1.2) 的解的存在性问题.

设 A 是一个具有非平凡幂等元 e 的有 "1" 环. 令 $f = 1 - e$. 如果 eAf 是一个忠实的 (eAe, fAf)-双模, 且 $fAe = 0$, 则称 A 为一个三角环. 易见, 三角环 A 有如下的分解式:

$$A = eAe + eAf + fAf.$$

我们知道, A 的中心

$$Z(A) = \{a + b \in eAe + fAf \mid am = mb \text{ 对所有的 } m \in eAf\}.$$

并且, 存在唯一的环同构 $\tau : Z(A)e \to Z(A)f$ 使得 $am = m\tau(a)$ 对所有的 $m \in eAf$, $a \in Z(A)e$.

下面的简单结果将在定理证明中使用.

引理 10.2.1 设 $A = eAe + eAf + fAf$ 是一个三角环. 则 A 不包含非零中心理想, 且 $Z_2(A) = Z(A)$.

证明 易见, A 不包含非零中心理想 (参见性质 1.1.3). 下面指出, $Z_2(A) = Z(A)$. 显然, $Z(A) \subseteq Z_2(A)$. 任取 $a \in Z_2(A)$, 可得

$$[[a, x], x] = 0$$

对所有的 $x \in A$. 在上式中取 $x = f$ 得, $eaf = 0$. 这样

$$a = eae + faf.$$

在上式中取 $x = erf + f$ 得

$$eaerf = erfaf$$

对所有的 $r \in A$. 从而, $a = eae + faf \in Z(A)$. 因此, $Z_2(A) = Z(A)$. □

由引理 10.1.1 和引理 10.2.1 可见如下结论.

引理 10.2.2 设 $A = eAe + eAf + fAf$ 是一个三角环. 假设存在 $a, b \in A$ 使得

$$ax + xb \in Z(A)$$

对所有的 $x \in A$. 则有 $a = -b \in Z(A)$.

引理 10.2.3 设 $A = eAe + eAf + fAf$ 是一个三角环. 假设 eAe 和 fAf 至少有一个不包含中心理想. 假设 $F, G : eAf \to Z(A)e$ 满足条件:

$$F(exf)eyf + G(eyf)exf = 0$$

对所有的 $x, y \in A$. 则 $F = G = 0$.

证明 不妨假设 fAf 不包含非零中心理想. 由假设条件得

$$F(exf)eyfzf + G(eyf)exfzf = 0$$

以及

$$F(exf)eyfzf + G(eyfzf)exf = 0$$

对所有的 $x, y, z \in A$. 比较上面两式得

$$G(eyfzf)exf = G(eyf)exfzf,$$

进一步得

$$exf(\tau(G(eyfzf))-\tau(G(eyf))fzf)=0$$

对所有的 $x,y,z\in A$. 由于 eAf 是忠实右 fAf-模, 得到

$$\tau(G(eyfzf))=\tau(G(eyf))fzf$$

对所有的 $x,y,z\in A$. 由此可见, $\tau(G(eyf))fAf$ 是 fAf 的一个中心理想. 因此, $\tau(G(eyf))fAf=0$. 从而, $G=0$. 进一步可见, $F=0$. □

下面给出本节的主要结果.

定理 10.2.1 设 $A=eAe+eAf+fAf$ 是一个三角环, 满足条件

$$Z(eAe)=Z(A)e \quad 与 \quad Z(fAf)=Z(A)f.$$

假设下面两个条件之一成立.

(1) $Z_2(eAe)=Z(eAe)$, eAe 不包含非零中心理想,

(2) $Z_2(fAf)=Z(fAf)$, fAf 不包含非零中心理想.

设 $F_1,F_2,G_1,G_2:A\to A$ 是满足如下等式的映射:

$$F_1(x)y+F_2(y)x+xG_2(y)+yG_1(x)\in Z(A)$$

对任意的 $x,y\in A$. 则存在 $p_1,p_2,q_1,q_2,r_1,r_2\in A$ 以及 $\alpha_1,\alpha_2:A\to Z(A)$ 使得 $p_1+p_2=r_1+r_2\in Z(A)$, $p_i[x,y]-[x,y]r_i\in Z(A)$, $i=1,2$, 并且

$$\begin{aligned}F_1(x)&=xq_1-p_1x+\alpha_1(x),\\F_2(x)&=xq_2-p_2x+\alpha_2(x),\\G_1(x)&=xr_2-q_2x-\alpha_1(x),\\G_2(x)&=xr_1-q_1x-\alpha_2(x)\end{aligned}$$

对所有的 $x,y\in A$.

证明 设

$$H(x,y)=F_1(x)y+F_2(y)x+xG_2(y)+yG_1(x)$$

对所有的 $x,y\in A$. 我们指出, F_1,F_2,G_1,G_2 是模 $Z(A)$ 可加映射. 由于

$$H(x_1+x_2,y)-H(x_1,y)-H(x_2,y)\in Z(A)$$

对所有的 $x_1,x_2,y\in A$, 可得

$$\delta_{2,F_1}(x_1,x_2)y+y\delta_{2,G_1}(x_1,x_2)\in Z(A)$$

对所有的 $x_1, x_2, y \in A$. 根据引理 10.2.2 得到

$$\delta_{2,F_1}(x_1,x_2) = -\delta_{2,G_1}(x_1,x_2) \in Z(A)$$

对所有的 $x_1, x_2 \in A$. 也就是, F_1 和 G_1 是模 $Z(A)$ 可加的. 类似地, 可得 F_2 与 G_2 也是模 $Z(A)$ 可加的.

根据 $H(x,1) \in Z(A)$ 和 $H(1,x) \in Z(A)$ 可得

$$\begin{aligned} &F_1(x) + G_1(x) + F_2(1)x + xG_2(1) \in Z(A), \\ &F_2(x) + G_2(x) + F_1(1)x + xG_1(1) \in Z(A) \end{aligned} \tag{10.2.1}$$

对所有的 $x \in A$. 由 $eH(x,f)f = 0$ 可见

$$eF_1(x)f + eF_2(f)xf + exG_2(f)f = 0$$

以及

$$eF_1(x)f = -eF_2(f)xf - exG_2(f)f \tag{10.2.2}$$

对所有的 $x \in A$. 类似地, 可得

$$\begin{aligned} eF_2(x)f &= -eF_1(f)xf - exG_1(f)f, \\ eG_1(x)f &= -eF_2(e)xf - exG_2(e)f, \\ eG_2(x)f &= -eF_1(e)xf - exG_1(e)f \end{aligned} \tag{10.2.3}$$

对所有的 $x \in A$. 由于 $H(exe, fyf) \in Z(A)$, 有

$$F_1(exe)fyf + F_2(fyf)exe + exeG_2(fyf) + fyfG_1(exe) \in Z(A)$$

对所有的 $x, y \in A$. 即

$$\begin{aligned} &eF_1(exf)fyf + fF_1(exe)fyf + eF_2(fyf)exe + exeG_2(fyf)e \\ &+ exeG_2(fyf)f + fyfG_1(exe)f \in Z(A) \end{aligned}$$

对所有的 $x, y \in A$. 根据 $Z(A)$ 的结构可见

$$eF_1(exf)fyf + exeG_2(fyf)f = 0$$

对所有的 $x \in A$, 以及

$$fF_1(exe)fyf + eF_2(fyf)exe + exeG_2(fyf)e + fyfG_1(exe)f \in Z(A)$$

对所有的 $x \in A$. 由此可见

$$(eF_2(fyf)exe + exeG_2(fyf)e) + (fF_1(exe)fyf + fyfG_1(exe)f) \in Z(A) \quad (10.2.4)$$

对所有的 $x, y \in A$.

下面不妨假设 (1) 成立. 由 (10.2.4) 可得

$$eF_2(fyf)exe + exeG_2(fyf)e \in Z(eAe)$$

对所有的 $x, y \in A$. 根据引理 10.1.1 可得

$$eF_2(fyf)e = -eG_2(fyf)e \in Z(eAe) \quad (10.2.5)$$

对所有的 $y \in A$. 使用 (10.2.5) 和 (10.2.4) 可推出

$$fF_1(exe)fyf + fyfG_1(exe)f = 0$$

对所有的 $x, y \in A$. 上式中取 $y = f$ 可得, $fF_1(exe)f = -fG_1(exe)f$. 从而

$$fF_1(exe)f = -fG_1(exe)f \in Z(fAf) \quad (10.2.6)$$

对所有的 $x \in A$. 使用相同的方法可得

$$\begin{aligned} eF_1(fxf)e &= -eG_1(fxf)e \in Z(eAe), \\ fF_2(exe)f &= -fG_2(exe)f \in Z(fAf), \\ eF_2(fxf)e &= -eG_2(fxf)e \in Z(eAe) \end{aligned} \quad (10.2.7)$$

对所有的 $x \in A$. 由 $H(exe, eyf) \in Z(A)$ 可得

$$\begin{aligned} &eF_1(exe)eyf + eF_2(eyf)exe + exeG_2(eyf)e + exeG_2(eyf)f \\ &+eyfG_1(exe)f \in Z(A) \end{aligned} \quad (10.2.8)$$

对所有的 $x, y \in A$. 一方面, 由 (10.2.8) 得

$$eF_1(exe)eyf + exeG_2(eyf)f + eyfG_1(exe)f = 0$$

对所有的 $x, y \in A$. 进一步, 使用 (10.2.3) 得

$$eF_1(exe)eyf - exeF_1(e)eyf - exeyfG_1(e)f + eyfG_1(exe)f = 0$$

对所有的 $x, y \in A$. 使用 (10.2.6) 可得

$$\left(eF_1(exe)e - exeF_1(e) - exe\tau^{-1}(fG_1(e)f) + \tau^{-1}(fG_1(exe)f)\right) eyf = 0$$

对所有的 $x, y \in A$. 由于 eAf 是忠实左 eAe-模, 得到

$$eF_1(exe)e = exe\left(F_1(e)e + \tau^{-1}(fG_1(e)f)\right) - \tau^{-1}(fG_1(exe)f) \tag{10.2.9}$$

对所有的 $x \in A$. 类似地, 有

$$eF_2(exe)e = exe\left(F_2(e)e + \tau^{-1}(fG_2(e)f)\right) - \tau^{-1}(fG_2(exe)f)$$

对所有的 $x \in A$. 另一方面, 由 (10.2.8) 得

$$eF_2(eyf)exe + exeG_2(eyf)e = 0$$

对所有的 $x \in A$. 由此推出

$$eF_2(eyf)e = -eG_2(eyf)e \in Z(eAe)$$

对所有的 $y \in A$. 类似地, 有

$$\begin{aligned} eF_1(eyf)e &= -eG_1(eyf)e \in Z(eAe), \\ fF_1(eyf)f &= -fG_1(eyf)f \in Z(fAf), \\ fF_2(eyf)f &= -fG_2(eyf)f \in Z(fAf) \end{aligned} \tag{10.2.10}$$

对所有的 $x \in A$. 根据 $H(exf, eyf) = 0$ 得

$$F_1(exf)eyf + F_2(eyf)exf + exfG_2(eyf) + eyfG_1(exf) = 0.$$

使用 (10.2.10) 可得

$$\begin{aligned} &(eF_1(exf)e - \tau^{-1}(fF_1(exf)f))eyf \\ &+ (eF_2(eyf)e - \tau^{-1}(fF_2(eyf)f))exf = 0 \end{aligned}$$

对所有的 $x, y \in A$. 由引理 10.2.3 可得

$$\begin{aligned} eF_1(exf)e &= \tau^{-1}(fF_1(exf)f), \\ eF_2(exf)e &= \tau^{-1}(fF_2(exf)f) \end{aligned} \tag{10.2.11}$$

对所有的 $x \in A$. 考虑 $eH(fxf, eyf)f = 0$ 可得

$$eF_1(fxf)eyf + eF_2(eyf)fxf + eyfG_1(fxf)f = 0$$

对所有的 $x, y \in A$. 使用 (10.2.3) 加上 (10.2.7) 可得

$$eyf\left(\tau(eF_1(fxf)e) - (\tau(eF_1(f)e) + fG_1(f)f)fxf + fG_1(fxf)f\right) = 0$$

对所有的 $x\in A, y\in A$. 由于 eAf 是忠实右 fAf-模, 有

$$fG_1(fxf)f=(\tau(eF_1(f)e)+fG_1(f)f)fxf-\tau(eF_1(fxf)e) \tag{10.2.12}$$

对所有的 $x\in A$. 类似地, 有

$$fG_2(fxf)f=(\tau(eF_2(f)e)+fG_2(f)f)fxf-\tau(eF_2(fxf)e)$$

对所有的 $x\in A$. 注意到

$$fF_1(fxf)f+fF_2(f)fxf+fxfG_2(f)f+fG_1(fxf)f=H(fxf,f)f.$$

使用 (10.2.12) 可得

$$\begin{aligned}fF_1(fxf)f=&-(fF_2(f)f+fG_1(f)f+\tau(eF_1(f)e))fxf-fxfG_2(f)f\\&+\tau(eF_1(fxf)e)+H(fxf,f)f\end{aligned} \tag{10.2.13}$$

对所有的 $x\in A$.

下面我们确定 F_1. 使用 (10.2.2)、(10.2.6)、(10.2.9), 以及 (10.2.13), 得到

$$\begin{aligned}F_1(x)&=eF_1(x)e+eF_1(x)f+fF_1(x)f\\&=eF_1(exe)e+eF_1(exf)e+eF_1(fxf)e+eF_1(x)f+fF_1(exe)f\\&\quad+fF_1(exf)f+fF_1(fxf)f+\delta_{3,F_1}(exe,exf,fxf)\\&=exe(F_1(e)e+\tau^{-1}(fG_1(e)f))-\tau^{-1}(fG_1(exe)f)+eF_1(exf)e\\&\quad+eF_1(fxf)e-eF_2(f)xf-exG_2(f)f-fG_1(exe)f+fF_1(exf)f\\&\quad-(fF_2(f)f+fG_1(f)f+\tau(eF_1(f)e))fxf-fxfG_2(f)f\\&\quad+\tau(eF_1(fxf)e)+H(fxf,f)f+\delta_{3,F_1}(exe,exf,fxf)\end{aligned}$$

对所有的 $x\in A$. 定义 A 的一个映射 α_1 如下

$$\begin{aligned}\alpha_1(x)=&(eF_1(exf)e+fF_1(exf)f)+(eF_1(fxf)e+\tau(eF_1(fxf)e))\\&-(\tau^{-1}(fG_1(exe)f)+fG_1(exe)f)+\delta_{3,F_1}(exe,exf,fxf)\end{aligned}$$

对所有的 $x\in A$. 根据 (10.2.6)、(10.2.7), 以及 (10.2.11), 我们可见, $\alpha_1(A)\subseteq Z(A)$. 这样

$$\begin{aligned}F_1(x)=&exe(F_1(e)e+\tau^{-1}(fG_1(e)f))-eF_2(f)xf-exG_2(f)f\\&-(fF_2(f)f+fG_1(f)f+\tau(eF_1(f)e))fxf-fxfG_2(f)f\\&+H(fxf,f)f+\alpha_1(x)\end{aligned} \tag{10.2.14}$$

对所有的 $x \in A$. 由于 $eF_2(f)e \in Z(eAe)$, 可见

$$eF_2(f)exf = eF_2(f)ex - xeF_2(f)e.$$

这样, 由 (10.2.14) 可得

$$\begin{aligned} F_1(x) = x\big(&F_1(e)e + \tau^{-1}(fG_1(e)f) - G_2(f)f + eF_2(f)e\big) \\ &- (F_2(f)f + fG_1(f)f + \tau(eF_1(f)e) + eF_2(f)e)x \\ &+ H(fxf, f)f + \alpha_1(x) \end{aligned}$$

对所有的 $x \in A$. 并且, 由于

$$\begin{aligned} -G_2(f)f + eF_2(f)e &= -G_2(f)f - eG_2(f)e = -G_2(f), \\ F_2(f)f + eF_2(f)e &= F_2(f), \end{aligned}$$

可由 (10.2.14) 得到

$$\begin{aligned} F_1(x) = x\big(&eF_1(e)e - G_2(f) + \tau^{-1}(fG_1(e)f)\big) \\ &-(fG_1(f)f + F_2(f) + \tau(eF_1(f)e))x + H(fxf, f)f + \alpha_1(x) \end{aligned} \tag{10.2.15}$$

对所有的 $x \in A$. 使用相同的方法可得

$$\begin{aligned} F_2(x) = x(&eF_2(e)e - G_1(f) + \tau^{-1}(fG_2(e)f)) \\ &-(fG_2(f)f + F_1(f) + \tau(eF_2(f)e))x + H(f, fxf)f + \alpha_2(x) \end{aligned} \tag{10.2.16}$$

对所有的 $x \in A$, 这里

$$\begin{aligned} \alpha_2(x) = &(eF_2(exf)e + fF_2(exf)f) + (eF_2(fxf)e + \tau(eF_2(fxf)e)) \\ &- (\tau^{-1}(fG_2(exe)f) + fG_2(exe)f) + \delta_{3,F_2}(exe, exf, fxf) \in Z(A). \end{aligned}$$

现在使用 (10.2.1) 可得

$$\begin{aligned} G_1(x) &= -F_1(x) - F_2(1)x - xG_2(1) \\ &= -x(eF_1(e)e + G_2(1) - G_2(f) + \tau^{-1}(fG_1(e)f)) \\ &\quad +(fG_1(f)f - F_2(1) + F_2(f) + \tau(eF_1(f)e))x \\ &\quad -H(fxf, f)f - \alpha_1(x), \end{aligned} \tag{10.2.17}$$

以及

$$\begin{aligned} G_2(x) &= -F_2(x) - F_1(1)x - xG_1(1) \\ &= -x(eF_2(e)e + G_1(1) - G_1(f) + \tau^{-1}(fG_2(e)f)) \\ &\quad +(fG_2(f)f - F_1(1) + F_1(f) + \tau(eF_2(f)e))x \\ &\quad -H(f, fxf)f - \alpha_2(x). \end{aligned} \tag{10.2.18}$$

令

$$\begin{aligned}
q_1 &= eF_1(e)e - G_2(f) + \tau^{-1}(fG_1(e)f),\\
q_2 &= eF_2(e)e - G_1(f) + \tau^{-1}(fG_2(e)f),\\
\lambda &= (eF_2(f)e + \tau(eF_2(f)e)) + (\tau^{-1}(fG_1(e)f) + fG_1(e)f),\\
\mu &= (eF_1(f)e + \tau(eF_1(f)e)) + (\tau^{-1}(fG_2(e)f) + fG_2(e)f).
\end{aligned}$$

易见, $\lambda, \mu \in Z(A)$. 使用 (10.2.3) 和 (10.2.7), 有

$$\begin{aligned}
\lambda - q_1 &= eF_2(f)e + \tau(eF_2(f)e) + fG_1(e)f - F_1(e)e + G_2(f)\\
&= \tau(eF_2(f)e) + fG_1(e)f - F_1(e)e + eG_2(f)f + fG_2(f)f\\
&= \tau(eF_2(f)e) + fG_1(e)f - F_1(e)e - F_1(e)f - fG_1(e)f + fG_2(f)f\\
&= fG_2(f)f + \tau(eF_2(f)e) - F_1(e).
\end{aligned}$$

类似地, 使用 (10.2.3) 和 (10.2.7) 可得

$$\begin{aligned}
\mu - q_2 &= eF_1(f)e + \tau(eF_1(f)e) + fG_2(e)f - F_2(e)e + G_1(f)\\
&= \tau(eF_1(f)e) + fG_2(e)f - F_2(e)e + eG_1(f)f + fG_1(f)f\\
&= \tau(eF_1(f)e) + fG_2(e)f - F_2(e)e - F_2(e)f - fG_2(e)f + fG_1(f)f\\
&= fG_1(f)f + \tau(eF_1(f)e) - F_2(e).
\end{aligned}$$

因此

$$\begin{aligned}
fG_1(f)f + F_2(f) + \tau(eF_1(f)e) &= \mu - q_2 + F_2(e) + F_2(f),\\
fG_2(f)f + F_1(f) + \tau(eF_2(f)e) &= \lambda - q_1 + F_1(e) + F_1(f),\\
eF_1(e)e + G_2(1) - G_2(f) + \tau^{-1}(fG_1(e)f) &= G_2(1) + q_1,\\
eF_2(e)e + G_1(1) - G_1(f) + \tau^{-1}(fG_2(e)f) &= G_1(1) + q_2.
\end{aligned}$$

这样, (10.2.15)–(10.2.18) 可表成如下形式

$$\begin{aligned}
F_1(x) &= xq_1 - (\mu - q_2 + F_2(e) + F_2(f))x + H(fxf, f)f + \alpha_1(x),\\
F_2(x) &= xq_2 - (\lambda - q_1 + F_1(e) + F_1(f))x + H(f, fxf)f + \alpha_2(x),\\
G_1(x) &= -x(G_2(1) + q_1 - \mu + \delta_{2,F_2}(e,f)) - q_2x - H(fxf, f)f - \alpha_1(x),\\
G_2(x) &= -x(G_1(1) + q_2 - \lambda + \delta_{2,F_1}(e,f)) - q_1x - H(f, fxf)f - \alpha_2(x)
\end{aligned}$$

对所有的 $x \in A$. 令

$$\begin{aligned}
p_1 &= \mu - q_2 + F_2(e) + F_2(f),\\
p_2 &= \lambda - q_1 + F_1(e) + F_1(f),\\
r_2 &= -G_2(1) - q_1 + \mu - \delta_{2,F_2}(e,f),
\end{aligned}$$

$$r_1 = -G_1(1) - q_2 + \lambda - \delta_{2,F_1}(e,f),$$

以及

$$\tau_1(x) = H(fxf,f)f \quad 和 \quad \tau_2(x) = H(f,fxf)f$$

对所有的 $x \in A$. 现在, 由 (10.1.2) 可推出

$$p_1xy + p_2yx - xyr_1 - yxr_2 + \tau_1(x)y + \tau_2(y)x - x\tau_2(y) - y\tau_1(x) \in Z(A) \quad (10.2.19)$$

对所有的 $x, y \in A$. 最后指出, $p_1 + p_2 = r_1 + r_2 \in Z(A)$, $\tau_1 = \tau_2 = 0$, 以及

$$p_i[x,y] - [x,y]r_i \in Z(A)$$

对所有的 $x, y \in A$, $i = 1, 2$. 任取 $r \in A$, 在 (10.2.19) 中取 $x = frf$ 和 $y = f$, 有

$$(p_1 + p_2)frf - frf(r_1 + r_2) \in Z(A)$$

对所有的 $r \in A$. 由此可见, $e(p_1 + p_2)f = 0$ 和

$$f(p_1 + p_2)frf - frf(r_1 + r_2) = 0$$

对所有的 $r \in A$. 因此

$$f(p_1 + p_2)f = f(r_1 + r_2)f \in Z(fAf).$$

类似地, 在 (10.2.19) 中取 $x = ere$ 和 $y = e$, 有

$$(p_1 + p_2)ere - ere(r_1 + r_2) \in Z(A)$$

对所有的 $r \in A$. 由此可见, $e(p_1 + p_2)e = e(r_1 + r_2)e \in Z(eAe)$ 以及 $e(r_1 + r_2)f = 0$. 故有, $p_1 + p_2 = r_1 + r_2$.

在 (10.2.19) 中取 $x = e$ 和 $y = erf$, 可得

$$p_1erf - erfr_1 \in Z(A)$$

对所有的 $r \in A$. 由上式可见

$$ep_1erf - erfr_1f = 0$$

对所有的 $r \in A$. 也就是

$$ep_1 \cdot erf = erf \cdot fr_1f \in Z(A).$$

由 $Z(A)$ 的结构可得, $ep_1e+fr_1f\in Z(A)$.

类似地, 在 (10.2.19) 中取 $x=erf$ 和 $y=e$, 我们可得, $ep_2e+fr_2f\in Z(A)$. 这样, 有

$$e(p_1+p_2)e+f(r_1+r_2)f\in Z(A).$$

由 $p_1+p_2=r_1+r_2$ 以及 $e(p_1+p_2)f=0$, 可见

$$p_1+p_2=e(p_1+p_2)e+f(p_1+p_2)f\in Z(A).$$

在 (10.2.19) 中用 exf 和 fyf 分别代替 x 和 y, 可见

$$ep_1exfyf-exfyfr_1f-exf\tau_2(y)\in Z(A) \tag{10.2.20}$$

对所有的 $x,y\in A$. 由于 $ep_1e+fr_1f\in Z(A)$, 我们可由 (10.2.20) 得到

$$exf\tau_2(y)=0$$

对所有的 $x,y\in A$. 由于 eAf 是忠实右 fAf-模, 可知 $\tau_2=0$. 类似地, 在 (10.2.19) 中用 fxf 和 eyf 分别代替 x 和 y, 可得 $\tau_1=0$.

现在, 可由 (10.2.19) 推出

$$p_1xy+p_2yx-xyr_1-yxr_2\in Z(A) \tag{10.2.21}$$

对所有的 $x,y\in A$. 令 $\gamma=p_1+p_2$. 由 (10.2.21) 可是

$$\begin{aligned}&p_1xy+p_2yx-xyr_1-yxr_2\\=&(\gamma-p_2)xy+p_2yx-xyr_1-yx(\gamma-r_1)\\=&(\gamma-p_2)xy+(p_2-\gamma)yx-xyr_1+yxr_1\\=&p_1[x,y]-[x,y]r_1\in Z(A).\end{aligned}$$

类似地, $p_2[x,y]-[x,y]r_2\in Z(A)$ 对所有的 $x,y\in A$. □

作为引理 10.2.1 和定理 10.2.1 的一个推论, 我们有如下结论.

推论 10.2.1 设 S 是一个有 “1” 的环, $n\geqslant 3$. 设 $T_n(S)$ 是 S 上的 $n\times n$ 上三角矩阵环. 假设 $F_1,F_2,G_1,G_2:T_n(S)\to T_n(S)$ 是满足下面等式的映射

$$F_1(x)y+F_2(y)x+xG_2(y)+yG_1(x)\in Z(S)\cdot I_n$$

对所有的 $x,y\in T_n(S)$. 则存在 $p_1,p_2,q_1,q_2,r_1,r_2\in T_n(S)$ 以及 $\alpha_1,\alpha_2:T_n(S)\to Z(S)\cdot I_n$, 使得 $p_1+p_2=r_1+r_2\in Z(S)\cdot I_n$, $p_i[x,y]-[x,y]r_i\in Z(S)\cdot I_n$, $i=1,2$, 以及

$$\begin{aligned}F_1(x)&=xq_1-p_1x+\alpha_1(x),\\F_2(x)&=xq_2-p_2x+\alpha_2(x),\end{aligned}$$

$$G_1(x) = xr_2 - q_2x - \alpha_1(x),$$

$$G_2(x) = xr_1 - q_1x - \alpha_2(x)$$

对所有的 $x, y \in T_n(S)$.

证明 令 $e = e_{11}$ 以及 $f = I - e_{11}$. 易见, $T_n(S)$ 是一个三角环. 显然,

$$Z(T_n(S))e = Z(eT_n(S)e) \quad 以及 \quad Z(T_n(S))f = Z(fT_n(S)f).$$

注意到 $fT_n(S)f \cong T_{n-1}(S)$ 是一个三角环. 由性质 1.2.3 可知, $fT_n(S)f$ 不包含非零中心理想. 由引理 10.2.1 可知, $Z_2(fT_n(S)f) = Z(fT_n(S)f)$. 这样, 定理 10.2.1 的所有假设条件成立. 故此结果可由定理 10.2.1 得到. □

推论 10.2.2 设 S 是一个有 "1" 的非交换素环. 假设 $F_1, F_2, G_1, G_2 : T_2(S) \to T_2(S)$ 是满足下面等式的映射

$$F_1(x)y + F_2(y)x + xG_2(y) + yG_1(x) \in Z(S) \cdot I_2$$

对所有的 $x, y \in T_2(S)$. 则存在 $p_1, p_2, q_1, q_2, r_1, r_2 \in T_2(S)$ 以及 $\alpha_1, \alpha_2 : T_2(S) \to Z(S) \cdot I_2$, 使得 $p_1 + p_2 = r_1 + r_2 \in Z(S) \cdot I_2$, $p_i[x, y] - [x, y]r_i \in Z(S) \cdot I_2$, $i = 1, 2$, 以及

$$F_1(x) = xq_1 - p_1x + \alpha_1(x),$$

$$F_2(x) = xq_2 - p_2x + \alpha_2(x),$$

$$G_1(x) = xr_2 - q_2x - \alpha_1(x),$$

$$G_2(x) = xr_1 - q_1x - \alpha_2(x)$$

对所有的 $x, y \in T_2(S)$.

证明 令 $e = e_{11}$ 和 $f = e_{22}$. 注意到 $fT_2(S)f \cong Sf$ 是一个非交换素环. 易见, $fT_2(S)f$ 不包含非零中心理想. 由著名的 Posner 定理 ([2, 定理 2]) 可知, $Z_2(fT_2(S)f) = Z(fT_2(S)f)$. 因此, 此结果可由定理 10.2.1 得到. □

作为定理 10.2.1 的另一个推论, 我们有如下结论.

推论 10.2.3 设 $\mathcal{N}$ 是一个复数域 C 上的 Hilbert 空间 H 的一个套, 且 $\dim_C H > 2$. 设 $\mathcal{T}(\mathcal{N})$ 是一个套代数. 假设 $F_1, F_2, G_1, G_2 : \mathcal{T}(\mathcal{N}) \to \mathcal{T}(\mathcal{N})$ 是满足下面等式的映射

$$F_1(x)y + F_2(y)x + xG_2(y) + yG_1(x) \in C \cdot 1$$

对所有的 $x, y \in \mathcal{T}(\mathcal{N})$. 则存在 $p_1, p_2, q_1, q_2, r_1, r_2 \in \mathcal{T}(\mathcal{N})$ 以及 $\alpha_1, \alpha_2 : \mathcal{T}(\mathcal{N}) \to C \cdot 1$ 使得 $p_1 + p_2 = r_1 + r_2 \in C \cdot 1$, $p_i[x, y] - [x, y]r_i \in C \cdot 1$, $i = 1, 2$, 以及

$$F_1(x) = xq_1 - p_1x + \alpha_1(x),$$

$$F_2(x) = xq_2 - p_2x + \alpha_2(x),$$

$$G_1(x) = xr_2 - q_2x - \alpha_1(x),$$
$$G_2(x) = xr_1 - q_1x - \alpha_2(x)$$

对所有的 $x, y \in \mathcal{T}(\mathcal{N})$.

证明 若 $\mathcal{N}$ 是一个平凡套, 则 $\mathcal{T}(\mathcal{N})$ 是一个非交换素环. 由 [3, 定理 4.8] 可知结论成立. 下面假设 $\mathcal{N}$ 是一个非平凡套. 则 $\mathcal{T}(\mathcal{N})$ 可看成如下三角环.

$$\mathcal{T}(\mathcal{N}) = \begin{pmatrix} \mathcal{T}(\mathcal{N}_1) & E\mathcal{T}(\mathcal{N})(1-E) \\ & \mathcal{T}(\mathcal{N}_2) \end{pmatrix}.$$

由于 $\dim_C H > 2$, 可得 $\dim_C \mathcal{N}_1 > 1$ 或者 $\dim_C \mathcal{N}_2 > 1$. 这样, $\mathcal{T}(\mathcal{N}_1)$ 和 $\mathcal{T}(\mathcal{N}_2)$ 中至少有一个是非交换素环或者是三角环. 由推论 10.2.1 和推论 10.2.2 可见, 定理 10.2.1 的全部假设条件成立. 故此结论可由定理 10.2.1 得到. □

10.3 三角环上中心化可加映射

设 A 是一个结合环. 一个映射 $F: A \to A$ 称为中心化的, 如果

$$[F(x), x] \in Z(A)$$

对所有的 $x \in A$.

使用定理 10.2.1, 我们给出三角环上中心化可加映射的一个刻画.

定理 10.3.1 设 A 是一个三角环, 且有

$$Z(eAe) = Z(A)e \quad 与 \quad Z(fAf) = Z(A)f.$$

假设下面条件之一成立.

(1) $Z_2(eAe) = Z(eAe)$ 以及 eAe 不包含非零中心理想,

(2) $Z_2(fAf) = Z(fAf)$ 以及 fAf 不包含非零中心理想.

假设 $F: A \to A$ 是一个模 $Z(A)$ 可加的一个映射. 若 F 是中心化的, 则存在 $\lambda \in Z(A)$ 以及 $\tau: A \to Z(A)$ 使得

$$F(x) = \lambda x + \tau(x)$$

对所有的 $x \in A$.

证明 由于 F 是模 $Z(A)$ 可加的, 线性化 $[F(x), x] \in Z(A)$ 可得

$$F(x)y + F(y)x - xF(y) - yF(x) \in Z(A)$$

对所有的 $x, y \in A$. 这样, 由定理 10.2.1 可得

$$\begin{aligned} F(x) &= xq - px + \alpha_1(x), \\ -F(x) &= xr - qx - \alpha_2(x) \end{aligned} \tag{10.3.1}$$

对所有的 $x \in A$, 这里, $p, q, r \in A$ 以及 $\alpha_1, \alpha_2 : A \to Z(A)$. 由 (10.3.1) 得到

$$x(q+r) - (p+q)x \in Z(A)$$

对所有的 $x \in A$. 根据引理 10.2.2 得, $q+r = p+q \in Z(A)$. 故有 $r = p$. 令 $c = p+q$, 我们由 (10.3.1) 得到

$$F(x) = qx + xq - cx + \alpha_1(x)$$

对所有的 $x \in A$. 由于 F 是中心化的, 可见

$$[qx + xq, x] \in Z(A) \tag{10.3.2}$$

对所有的 $x \in A$. 在 (10.3.2) 中取 $x = e$ 得

$$q = eqe + fqf.$$

任取 $r \in A$, 在 (10.3.2) 中取 $x = e + erf$ 可得

$$\begin{aligned} [qx + xq, x] &= [(eqe + fqf)(e + erf) + (e + erf)(eqe + fqf), e + erf] \\ &= [2eqe + eqerf + erfqf, e + erf] \\ &= -eqerf - erfqf + 2eqerf \\ &= eqerf - erfqf \in Z(A) \end{aligned}$$

对所有的 $r \in A$. 由此可得, $eqerf - erfqf = 0$, 进而

$$eqe \cdot erf = erf \cdot fqf$$

对所有的 $r \in A$. 因此

$$q = eqe + fqf \in Z(A).$$

从而, $p \in Z(A)$. 令 $\lambda = q - p$ 和 $\tau = \alpha_1$, 我们得到, $F(x) = \lambda x + \tau(x)$ 对所有的 $x \in A$. □

作为定理 10.3.1 的推论, 我们有如下结论.

推论 10.3.1 设 S 是一个有 “1” 的环. 设 $n \geqslant 3$. 假设 $F : T_n(S) \to T_n(S)$ 是一个模 $Z(S) \cdot I_n$ 可加映射. 若 F 是中心化的, 则存在 $\lambda \in Z(S) \cdot I_n$ 以及 $\tau : T_n(S) \to Z(S) \cdot I_n$ 使得

$$F(x) = \lambda x + \tau(x)$$

对所有的 $x \in T_n(S)$.

推论 10.3.2 设 S 是一个有 "1" 的非交换素环. 假设 $F: T_2(S) \to T_2(S)$ 是一个模 $Z(S)\cdot I_n$ 可加映射. 若 F 是中心化的, 则存在 $\lambda \in Z(S)\cdot I_2$ 以及 $\tau: T_2(S) \to Z(S)\cdot I_2$ 使得

$$F(x) = \lambda x + \tau(x)$$

对所有的 $x \in T_2(S)$.

推论 10.3.3 设 $\mathcal{N}$ 是一个复数域 C 上的 Hilbert 空间 H 上的套, 且 $\dim_C H \geqslant 3$. 假设 $F: \mathcal{T}(\mathcal{N}) \to \mathcal{T}(\mathcal{N})$ 是一个模 $C\cdot 1$ 可加映射. 若 F 是中心化的, 则存在 $\lambda \in C\cdot 1$ 以及 $\tau: \mathcal{T}(\mathcal{N}) \to C\cdot 1$ 使得

$$F(x) = \lambda x + \tau(x)$$

对所有的 $x \in \mathcal{T}(\mathcal{N})$.

10.4 具有宽幂等元环上 2 个变量的函数恒等式

设 A 是一个 "1" 的环, M 是一个 A-双模, C 为 M 的中心. 设 $e \in A$ 是一个幂等元. 令 $f = 1 - e$. 这样, 每一个 $x \in A$ 可唯一表成

$$x = exe + exf + fxe + fxf,$$

以及每一个 $m \in M$ 可唯一表成

$$m = eme + emf + fme + fmf.$$

设 $e \in A$ 是一个幂等元. 考虑下面两个条件:

(1) 任取 $0 \neq m \in M$, 则 $eAm \neq 0$ 和 $mAe \neq 0$,

(2) $C(eAe, eMe) = Ce$.

一个幂等元 $e\in A$ 称为宽幂等元 (对应 M), 如果 e 和 $1-e$ 都满足条件 (1) 和 (2). 具有宽幂等元环的常见例子为: 具有非平凡幂等元的单环、全矩阵环, 以及恰当无限环. 此外, 素环中的非平凡幂等元 (对应素环的极大右商环) 也是宽幂等元. 关于宽幂等元的定义及性质详见 1.3 节或文献 [4].

下面结果将在定理证明中使用.

引理 10.4.1 设 M 是一个 A-双模. 设 C 是 M 的中心. 假设 A 包含一个宽幂等元. 若存在 $p, q \in M$, $r_1, r_2, p_3, p_4 \in eMe$, 以及 $r_3, r_4, p_1, p_2 \in fMf$ 使得

$$\begin{aligned} &xpy + yqx + (exfp_1 + fxer_1)y + (eyfp_2 + fyer_2)x \\ &+ x(p_4eyf + r_4fye) + y(p_3exf + r_3fxe) = 0 \end{aligned} \tag{10.4.1}$$

对所有的 $x, y \in A$. 则 $p = q = 0$ 以及 $r_i = p_i = 0$, $i = 1, 2, 3, 4$.

证明 在 (10.4.1) 中取 $x=y=1$ 得 $p+q=0$. 再取 $x=e$ 与 $y=f$ 可得

$$epf+fpe=0.$$

由此可见, $epf=0=fpe$. 因此, $p=epe+fpf$.

任取 $r\in A$, 在 (10.4.1) 中取 $x=e$ 与 $y=erf$, 得到

$$(epe+p_4)erf=0$$

对所有的 $r\in A$. 故有

$$epe+p_4=0.$$

类似地, 在 (10.4.1) 中取 $x=f$ 与 $y=erf$, 我们得到, $fpf=p_2$. 进一步, 取 $x=e$ 与 $y=fre$ 可得, $epe=r_2$.

在 (10.4.1) 取 $x=f$ 与 $y=fre$, 我们获得, $fpf=-r_4$. 取 $x=erf$ 与 $y=e$ 可得, $epe=p_3$. 取 $x=erf$ 与 $y=f$ 可得, $fpf=-p_1$. 取 $x=fre$ 与 $y=e$ 可得, $epe=-r_1$, 以及取 $x=fre$ 与 $y=f$ 得到, $fpf=r_3$. 这样, 有

$$epe=p_3=-p_4=-r_1=r_2,\quad fpf=-p_1=p_2=r_3=-r_4. \tag{10.4.2}$$

另一方面, 在 (10.4.1) 中取 $x=erf$, 得到

$$erfpfy-yeperf+erfp_1fy+fyer_2erf+erfr_4fye+yp_3erf=0 \tag{10.4.3}$$

对所有的 $r,y\in A$. 用 e 右乘 (10.4.3) 得到

$$exf(fpf+p_1+r_4)fye=0$$

对所有的 $x,y\in A$. 由此可见

$$fpf+p_1+r_4=0. \tag{10.4.4}$$

比较 (10.4.4) 和 (10.4.2) 得到

$$fpf=p_1=p_2=r_3=r_4=0.$$

使用相同的方法, 在 (10.4.1) 中取 $y=erf$ 可得

$$epe+r_1+p_4=0. \tag{10.4.5}$$

然后比较 (10.4.5) 与 (10.4.2), 得到

$$epe=r_1=r_2=p_3=p_4=0.$$

因此, $p=-q=0$. □

下面给出本节的主要结果.

定理 10.4.1 设 A 是一个有 "1" 的环. 设 M 是一个 A-双模. C 为 M 的中心. 假设 A 包含一个宽幂等元 (对应 M). 假设 $F_1, F_2, G_1, G_2 : A \to M$ 是满足下面等式的映射:

$$F_1(x)y + F_2(y)x + xG_2(y) + yG_1(x) = 0 \tag{10.4.6}$$

对所有的 $x, y \in A$. 则存在 $q_1, q_2 \in M$ 以及 $\alpha_1, \alpha_2 : A \to C$ 使得

$$\begin{aligned} F_1(x) &= xq_1 + \alpha_1(x), \\ F_2(x) &= xq_2 + \alpha_2(x), \\ G_1(x) &= -q_2x - \alpha_1(x), \\ G_2(x) &= -q_1x - \alpha_2(x) \end{aligned}$$

对所有的 $x \in A$.

证明 令

$$H(x, y) = F_1(x)y + F_2(y)x + xG_2(y) + yG_1(x)$$

对所有的 $x, y \in A$. 我们首先指出, F_1, F_2, G_1, G_2 是模 C 可加的. 由于

$$H(x_1 + x_2, y) - H(x_1, y) - H(x_2, y) = 0$$

对所有的 $x_1, x_2, y \in A$, 可得

$$\delta_{2,F_1}(x_1, x_2)y + y\delta_{2,G_1}(x_1, x_2) = 0$$

对所有的 $x_1, x_2, y \in A$. 在上式中取 $y = 1$, 得到

$$\delta_{2,F_1}(x_1, x_2) = -\delta_{2,G_1}(x_1, x_2),$$

以及

$$\delta_{2,F_1}(x_1, x_2) = -\delta_{2,G_1}(x_1, x_2) \in C$$

对所有的 $x_1, x_2 \in A$. 这样, F_1 和 G_1 是模 C 可加的. 类似地, 我们可得, F_2 和 G_2 也是模 C 可加的.

由 $eH(x, f)f = 0$ 可得

$$eF_1(x)f = -eF_2(f)xf - exG_2(f)f \tag{10.4.7}$$

对所有的 $x \in A$. 类似地, 得

$$\begin{aligned} eF_2(x)f &= -eF_1(f)xf - exG_1(f)f, \\ eG_1(x)f &= -eF_2(e)xf - exG_2(e)f, \\ eG_2(x)f &= -eF_1(e)xf - exG_1(e)f \end{aligned} \tag{10.4.8}$$

对所有的 $x \in A$. 由 $fH(x,e)e = 0$ 得到

$$fF_1(x)e = -fF_2(e)xe - fxG_2(e)e \tag{10.4.9}$$

对所有的 $x \in A$. 类似地, 有

$$\begin{aligned} fF_2(x)e &= -fF_1(e)xe - fxG_1(e)e, \\ fG_1(x)e &= -fF_2(f)xe - fxG_2(f)e, \\ fG_2(x)e &= -fF_1(f)xe - fxG_1(f)e \end{aligned} \tag{10.4.10}$$

对所有的 $x \in A$. 考虑 $fH(exe, fyf)f = 0$, 得

$$fF_1(exe)fyf + fyfG_1(exe)f = 0$$

对所有的 $x, y \in A$. 由此推出

$$fF_1(exe)f = -fG_1(exe)f \in Cf \tag{10.4.11}$$

对所有的 $x \in A$. 使用相同的方法可得

$$\begin{aligned} fF_2(exe)f &= -fG_2(exe)f \in Cf, \\ eF_1(fxf)e &= -eG_1(fxf)e \in Ce, \\ eF_2(fxf)e &= -eG_2(fxf)e \in Ce \end{aligned} \tag{10.4.12}$$

对所有的 $x \in A$. 根据 $H(exe, eyf)f = 0$ 可见

$$F_1(exe)eyf + exeG_2(eyf)f + eyfG_1(exe)f = 0,$$

从而, $fF_1(exe)eyf = 0$ 对所有的 $x, y \in A$, 由此得出

$$fF_1(exe)e = 0$$

对所有的 $x \in A$, 以及

$$eF_1(exe)eyf + exeG_2(eyf)f + eyfG_1(exe)f = 0$$

对所有的 $x, y \in A$. 进一步, 使用 (10.4.8) 得

$$eF_1(exe)eyf - exe(F_1(e)eyf + yfG_1(e)f) + eyfG_1(exe)f = 0$$

对所有的 $x, y \in A$. 再使用 (10.4.11) 可知

$$\left(eF_1(exe)e - exe(F_1(e) + \tau^{-1}(fG_1(e)f)) + \tau^{-1}(fG_1(exe)f)\right) eyf = 0$$

对所有的 $x, y \in A$. 由此推得

$$eF_1(exe)e = exe\left(F_1(e)e + \tau^{-1}(fG_1(e)f)\right) - \tau^{-1}(fG_1(exe)f) \tag{10.4.13}$$

对所有的 $x \in A$. 使用相同的方法, 可得

$$\begin{aligned} fF_1(exe)e &= 0 = eF_1(fxf)f, \\ fF_2(exe)e &= 0 = eF_2(fxf)f \end{aligned}$$

对所有的 $x \in A$ 以及

$$\begin{aligned} fF_1(fxf)f &= fxf\left(F_1(f)f + \tau^{-1}(eG_1(f)e)\right) - \tau^{-1}(eG_1(fxf)e), \\ eF_2(exe)e &= exe\left(F_2(e)e + \tau^{-1}(fG_2(e)f)\right) - \tau^{-1}(fG_2(exe)f), \\ fF_2(fxf)f &= fxf\left(F_2(f)f + \tau^{-1}(eG_2(f)e)\right) - \tau^{-1}(eG_2(fxf)e) \end{aligned} \tag{10.4.14}$$

对所有的 $x \in A$. 由 $fH(exe, fye) = 0$ 可得

$$fF_1(exe)fye + fF_2(fye)exe + fyeG_1(exe) = 0,$$

以及 $fyeG_1(exe)f = 0$ 对所有的 $x \in A$, 由此可得

$$eG_1(exe)f = 0$$

对所有的 $x \in A$ 以及

$$fF_1(exe)fye + fF_2(fye)exe + fyeG_1(exe)e = 0$$

对所有的 $x, y \in A$. 进一步使用 (10.4.10) 得

$$fF_1(exe)fye - (fF_1(e)fye + fyeG_1(e))exe + fyeG_1(exe)e = 0$$

对所有的 $x, y \in A$. 进一步, 使用 (10.4.11) 可得

$$fye\left(\tau^{-1}(fF_1(exe)f) - (\tau^{-1}(fF_1(e)f) + eG_1(e))exe + eG_1(exe)e\right) = 0$$

对所有的 $x, y \in A$. 因此

$$eG_1(exe)e = \left(eG_1(e)e + \tau^{-1}(fF_1(e)f)\right)exe - \tau^{-1}(fF_1(exe)f) \tag{10.4.15}$$

对所有的 $x \in A$. 使用相同的方法可得

$$\begin{aligned} eG_1(exe)f &= 0 = fG_1(fxf)e, \\ fG_2(fxf)e &= 0 = fG_2(fxf)e \end{aligned}$$

对所有的 $x \in A$ 以及

$$
\begin{aligned}
fG_1(fxf)f &= \big(fG_1(f)f + \tau^{-1}(eF_1(f)e)\big)\, fxf - \tau^{-1}(eF_1(fxf)e), \\
eG_2(exe)e &= \big(eG_2(e)e + \tau^{-1}(fF_2(e)f)\big)\, exe - \tau^{-1}(fF_2(exe)f), \\
fG_2(fxf)f &= \big(fG_2(f)f + \tau^{-1}(eF_2(f)e)\big)\, fxf - \tau^{-1}(eF_2(fxf)e)
\end{aligned} \tag{10.4.16}
$$

对所有的 $x \in A$. 使用 $eH(exe, eyf)e = 0$ 可得

$$eF_2(eyf)exe + exeG_2(eyf)e + eyfG_1(exe)e = 0$$

对所有的 $x, y \in A$. 进而, 使用 (10.4.10) 获得

$$(eF_2(eyf)e - eyfF_2(f)e)exe + exeG_2(eyf)e = 0$$

对所有的 $x, y \in A$. 由此得到

$$-eG_2(eyf)e = eF_2(eyf)e - eyfF_2(f)e \in Ce$$

对所有的 $y \in A$. 使用相同的方法可得

$$
\begin{aligned}
-fF_2(eyf)f &= fG_2(eyf)f - fG_2(e)eyf \in Cf, \\
-eG_1(eyf)e &= eF_1(eyf)e - eyfF_1(f)e \in Ce, \\
-fF_1(eyf)f &= fG_1(eyf)f - fG_1(e)eyf \in Cf
\end{aligned} \tag{10.4.17}
$$

对所有的 $y \in A$. 由于 $eH(exe, fye)e = 0$, 得到

$$eF_1(exe)fye + eF_2(fye)exe + exeG_2(fye)e = 0$$

对所有的 $x, y \in A$. 进一步, 使用 (10.4.7) 得

$$eF_2(fye)exe + exe(eG_2(fye)e - eG_2(f)fye) = 0$$

对所有的 $x, y \in A$. 由此可得

$$-eF_2(fye)e = eG_2(fye)e - eG_1(f)fye \in Ce$$

对所有的 $y \in A$. 类似地, 可得

$$
\begin{aligned}
-eF_1(fye)e &= eG_1(fye)e - eG_1(f)fye \in Ce, \\
-fG_1(fye)f &= fF_1(fye)f - fyeF_1(e)f \in Cf, \\
-fG_2(fye)f &= fF_2(fye)f - fyeF_2(e)f \in Cf
\end{aligned} \tag{10.4.18}
$$

对所有的 $y \in A$. 由 $fH(exf, fye)e = 0$ 可得

$$fF_1(exf)fye + fyeG_1(exf)e = 0$$

对所有的 $x, y \in A$. 使用 (10.4.17) 得到

$$fye\left(\tau^{-1}(fF_1(exf)f) - eF_1(exf)e + exfF_1(f)e\right) = 0$$

对所有的 $x, y \in A$. 由此可得

$$eF_1(exf)e - exfF_1(f)e = \tau^{-1}(fF_1(exf)f) \tag{10.4.19}$$

对所有的 $x \in A$. 进一步, 使用 (10.4.17), 加上 (10.4.19) 可得

$$\begin{aligned}&eG_1(exf)e - fG_1(e)exf + fG_1(exf)f \\ =&-eF_1(exf)e + exfF_1(f)e - fG_1(e)exf \\ &-fF_1(exf)f + fG_1(e)exf \\ =&-eF_1(exf)e + exfF_1(f)e - fF_1(exf)f \in C\end{aligned} \tag{10.4.20}$$

对所有的 $x \in A$. 类似地, 有

$$\begin{aligned}&eG_2(exf)e - fG_2(e)exf + fG_2(exf)f \\ =&-eF_2(exf)e + exfF_2(f)e - fF_2(exf)f \in C\end{aligned}$$

对所有的 $x \in A$. 由 $eH(fxe, eyf)f = 0$ 可推出

$$eF_1(fxe)eyf + eyfG_1(fxe)f = 0$$

对所有的 $x, y \in A$. 使用 (10.4.18) 可得

$$eyf(\tau(eF_1(fxe)e) - fF_1(fxe)f + fxeF_1(e)f) = 0$$

对所有的 $x, y \in A$. 由此可见

$$fF_1(fxe)f - fxeF_1(e)f = \tau(eF_1(fxe)e) \tag{10.4.21}$$

对所有的 $x \in A$. 进一步, 使用 (10.4.18) 加上 (10.4.21), 得到

$$\begin{aligned}&eG_1(fxe)e - eG_1(f)fxe + fG_1(fxe)f \\ =&-eF_1(fxe)e + fxeF_1(e)f - fF_1(fxe)f \in C\end{aligned} \tag{10.4.22}$$

对所有的 $x \in A$. 类似地, 有

$$\begin{aligned} &eG_2(fxe)e - eG_2(f)fxe + fG_2(fxe)f \\ =& - eF_2(fxe)e - fF_2(fxe)f + fxeF_2(e)f \in C \end{aligned}$$

对所有的 $x \in A$.

下面我们确定 F_1. 使用 (10.4.7), (10.4.9), (10.4.13), 以及 (10.4.14), 得到

$$\begin{aligned} F_1(x) &= eF_1(x)e + eF_1(x)f + fF_1(x)e + fF_1(x)f \\ &= eF_1(exe)e + eF_1(exf)e + eF_1(fxe)e + eF_1(fxf)e + eF_1(x)f \\ &\quad + fF_1(x)e + fF_1(exe)f + fF_1(exf)f + fF_1(fxe)e \\ &\quad + fF_1(fxf)f + \delta_{4,F_1}(exe, exf, fxe, fxf) \\ &= exe(F_1(e)e + \tau^{-1}(fG_1(e)f)) - \tau^{-1}(fG_1(exe)f) + eF_1(exf)e \\ &\quad + eF_1(fxe)e + eF_1(fxf)e - eF_2(f)xf - exG_2(f)f - fF_1(e)xe \\ &\quad - fxG_2(e)e - fG_1(exe)f + fF_1(exf)f + fF_1(fxe)f \\ &\quad + fxf(F_1(f)f + \tau^{-1}(eG_1(f)e)) - \tau^{-1}(eG_1(fxf)e) \\ &\quad + \delta_{4,F_1}(exe, exf, fxe, fxf) \end{aligned}$$

对所有的 $x \in A$. 定义一个映射 α_1 如下

$$\begin{aligned} \alpha_1(x) = & (eF_1(exf)e + fF_1(exf)f - exfF_1(f)e) \\ & + (eF_1(fxe)e + fF_1(fxe)f - fxeF_1(e)f) \\ & + (-\tau^{-1}(fG_1(exe)f) + fF_1(exe)f) \\ & + (eF_1(fxf)e + \tau(eF_1(fxf)e)) \\ & + \delta_{4,F_1}(exe, exf, fxe, fxf) \end{aligned}$$

对所有的 $x \in A$. 根据 (10.4.11), (10.4.12), (10.4.19), 以及 (10.4.21), 可见, $\alpha_1(A) \subseteq C$.

使用等式 $eF_2(f)f = 0 = fF_2(e)e$ 可得

$$\begin{aligned} F_1(x) = & exe(F_1(e)e + \tau^{-1}(fG_1(e)f)) - eF_2(f)exf - exeG_2(f)f \\ & - exfG_2(f)f - fF_2(e)fxe - fxeG_2(e)e - fxfG_2(e)e \\ & + fxf(F_1(f)f + \tau^{-1}(eG_1(f)e)) + exfF_1(f)e \\ & + fxeF_1(e)f + \alpha_1(x) \end{aligned} \tag{10.4.23}$$

对所有的 $x \in A$. 容易验证, $eG_2(f)f = -eF_1(e)f$ 以及 $fG_2(e)e = -fF_1(f)e$. 这样, 我们可把 (10.4.23) 写成

$$
\begin{aligned}
F_1(x) =& xe(F_1(e)e+\tau^{-1}(fG_1(e)f))-fxe(F_1(e)e+\tau^{-1}(fG_1(e)f)) \\
&-eF_2(f)exf-xeG_2(f)f-exfG_2(f)f-fF_2(e)fxe \\
&-fxeG_2(e)e-xfG_2(e)e+xf(F_1(f)f+\tau^{-1}(eG_1(f)e)) \\
&-exf(F_1(f)f+\tau^{-1}(eG_1(f)e))+\alpha_1(x) \\
=& x(eF_1(e)e+\tau^{-1}(fG_1(e)f)-eG_2(f)f-fG_2(e)e \\
&+fF_1(f)f+\tau(eG_1(f)e))+exf(-\tau(eF_2(f)e) \\
&-fG_2(f)f-fF_1(f)f-\tau(eG_1(f)e)) \\
&+fxe(-eF_1(e)e-eG_2(e)e-\tau^{-1}(fG_1(e)f) \\
&-\tau^{-1}(fF_2(e)f))+\alpha_1(x)
\end{aligned}
\tag{10.4.24}
$$

对所有的 $x\in A$. 使用相同的方法, 有

$$
\begin{aligned}
F_2(x) =& x(eF_2(e)e+\tau^{-1}(fG_2(e)f)-eG_1(f)f-fG_1(e)e+fF_2(f)f \\
&+\tau(eG_2(f)e))+exf(-\tau(eF_1(f)e)-fG_1(f)f-fF_2(f)f \\
&-\tau(eG_2(f)e))+fxe(-eF_2(e)e-eG_1(e)e-\tau^{-1}(fG_2(e)f) \\
&-\tau^{-1}(fF_1(e)f))+\alpha_2(x)
\end{aligned}
\tag{10.4.25}
$$

对所有的 $x\in A$, 这里

$$
\begin{aligned}
\alpha_2(x) =& (eF_2(exf)e+fF_2(exf)f-exfF_2(f)e) \\
&+(eF_2(fxe)e+fF_2(fxe)f-fxeF_2(e)f) \\
&+(-\tau^{-1}(fG_2(exe)f)+fF_2(exe)f) \\
&+(eF_2(fxf)e+\tau(eF_2(fxf)e)) \\
&+\delta_{4,F_2}(exe,exf,fxe,fxf)\in C
\end{aligned}
$$

对所有的 $x\in A$. 我们现在确定 G_1. 使用 (10.4.8), (10.4.10), (10.4.15), 以及 (10.4.16), 得

$$
\begin{aligned}
G_1(x) =& eG_1(x)e+eG_1(x)f+fG_1(x)e+fG_1(x)f \\
=& eG_1(exe)e+eG_1(exf)e+eG_1(fxe)e+eG_1(fxf)e \\
&+eG_1(x)f+fG_1(x)e+fG_1(exe)f+fG_1(exf)f \\
&+fG_1(fxe)f+fG_1(fxf)f+\delta_{4,G_1}(exe,exf,fxe,fxf) \\
=& (eG_1(e)e+\tau^{-1}(fF_1(e)f))exe-\tau^{-1}(fF_1(exe)f) \\
&+eG_1(exf)e+eG_1(fxe)e+eG_1(fxf)e \\
&-eF_2(e)xf-exG_2(e)f-fF_2(f)xe-fxG_2(f)e
\end{aligned}
$$

$$
\begin{aligned}
&+fG_1(exe)f+fG_1(exf)f+fG_1(fxe)f\\
&+(\tau(eF_1(f)e)+fG_1(f)f)fxf-\tau(eF_1(fxf)e)\\
&+\delta_{4,G_1}(exe,exf,fxe,fxf) \qquad (10.4.26)
\end{aligned}
$$

对所有的 $x\in A$. 注意到 $eG_2(e)f=0=fG_2(f)e$ 以及

$$
\delta_{4,F_1}(exe,exf,fxe,fxf)=-\delta_{4,G_1}(exe,exf,fxe,fxf)\in C
$$

对所有的 $x\in A$. 容易验证, $eF_2(e)f=-eG_1(f)f$ 以及 $fF_2(f)e=-fG_2(e)e$. 使用 (10.4.11), (10.4.12), (10.4.20), 以及 (10.4.22), 可把 (10.4.26) 写成

$$
\begin{aligned}
G_1(x)&=(eG_1(e)e+\tau^{-1}(fF_1(e)f))exe-eF_2(e)exf\\
&\quad-eF_2(e)fxf-exfG_2(e)f-fF_2(f)exe\\
&\quad-fF_2(f)fxe-fxeG_2(f)e\\
&\quad+(\tau(eF_1(f)e)+fG_1(f)f)fxf+fG_2(e)exf\\
&\quad+eG_1(f)fxe-\alpha_1(x)\\
&=(eG_1(e)e+\tau^{-1}(fF_1(e)f))x-(eG_1(e)e+\tau^{-1}(fF_1(e)f))exf\\
&\quad-eF_2(e)exf-eF_2(e)fx-exfG_2(e)f-fF_2(f)ex\\
&\quad-fF_2(f)fxe-fxeG_2(f)e+(\tau(eF_1(f)e)\\
&\quad+fG_1(f)f)fx-(\tau(eF_1(f)e)\\
&\quad+fG_1(f)f)fxe-\alpha_1(x)
\end{aligned}
$$

对所有的 $x\in A$. 这样, 有

$$
\begin{aligned}
G_1(x)=&(eG_1(e)e+\tau^{-1}(fF_1(e)f)-eF_2(e)f-fF_2(f)e\\
&+\tau(eF_1(f)e)+fG_1(f)f)x+(-eG_1(e)e\\
&-\tau^{-1}(fF_1(e)f)-eF_2(e)e\\
&-\tau^{-1}(fG_2(e)f))exf+(-fF_2(f)f-\tau^{-1}(eG_2(f)e)\\
&-\tau(eF_1(f)e)-fG_1(f)f)fxe-\alpha_1(x) \qquad (10.4.27)
\end{aligned}
$$

对所有的 $x\in A$. 类似地,

$$
\begin{aligned}
G_2(x)=&(eG_2(e)e+\tau^{-1}(fF_2(e)f)-eF_1(e)f-fF_1(f)e\\
&+\tau(eF_2(f)e)+fG_2(f)f)x+(-eG_2(e)e\\
&-\tau^{-1}(fF_2(e)f)-eF_1(e)e\\
&-\tau^{-1}(fG_1(e)f))exf+(-fF_1(f)f-\tau^{-1}(eG_1(f)e)
\end{aligned}
$$

$$-\tau(eF_2(f)e) - fG_2(f)f)fxe - \alpha_2(x) \tag{10.4.28}$$

对所有的 $x \in A$. 令

$$\begin{aligned}
q_1 &= eF_1(e)e + \tau^{-1}(fG_1(e)f) - eG_2(f)f - fG_2(e)e \\
&\quad + fF_1(f)f + \tau(eG_1(f)e), \\
q_2 &= eF_2(e)e + \tau^{-1}(fG_2(e)f) - eG_1(f)f - fG_1(e)e \\
&\quad + fF_2(f)f + \tau(eG_2(f)e), \\
q_3 &= eG_1(e)e + \tau^{-1}(fF_1(e)f) - eF_2(e)f - fF_2(f)e \\
&\quad + \tau(eF_1(f)e) + fG_1(f)f, \\
q_4 &= eG_2(e)e + \tau^{-1}(fF_2(e)f) - eF_1(e)f - fF_1(f)e \\
&\quad + \tau(eF_2(f)e) + fG_2(f)f, \\
p_1 &= -\tau(eF_2(f)e) - fG_2(f)f - fF_1(f)f - \tau(eG_1(f)e), \\
p_2 &= -\tau(eF_1(f)e) - fG_1(f)f - fF_2(f)f - \tau(eG_1(f)e), \\
p_3 &= -eG_1(e)e - \tau^{-1}(fF_1(e)f) - eF_2(e)e - \tau^{-1}(fG_2(e)f), \\
p_4 &= -eG_2(e)e - \tau^{-1}(fF_2(e)f) - eF_1(e)e - \tau^{-1}(fG_1(e)f), \\
r_1 &= -eF_1(e)e - eG_2(e)e - \tau^{-1}(fG_1(e)f) - \tau^{-1}(fF_2(e)f), \\
r_2 &= -eF_2(e)e - eG_1(e)e - \tau^{-1}(fG_2(e)f) - \tau^{-1}(fF_1(e)f), \\
r_3 &= -fF_2(f)f - \tau^{-1}(eG_2(f)e) - \tau(eF_1(f)e) - fG_1(f)f, \\
r_4 &= -fF_1(f)f - \tau^{-1}(eG_1(f)e) - \tau(eF_2(f)e) - fG_2(f)f.
\end{aligned}$$

这样, 我们可由 (10.4.24), (10.4.25), (10.4.27), 以及 (10.4.28) 得到

$$\begin{aligned}
F_1(x) &= xq_1 + exfp_1 + fxer_1 + \alpha_1(x), \\
F_2(x) &= xq_2 + exfp_2 + fxer_2 + \alpha_2(x), \\
G_1(x) &= q_3x + p_3exf + r_3fxe - \alpha_1(x), \\
G_2(x) &= q_4x + p_4exf + r_4fxe - \alpha_2(x)
\end{aligned} \tag{10.4.29}$$

对所有的 $x \in A$. 注意到

$$r_1, r_2, p_3, p_4 \in eMe \quad \text{和} \quad p_1, p_2, r_3, r_4 \in fMf.$$

最后, 把 (10.4.29) 代入 (10.4.6) 中, 得到

$$\begin{aligned}
&x(q_1 + q_4)y + y(q_2 + q_3)x + (exfp_1 + fxer_1)y + (eyfp_2 + fyer_2)x \\
&+ x(p_4eyf + r_4fye) + y(p_3exf + r_3fxe) = 0
\end{aligned}$$

对所有的 $x, y \in A$. 根据引理 10.4.1 得到

$$q_1 = -q_4, \quad q_2 = -q_3, \quad 以及 \quad p_i = r_i = 0, \quad i = 1, 2, 3, 4. \qquad \square$$

10.5 具有宽幂等元环上广义内双导子

设 $a, b \in M$. 若一个映射 $g : A \to M$ 具有如下形式

$$g(x) = ax + xb$$

对所有的 $x \in A$, 则称 g 为广义内导子.

定义 10.5.1 一个双可加映射 $G : A \times A \to M$ 称为广义内双导子, 如果对每个 $y \in A$, 唯一存在 $g_1(y), g_2(y), g_3(y), g_4(y) \in M$ 使得

$$G(x, y) = g_1(y)x + xg_2(y) \quad 与 \quad G(y, x) = g_3(y)x + xg_4(y)$$

对所有的 $x \in A$. 也就是, 对每一个 $y \in A$, 映射 $x \mapsto G(x, y)$ 和 $x \mapsto G(y, x)$ 是广义内导子.

使用定理 10.4.1 可得如下结论.

定理 10.5.1 设 A 是一个有 "1" 的环. M 是一个 A-双模, C 是 M 的中心. 假设 A 包含一个宽幂等元 (对应 M). 若 $G : A \times A \to M$ 是一个广义内双导子, 则存在 $a, b \in M$ 使得

$$G(x, y) = xay + ybx$$

对所有的 $x, y \in A$.

证明 设 G 是一个广义内双导子. 由定义知, 存在 $g_1, g_2, g_3, g_4 : A \to M$ 使得

$$G(x, y) = g_1(y)x + xg_2(y) = g_3(x)y + yg_4(x)$$

对所有的 $x, y \in A$. 上式可得

$$-g_3(x)y + g_1(y)x + xg_2(y) - yg_4(x) = 0$$

对所有的 $x, y \in A$. 根据定理 10.4.1 得, 存在 $q_1, q_2 \in M$ 以及 $\alpha : A \to C$ 使得

$$-g_3(x) = xq_1 + \alpha(x) \quad 与 \quad -g_4(x) = -q_2x - \alpha(x)$$

对所有的 $x \in A$. 进而

$$G(x, y) = -xq_1y + yq_2x$$

对所有的 $x, y \in A$. 令 $a = -q_1$ 和 $b = q_2$. $\square$

10.6 具有宽幂等元环上值包含映射

设 A 是一个有 "1" 的环. M 是一个 A-双模. C 为 M 的中心.

定义 10.6.1 一个映射 $F: A \to M$ 称为值包含映射, 如果

$$[F(x), A] \subseteq [x, A]$$

对每一个 $x \in A$.

易见, 交换化可加映射是值包含映射. 事实上, 若 $F: A \to M$ 是一个交换化可加映射. 即

$$[F(x), x] = 0$$

对所有的 $x \in A$. 在上式中, 用 $x + y$ 代替 x 得

$$[F(x), y] = [x, F(y)]$$

对所有的 $x, y \in A$. 由此可见, F 是值包含映射.

定义 10.6.2 一个可加映射 $d: A \to M$ 称为导子, 如果

$$d(xy) = d(x)y + xd(y)$$

对所有的 $x, y \in A$.

定义 10.6.3 一个可加映射 $d: A \to M$ 称为局部导子, 如果对每一个 $x \in A$, 存在一个导子 $d_x: A \to M$ (依赖 x) 使得 $d(x) = d_x(x)$.

引理 10.6.1 假设 A 包含一个宽幂等元 (对应 M). 则每一个从 A 到 M 的局部导子都是导子.

证明 假设 $d: A \to M$ 是一个局部导子. 则有 $d(1) = d_1(1) = 0$. 任取 $x, y, z \in A$ 使得 $xy = 0 = yz$. 得到

$$xd(y)z = xd_y(y)z = d_y(xy)z - d_y(x)yz = 0.$$

使用 [6, 定理 3.4] 的证明方法可得

$$A[e, A]A(d(xy) - d(yx)y - xd(y))A[e, A]A = 0$$

对所有的 $x, y \in A$. 由于 $eAf \subseteq [e, A]$, 得到

$$AeAfA(d(xy) - d(x)y - xd(y))AeAfA = 0$$

对所有的 $x, y \in A$. 由于 e 和 f 都是宽幂等元, 可由上式得

$$d(xy) = d(x)y + xd(y)$$

对所有的 $x, y \in A$. 因此, d 是一个导子. □

应用定理 10.4.1, 我们有如下结论.

引理 10.6.2 设 A 是一个有 "1" 的环, M 是一个 A-双模, 以及 C 是 M 的中心. 假设 A 包含一个宽幂等元 (相对于 M). 假设 $F: A \to M$ 是一个模 C 可加映射. 若 F 是交换化的, 则存在 $\lambda \in C$, 以及 $\alpha: A \to C$ 使得

$$F(x) = \lambda x + \alpha(x)$$

对所有的 $x \in A$.

证明 由于 F 是模 C 可加的, 线性化 $[F(x), x] = 0$ 可得

$$F(x)y + F(y)x - xF(y) - yF(x) = 0$$

对所有的 $x, y \in A$. 使用定理 10.4.1 得到

$$F(x) = xq_1 + \alpha(x),$$
$$-F(x) = -q_2x - \alpha(x)$$

对所有的 $x \in A$, 这里, $q_1, q_2 \in M$, $\alpha: A \to C$. 由此可见

$$xq_1 = q_2x$$

对所有的 $x \in A$. 易见, $q_1 = q_2 \in C$. 取 $\lambda = q_1$. □

使用引理 10.6.1 和引理 10.6.2, 我们有如下结论.

定理 10.6.1 *设 A 是一个有 "1" 的环, M 是一个 A-双模, 以及 C 是 M 的中心. 假设 A 包含一个宽幂等元 (相对于 M). 假设 $F: A \to M$ 是一个模 C 可加的. 若 F 是值包含映射, 则存在 $\lambda \in C$ 以及 $\mu: A \to C$ 使得*

$$F(x) = \lambda x + \mu(x)$$

对所有的 $x \in A$.

证明 令 $D(x, y) = [F(x), y]$. 任取 A 中两个元 x, y, 存在 $m_{x,y} \in M$ 使得

$$D(x, y) = [x, m_{x,y}].$$

一方面, 固定 $y \in A$, 我们可见, $x \mapsto D(x, y)$ 是一个局部导子. 由引理 10.6.1 可知, $x \mapsto D(x, y)$ 是一个导子. 另一方面, 固定 $x \in A$, 易见, $y \mapsto D(x, y)$ 是一个导子. 因此, D 是一个双导子. 使用 [7, 引理 3.1] 可得

$$D(x, y)z[u, v] = [x, y]zD(u, v)$$

对所有的 $x, y, z, u, v \in A$. 特别地,

$$D(x, x)A[A, A] = 0$$

对所有的 $x \in A$. 由于 $eAf \subseteq [A, A]$, 我们得到, $D(x,x)AeAf = 0$ 对所有的 $x \in A$. 从而, $D(x,x) = 0$ 对所有的 $x \in A$. 从而, F 是交换化的. 此结果可由引理 10.6.2 得到. □

10.7 注　记

环上 2 个变量函数的恒等式是由 Brešar 首先开展研究的 (参见文献 [8]). 环上函数恒等式的系统理论是由 Beidar 等建立的. 关于环上函数恒等式理论及其应用的详细内容可见 Brešar 等的专著 [9].

我们知道, 关于 (半) 素环上多个变量的函数恒等式的研究已经完成. 人们开始把兴趣放在非半素环上函数恒等式理论的研究中. 2013 年, Eremita 首先研究了三角环上两个基本的 2 个变量的函数恒等式中的一个, 也就是最基本的 2 个变量的函数恒等式 (见文献 [1]). 他得到了不同于 (半) 素环的新的标准解形式. 这说明了研究三角环上函数恒等式是有意义的. 作为主要结果的推论, 他给出了三角环上交换化可加映射的另一种刻画. 我们知道, 三角代数上的交换化映射是由 Cheung 在三个假设条件下首先给出了刻画 (见文献 [10]). 通过使用函数恒等式方法, Eremita 去掉了 Cheung 的结果的一个假设条件. 同时, 他通过使用函数恒等式方法给出了三角环上广义双导子的一种刻画. 说明了在三角环上使用函数恒等式方法研究映射问题是一种有效的研究方法.

本章研究了三角环上另一个基本的 2 个变量的函数恒等式, 从而完善了 Eremita 的工作 (见文献 [11]). 主要的方法是使用了 "不包含非零中心理想" 以及 "2-中心" 这两个假设条件. 作为主要结果的应用, 给出了三角环上中心化可加映射的一种刻画. 对比已经介绍的三角代数上中心化可加映射的结果, 可见使用函数恒等式方法会产生和传统方法不一样的假设条件.

宽幂等元是由 Brešar 于 2009 年提出的概念 (见文献 [4]). 他在具有宽幂等元的环上讨论了值包含映射的结构. 由定义易见, 具有宽幂等元环 (对应的模是本身) 一定是广义矩阵环. 它同时又包括了全矩阵环与具有幂等元的素环. 具有宽幂等元环是通过模来定义的, 因此适合的范围要广泛一些.

本章证明了具有宽幂等元环上 2 个变量的函数恒等式只有标准解 (和素环的标准解形式相同). 作为应用, 给出了值包含映射的一个刻画, 从而改进了 Brešar 的结果.

具有宽幂等元环一定是广义矩阵环, 它是更接近全矩阵环和具有幂等元素环的广义矩阵环. 目前, 广义矩阵环上 2 个变量的函数恒等式还没有研究成果出现.

此外, 本章介绍了局部导子的定义. 局部导子在算子代数上的研究成果非常丰富 (参见文献本章 [12]). Brešar 在文献 [6] 中证明了一个著名结果: 具有幂等元的素环上的局部导子一定是导子. 我们证明了此结果在具有宽幂等元环上也成立, 从而推广了 Brešar 的著名结果.

从证明过程看, 通过函数恒等式方法研究映射问题会使证明过程变得复杂, 但这种研究方法确实能解决一些传统方法不能解决的问题. 目前, 三角环上多个变量的函数恒等式还没有研究成果出现. 本章内容见于文献 [11, 13].

参 考 文 献

[1] Eremita D. Functional identities of degree 2 in triangular rings. Linear Algebra Appl., 2013, 438: 584-597.

[2] Posner E C. Derivations in prime rings. Proc. Amer. Math. Soc., 1957, 8: 1093-1100.

[3] Brešar M. On generalized biderivations and related maps. J. Algebra, 1995, 172: 764-786.

[4] Brešar M. Range-inclusive maps in rings with idempotents. Comm. Algebra, 2009, 37: 154-163.

[5] Brešar M. On generalized biderivations and related maps. J. Algebra, 1995, 172: 764-786.

[6] Brešar M. Characterizing homomorphisms, derivations, and multipliers in rings with idempotents. Proc. Royal Soc. Edinburgh A., 2007, 137: 9-21.

[7] Brešar M, Martindale W S, Miers C R. Centralizing maps in prime rings with involution. J. Algebra, 1993, 161: 342-357.

[8] Brešar M. Functional identities of degree two. J. Algebra, 1995, 172: 690-720.

[9] Brešar M, Chebotar M A, Martindale W S. Functional Identities. Frontiers in Mathematics. Basel: Birkhäuser, 2007.

[10] Cheung W S. Commuting maps of triangular algebras. J. London Math. Soc., 2001, 63: 117-127.

[11] Wang Y. On functional identities of degree 2 and centralizing maps in triangular rings. Operators and Matrices, 2016, 19: 485-499.

[12] Kadison R V. Local derivations. J. Algebra, 1990, 130: 494-509.

[13] Wang Y. Functional identities of degree 2 in rings with idempotents. Comm. Algebra, 2017, 45: 709-721.

第 11 章　上三角矩阵代数上函数恒等式

本章先介绍环上基本型函数恒等式的定义, 然后介绍 d-自由子集的定义与性质. 本章的主要内容是讨论上三角矩阵代数的 d-自由性.

11.1　定义及性质

设 Q 是一个有 "1" 的环. 设 R 是 Q 的一个非空子集. 设 N 为全体正整数集合.

任取 $m \in N$, $I, J \subseteq \{1, 2, \cdots, m\}$. 设 $E_i, F_j : R^{m-1} \to Q$ 是任意映射. 我们考虑下面的函数恒等式:

$$\sum_{i \in I} E_i(\bar{x}_m^i) x_i + \sum_{j \in J} x_j F_j(\bar{x}_m^j) = 0, \tag{11.1.1}$$

$$\sum_{i \in I} E_i(\bar{x}_m^i) x_i + \sum_{j \in J} x_j F_j(\bar{x}_m^j) \in Z(Q) \tag{11.1.2}$$

对所有的 $\bar{x}_m \in R^m$, 这里, $\bar{x}_m = (x_1, \cdots, x_m) \in R^m$ 以及

$$\bar{x}_m^i = (x_1, \cdots, x_{i-1}, x_{i+1}, \cdots, x_m) \in R^{m-1}.$$

为了简洁, 设

$$\bar{x}_m^i = (x_1, \cdots, \widehat{x_i}, \cdots, x_m).$$

易见, (11.1.1) (同样地, (11.1.2)) 有如下的解: 对任意的映射

$$p_{ij} : R^{m-2} \to Q, \quad i \in I, j \in J, \quad i \neq j,$$
$$\lambda_k : R^{m-1} \to Z(Q), \quad k \in I \cup J,$$

这里, 当 $k \notin I \cap J$ 时, $\lambda_k = 0$, 使得

$$\begin{aligned} E_i^i(\bar{x}_m) &= \sum_{\substack{j \in J \\ j \neq i}} x_j p_{ij}(\bar{x}_m^{ij}) + \lambda_i^i(\bar{x}_m), \\ F_j^j(\bar{x}_m) &= -\sum_{\substack{i \in I \\ i \neq j}} p_{ij}(\bar{x}_m^{ij}) x_i - \lambda_j^j(\bar{x}_m), \end{aligned} \tag{11.1.3}$$

这里

$$\bar{x}_m^{ij} = \bar{x}_m^{ji} = (x_1, \cdots, x_{i-1}, x_{i+1}, \cdots, x_{j-1}, x_{j+1}, \cdots, x_m) \in R^{m-2}.$$

为了简洁, 设

$$\bar{x}_m^{ij} = (x_1, \cdots, \widehat{x}_i, \cdots, \widehat{x}_j, \cdots, x_m).$$

称 (11.1.3) 为 (11.1.1) 和 (11.1.2) 的标准解.

当 $J = \varnothing$ 时, 可认为和为零. 这样, (11.1.1) 变成

$$\sum_{i \in I} E_i(\bar{x}_m^i) x_i = 0 \tag{11.1.4}$$

对所有的 $\bar{x}_m \in R^m$. 类似地, 当 $I = \varnothing$ 时, (11.1.1) 变成

$$\sum_{j \in J} x_j F_j(\bar{x}_m^j) = 0 \tag{11.1.5}$$

对所有的 $\bar{x}_m \in R^m$. 类似地, (11.1.2) 的特殊情况如下

$$\sum_{i \in I} E_i(\bar{x}_m^i) x_i \in Z(Q) \tag{11.1.6}$$

$$\sum_{j \in J} x_j F_j(\bar{x}_m^j) \in Z(Q) \tag{11.1.7}$$

对所有的 $\bar{x}_m \in R^m$. 我们指出, (11.1.4) 和 (11.1.6) 的标准解是, $E_i = 0$ 对所有的 i. 事实上, 由于 $J = \varnothing$, 得

$$\sum_{\substack{j \in J \\ j \neq i}} x_j p_{ij}(\bar{x}_m^{ij}) = 0$$

对所有的 $\bar{x}_m \in R^m$. 此外, 由 $i \notin I \cap J$ 得到 $\lambda_i = 0$. 从而, $E_i = 0$. 类似地, (11.1.5) 和 (11.1.7) 的标准解是, $F_j = 0$ 对所有的 j.

下面介绍 d-自由子集的定义 (见 [1, 定义 3.1]).

定义 11.1.1 设 Q 是一个有 "1" 的环. R 是 Q 的一个非空子集. 设 $d \in \mathbb{N}$. 如果对任意的 $m \in \mathbb{N}$ 以及 $I, J \subseteq \{1, 2, \cdots, m\}$, 下列条件成立:

(1) 当 $\max\{|I|, |J|\} \leqslant d$ 时, 则 (11.1.1) 推出 (11.1.3),

(2) 当 $\max\{|I|, |J|\} \leqslant d - 1$ 时, 则 (11.1.2) 推出 (11.1.3).

则称 R 为 Q 的 d-自由子集. 特别地, 当 $R = Q$ 时, 则称 Q 是 d-自由子集.

设 A 是一个素环. Q_l 为 A 的极大左商环. C_l 为 A 的扩展形心 (也就是 Q_l 的中心). C_l 是一个域 (参见文献 [1, 定理 A.6]).

如果 $x \in Q_l$ 是 C_l 上的代数元, 用 $\deg(x)$ 表示 x 的度. 即 x 的最小多项式的次数. 如果 $x \in Q_l$ 不是代数元, 令 $\deg(x) = \infty$. 由此可见, $\deg(x) \geqslant d$ 指的是, x 不

是代数元或者 x 是度不小于 d 的代数元. 任取 Q_l 的一个非空子集 R, 我们定义 R 的度为

$$\deg(R) = \sup\{\deg(x) \mid x \in R\}.$$

下面给出 d-自由子集的具体例子.

注释 11.1.1([1, 第 5 章第 2 节]) 设 A 是一个素环. Q_l 为 A 的极大左商环. C_l 为 A 的扩展形心. 设 R 是 Q_l 的一个非空子集. 则有

(1) 当 $\deg(A) \geqslant d$, 且 R 包含 A 的一个非零理想时, 则 R 是为 Q_l 的 d-自由子集;

(2) 当 $\deg(A) \geqslant d+1$, 且 R 包含 A 的一个非中心 Lie 理想时, 则 R 是为 Q_l 的 d-自由子集.

为了证明主要结果, 我们需要下面结果.

性质 11.1.1 设 R 是 Q 的一个 d-自由子集. 则

(1) 当 $|I| \leqslant d$ 时, 由 (11.1.4) 可推出 $E_i = 0$,

(2) 当 $|J| \leqslant d$ 时, 由 (11.1.5) 可推出 $F_j = 0$,

(3) 当 $|I| \leqslant d-1$ 时, 由 (11.1.6) 可推出 $E_i = 0$,

(4) 当 $|J| \leqslant d-1$ 时, 由 (11.1.7) 可推出 $F_j = 0$,

(5) 当 $\max\{|I|, |J|\} \leqslant d$ 时, (11.1.3) 中的 p_{ij} 和 λ_i 是唯一决定的.

证明 根据 d-自由子集的定义, 当 $J = \varnothing$ 时可知, 结论 (1) 与结论 (3) 成立. 当 $I = \varnothing$ 时可知, 结论 (2) 与结论 (4) 成立. 下面我们证明结论 (5).

假设 $\max\{|I|, |J|\} \leqslant d$. 由于 R 是 Q 的一个 d-自由子集, 则存在两组标准解, 即存在 $p_{ij}, q_{ij} : R^{m-2} \to Q$, $i \in I$, $j \in J$, $i \neq j$, 以及 $\lambda_k, \mu_k : R^{m-1} \to Z(Q)$ 使得

$$E_i^i(\bar{x}_m) = \sum_{\substack{j\in J\\ j\neq i}} x_j p_{ij}(\bar{x}_m^{ij}) + \lambda_i^i(\bar{x}_m) = \sum_{\substack{j\in J\\ j\neq i}} x_j q_{ij}(\bar{x}_m^{ij}) + \mu_i^i(\bar{x}_m)$$

对所有的 $\bar{x}_m \in R^m$, $i \in I$. 由上式可得

$$\sum_{\substack{j\in J\\ j\neq i}} x_j[p_{ij} - q_{ij}] = \mu_i - \lambda_i \in Z(Q)$$

对所有的 $\bar{x}_m \in R^m$, $i \in I$. 当 $i \in J$ 时, 则 $|J \setminus \{i\}| \leqslant d-1$. 由于 R 是 d-自由的, 可由上式得, $p_{ij} = q_{ij}$ 对所有的 $j \in J \setminus \{i\}$. 进而, $\lambda_i = \mu_i$. 当 $i \notin J$ 时, 可知 $\lambda_i = \mu_i = 0$. 由上式可见

$$\sum_{\substack{j\in J\\ j\neq i}} x_j[p_{ij} - q_{ij}] = 0$$

对所有的 $\bar{x}_m \in R^m$. 这样, 由 d-自由子集定义可见, $p_{ij} = q_{ij}$ 对所有的 $i, j \in J$, $i \neq j$. □

为了定理证明方便, 我们引入几个符号. 设

$$\mathbb{N}_m = \{1, 2, \cdots, m\} \quad \text{以及} \quad \mathbb{N}_m^{\triangleleft} = \{(i,j) \in \mathbb{N}_m \times \mathbb{N}_m \mid i \leqslant j\}.$$

用 $M_{m\times n}(R)$ 代表 R 上全体 $m \times n$ 矩阵组成的集合. 任取 $A = (a_{ij}) \in M_{m\times n}(R)$, 令 $(A)_{ij} = a_{ij}$ 以及

$$A_s^{\ulcorner} = \begin{pmatrix} a_{11} & a_{12} & \cdots & a_{1s} \\ a_{22} & a_{22} & \cdots & a_{2s} \\ \vdots & \vdots & & \vdots \\ a_{s1} & a_{s2} & \cdots & a_{ss} \end{pmatrix}, \quad \text{这里}, 1 \leqslant s \leqslant \min\{m, n\},$$

$$A_{s,t}^{\urcorner} = \begin{pmatrix} a_{1t} \\ a_{2t} \\ \vdots \\ a_{st} \end{pmatrix}, \quad \text{这里}, 1 \leqslant s \leqslant m, 1 \leqslant t \leqslant n, \quad A^{\lrcorner} = a_{mn}.$$

用 $T_n(R)$ 代表 R 上全体 $n\times n$ 上三角矩阵组成的集合. 任取 $A = (a_{ij}) \in T_n(R)$. 为了简化符号, 令

$$A^{\ulcorner} = A_{n-1}^{\ulcorner}, \quad A^{\urcorner} = A_{n-1,n}^{\urcorner} \quad \text{以及} \quad A^{\lrcorner} = a_{nn}.$$

设 S 是一个集合. 对每一个映射 $E : S \to T_n(Q)$, 定义

$$\begin{aligned} E^{\ulcorner} &: S \to T_{n-1}(Q), \\ E^{\urcorner} &: S \to M_{(n-1)\times 1}(Q), \\ E^{\lrcorner} &: S \to Q \end{aligned}$$

如下

$$E^{\ulcorner}(s) = E(s)^{\ulcorner}, \quad E^{\urcorner}(s) = E(s)^{\urcorner}, \quad E^{\lrcorner}(s) = E(s)^{\lrcorner}.$$

11.2 主要结果

在给出本章的主要结果之前, 我们给出下面的关键引理.

引理 11.2.1 设 R 是 Q 的一个 d-自由子集, 且 $0 \in R$. 假设 $I, J \subseteq \mathbb{N}_m^{\triangleleft}$, 满足 $\max\{|I|, |J|\} \leqslant d$. 设 $(s,t), (u,v), (c,d)$ 是 $\mathbb{N}_m^{\triangleleft}$ 中互不相同的正整数对. 假设 $E_i, F_j : T_n(R)^{m-1} \to Q$ 以及 $\alpha_k : T_n(R)^{m-1} \to Z(Q)$ 满足下面等式:

$$\sum_{i\in I} E_i(\bar{X}_m^i)(X_i)_{st} + \sum_{j\in J} (X_j)_{uv} F_j(\bar{X}_m^j) + \sum_{k\in I\cap J} \alpha_k(\bar{X}_m^k)(X_k)_{cd} = 0 \tag{11.2.1}$$

对所有的 $\bar{X}_m \in T_n(R)^m$. 则 $\alpha_k = 0$ 对所有的 $k \in I \cap J$, 并且存在映射 p_{ij} : $T_n(R)^{m-2} \to Q$, $i \in I$, $j \in J$, $i \neq j$, 使得

$$E_i(X_m^i) = \sum_{\substack{j \in J \\ j \neq i}} (X_j)_{uv} p_{ij}(\bar{X}_m^{ij}), \quad i \in I,$$

$$F_j(X_m^j) = -\sum_{\substack{i \in I \\ i \neq j}} p_{ij}(\bar{X}_m^{ij})(X_i)_{st}, \quad j \in J$$

对所有的 $\bar{X}_m \in T_n(R)^m$.

证明 任取 $X_1, X_2, \cdots, X_m \in T_n(R)$, 令

$$y_i = (X_i)_{st}, \quad y_{i+m} = (X_i)_{uv}, \quad y_{i+2m} = (X_i)_{cd}$$

对所有的 $i = 1, 2, \cdots, m$.

固定 $(X_i)_{pq}$ 对所有的 $i = 1, 2, \cdots, m$, $(p, q) \in \mathbb{N}_n^{\triangleleft}$, 且 $(p, q) \neq (s, t), (u, v), (c, d)$.

定义 $\bar{E}_i, \bar{F}_{j+m} : R^{3m-1} \to Q$, $i \in I$, $j \in J$, 如下

$$\bar{E}_i(\bar{y}_{3m}^i) = E_i(\bar{X}_m^i), \quad \bar{F}_{j+m}(\bar{y}_{3m}^{j+m}) = F_j(\bar{X}_m^j),$$

以及 $\bar{\alpha}_{k+2m} : R^{3m-1} \to Z(Q)$, $k \in I \cap J$, 如下

$$\bar{\alpha}_{k+2m}(\bar{y}_{3m}^{k+2m}) = \alpha_k(\bar{X}_m^k)$$

对所有的 $\bar{y}_{3m} \in R^{3m}$. 则 (11.2.1) 能够表成

$$\sum_{i \in I} \bar{E}_i(\bar{y}_{3m}^i) y_i + \sum_{j \in J} y_{j+m} \bar{F}_{j+m}(\bar{y}_{3m}^{j+m}) + \sum_{k \in I \cap J} \bar{\alpha}_{k+2m}(\bar{y}_{3m}^{k+2m}) y_{k+2m} = 0 \quad (11.2.2)$$

对所有的 $\bar{y}_{3m} \in R^{3m}$. 我们首先指出, $\bar{\alpha}_{k+2m} = 0$ 对所有的 $k \in I \cap J$.

对 $|I \cap J|$ 使用归纳. 假设 $|I \cap J| = 1$. 即 $I \cap J = \{k_0\}$. 在 (11.2.2) 中取 $y_{k_0} = 0$ 得到

$$\sum_{i \in I \setminus \{k_0\}} \bar{E}_i(\bar{y}_{3m}^i) y_i + \bar{\alpha}_{k_0+2m}(\bar{y}_{3m}^{k_0+2m}) y_{k_0+2m} + \sum_{j \in J} y_{j+m} \bar{F}_{j+m}(\bar{y}_{3m}^{j+m}) = 0 \quad (11.2.3)$$

对所有的 $\bar{y}_{3m} \in R^{3m}$, 且 $y_{k_0} = 0$. 注意到 $|I \setminus \{k_0\}| + 1 = |I|$. 由于 R 是 d-自由子集, 且 y_{k_0}, y_{k_0+m} 不出现在式子 $\bar{\alpha}_{k_0+2m}(\bar{y}_{3m}^{k_0+2m})$ 中, 我们可知, 存在映射 $\bar{p}_{(k_0+2m)(j+m)} : R^{3m-2} \to Q$, $j \in J$, 使得

$$\bar{\alpha}_{k_0+2m}(\bar{y}_{3m}^{k_0+2m}) = \sum_{j \in J \setminus \{k_0\}} y_{j+m} \bar{p}_{(k_0+2m)(j+m)}(\bar{y}_{3m}^{(k_0+2m)(j+m)}) \in Z(Q)$$

对所有的 $\bar{y}_{3m} \in R^{3m}$, 且 $y_{k_0} = 0$. 注意到 $|J \setminus \{k_0\}| \leqslant d-1$. 由于 R 是 d-自由的, 我们可从引理 11.1.1(4) 得到, $\bar{\alpha}_{k_0+2m} = 0$.

下面假设 $|I \cap J| > 1$. 任取 $k_0 \in I \cap J$, 在 (11.2.2) 中取 $y_{k_0} = 0$ 可得

$$\sum_{i \in I \setminus \{k_0\}} \bar{E}_i(\bar{y}_{3m}^i) y_i + \bar{\alpha}_{k_0+2m}(\bar{y}_{3m}^{k_0+2m}) y_{k_0+2m} + \sum_{j \in J} y_{j+m} \bar{F}_{j+m}(\bar{y}_{3m}^{j+m})$$
$$+ \sum_{k \in (I \cap J) \setminus \{k_0\}} \bar{\alpha}_{k+2m}(\bar{y}_{3m}^{k+2m}) y_{k+2m} = 0$$

对所有的 $\bar{y}_{3m} \in R^{3m}$, 且 $y_{k_0} = 0$. 注意到 $|(I \cap J) \setminus \{k_0\}| = |I \cap J| - 1$ 以及 $\max\{|I \setminus \{k_0\}| + 1, |J|\} \leqslant d$. 根据归纳假设得到

$$\bar{\alpha}_{k+2m}(\bar{y}_{3m}^{k+2m}) = 0$$

对所有的 $\bar{y}_{3m} \in R^{3m}$, $k \in (I \cap J) \setminus \{k_0\}$, 且 $y_{k_0} = 0$. 这样, 得到

$$\sum_{i \in I \setminus \{k_0\}} \bar{E}_i(\bar{y}_{3m}^i) y_i + \bar{\alpha}_{k_0+2m}(\bar{y}_{3m}^{k_0+2m}) y_{k_0+2m} + \sum_{j \in J} y_{j+m} \bar{F}_{j+m}(\bar{y}_{3m}^{j+m}) = 0$$

对所有的 $\bar{y}_{3m} \in R^{3m}$, 且 $y_{k_0} = 0$. 类似地, 使用处理 (11.2.3) 的方法可得, $\bar{\alpha}_{k_0+2m} = 0$. 综上所述, 我们得到, $\alpha_k = 0$ 对所有的 $k \in I \cap J$.

由 (11.2.2) 可得到

$$\sum_{i \in I} \bar{E}_i(\bar{y}_{3m}^i) y_i + \sum_{j \in J} y_{j+m} \bar{F}_{j+m}(\bar{y}_{3m}^{j+m}) = 0 \tag{11.2.4}$$

对所有的 $\bar{y}_{3m} \in R^{3m}$. 注意到 y_{i+m} 不出现在 $\bar{E}_i(\bar{y}_{3m}^i)$ 中, y_j 不出现在 $\bar{F}_{j+m}(\bar{y}_{3m}^{j+m})$ 中. 由于 R 是 d-自由的, 可由 (11.2.4) 得到, 存在映射 $\bar{p}_{i(j+m)} : R^{3m-2} \to Q$, $i \in I$, $j \in J$, $i \neq j$ 使得

$$\bar{E}_i(\bar{y}_{3m}^i) = \sum_{\substack{j \in J \\ j \neq i}} y_{j+m} \bar{p}_{i(j+m)}(\bar{y}_{3m}^{i(j+m)}), \quad i \in I, \tag{11.2.5}$$

$$\bar{F}_{j+m}(\bar{y}_{3m}^{j+m}) = -\sum_{\substack{i \in I \\ i \neq j}} \bar{p}_{i(j+m)}(\bar{y}_{3m}^{i(j+m)}) y_i, \quad j \in J \tag{11.2.6}$$

对所有的 $\bar{y}_{3m} \in R^{3m}$. 下面指出, $\bar{p}_{i(j+m)}$, $i \in I, j \in J$ 且 $i \neq j$, 不依赖变量 $y_{i+m}, y_{i+2m}, y_j, y_{j+2m}$.

对任意的 $z_1, z_2, z_3, z_4 \in R$, 由于 y_{i+m}, y_{i+2m} 不出现在 $\bar{E}_i(\bar{y}_{3m}^i)$ 中, 由 (11.2.5) 得到

$$\sum_{\substack{j \in J \\ j \neq i}} y_{j+m} \bar{p}_{i(j+m)}(\bar{y}_{3m}^{i(j+m)}) \,|_{\substack{y_{i+m}=z_1 \\ y_{i+2m}=z_2}} = \sum_{\substack{j \in J \\ j \neq i}} y_{j+m} \bar{p}_{i(j+m)}(\bar{y}_{3m}^{i(j+m)}) \,|_{\substack{y_{i+m}=z_3 \\ y_{i+2m}=z_4}},$$

从而

$$\sum_{\substack{j\in J\\ j\neq i}} y_{j+m}\left(\bar{p}_{i(j+m)}(\bar{y}_{3m}^{i(j+m)})\,|_{\substack{y_{i+m}=z_1\\ y_{i+2m}=z_2}} -\bar{p}_{i(j+m)}(\bar{y}_{3m}^{i(j+m)})\,|_{\substack{y_{i+m}=z_3\\ y_{i+2m}=z_4}}\right)=0$$

对所有的 $(y_1,\cdots,\widehat{y_{i+m}},\cdots,\widehat{y_{i+2m}},\cdots,y_{3m})\in R^{3m-2}$. 由于 R 是 d-自由的, 由引理 11.1.1 得

$$\bar{p}_{i(j+m)}(\bar{y}_{3m}^{i(j+m)})\,|_{\substack{y_{i+m}=z_1\\ y_{i+2m}=z_2}}=\bar{p}_{i(j+m)}(\bar{y}_{3m}^{i(j+m)})\,|_{\substack{y_{i+m}=z_3\\ y_{i+2m}=z_4}}$$

对所有的 $(y_1,\cdots,\widehat{y_{i+m}},\cdots,\widehat{y_{i+2m}},\cdots,y_{3m})\in R^{3m-2}$. 这说明 $\bar{p}_{i(j+m)}$ 不依赖变量 y_{i+m},y_{i+2m}. 类似地, 由于 y_j,y_{j+2m} 不出现在 $\bar{F}_{j+m}(\bar{y}_{3m}^{j+m})$ 中, 我们可从 (11.2.6) 得到, $\bar{p}_{i(j+m)}$ 也不依赖变量 y_j,y_{j+2m}.

由引理 11.1.1(5) 可知, $\bar{p}_{i(j+m)}$ 是唯一的. 这样, 我们定义 $p_{ij}:T_n(R)^{m-2}\to Q$, $i\in I$, $j\in J$, $i\neq j$, 如下

$$p_{ij}(\bar{X}_m^{ij})=\bar{p}_{i(j+m)}(\bar{y}_{3m}^{i(j+m)})$$

对所有的 $\bar{X}_m\in T_n(R)^m$, 其中

$$y_{i+m}=y_{i+2m}=y_j=y_{j+2m}=0.$$

我们由 (11.2.5) 和 (11.2.6) 得到

$$E_i(X_m^i)=\sum_{\substack{j\in J\\ j\neq i}}(X_j)_{uv}p_{ij}(\bar{X}_m^{ij}),\quad i\in I,$$

$$F_j(X_m^j)=-\sum_{\substack{i\in I\\ i\neq j}}p_{ij}(\bar{X}_m^{ij})(X_i)_{st},\quad j\in J$$

对所有的 $\bar{X}_m\in T_n(R)^m$. □

下面结果是引理 11.2.1 的推广形式.

引理 11.2.2 设 R 是 Q 的一个 d-自由子集, 且 $0\in R$. 设 $m,n\in\mathbb{N}$, $n\geqslant 2$. 假设 $I,J\subseteq\mathbb{N}_m^{\triangleleft}$, 并且, $\max\{|I|,|J|\}\leqslant d$. 假设 $E_i,F_j:T_n(R)^m\to M_{s\times 1}(Q)$, 这里 $1\leqslant s\leqslant n-1$, $\alpha_k:T_n(R)^{m-1}\to Z(Q)$ 使得

$$\sum_{i\in I}E_i(\bar{X}_m^i)X_i^{\lrcorner}+\sum_{j\in J}(X_j)_s^{\ulcorner}F_j(\bar{X}_m^j)+\sum_{k\in I\cap J}\alpha_k(\bar{X}_m^k)(X_k)_{s,n}^{\urcorner}=0 \tag{11.2.7}$$

对所有的 $\bar{X}_m\in T_n(R)^m$. 则 $\alpha_k=0$ 对所有的 $k\in I\cap J$, 以及存在 $p_{ij}:T_n(R)^{m-2}\to M_{s\times 1}(Q)$, $i\in I$, $j\in J$, $i\neq j$, 使得

$$
E_i(X_m^i) = \sum_{\substack{j\in J\\ j\neq i}} (X_j)_s^{\ulcorner} p_{ij}(\bar{X}_m^{ij}), \quad i \in I,
$$

$$
F_j(X_m^j) = -\sum_{\substack{i\in I\\ i\neq j}} p_{ij}(\bar{X}_m^{ij}) X_i^{\lrcorner}, \quad j \in J
$$

对所有的 $\bar{X}_m \in T_n(R)^m$.

证明　我们对 s 使用归纳法. 当 $s=1$ 时, 此结果可由引理 11.2.1 得到. 下面假设 $s \geqslant 2$. 定义映射 $E_i^{\top}, F_j^{\top} : T_n(R)^{m-1} \to M_{(s-1)\times 1}(Q)$, $E_i^{\perp}, F_j^{\perp} : T_n(R)^{m-1} \to Q$, $i \in I$, $j \in J$, 如下

$$
E_i^{\top}(\bar{X}_m^i) = (E_i(\bar{X}_m^i))_{s-1,1}^{\urcorner}, \quad E_i^{\perp}(\bar{X}_m^i) = E_i(\bar{X}_m^i)^{\lrcorner}
$$

$$
F_j^{\top}(\bar{X}_m^i) = (F_j(\bar{X}_m^i))_{s-1,1}^{\urcorner}, \quad F_j^{\perp}(\bar{X}_m^i) = F_j(\bar{X}_m^i)^{\lrcorner}
$$

对所有的 $\bar{X}_m \in T_n(R)^m$. 注意到

$$
E_i(\bar{X}_m^i) = \begin{pmatrix} E_i^{\top}(\bar{X}_m^i) \\ E_i^{\perp}(\bar{X}_m^i) \end{pmatrix}, \quad F_j(\bar{X}_m^j) = \begin{pmatrix} F_j^{\top}(\bar{X}_m^j) \\ F_j^{\perp}(\bar{X}_m^j) \end{pmatrix},
$$

以及

$$
(X_j)_s^{\ulcorner} = \begin{pmatrix} (X_j)_{s-1}^{\ulcorner} & (X_j)_{s-1,s}^{\urcorner} \\ 0 & (X_j)_{ss} \end{pmatrix}, \quad (X_k)_{s,n}^{\urcorner} = \begin{pmatrix} (X_k)_{s-1,n}^{\urcorner} \\ (X_k)_{sn} \end{pmatrix}.
$$

则由 (11.2.7) 推出

$$
\begin{aligned}
&\sum_{i\in I} E_i^{\top}(\bar{X}_m^i) X_i^{\lrcorner} + \sum_{j\in J} (X_j)_{s-1}^{\ulcorner} F_j^{\top}(\bar{X}_m^j) + \sum_{j\in J} (X_j)_{s-1,s}^{\urcorner} F_j^{\perp}(\bar{X}_m^j) \\
&+ \sum_{k\in I\cap J} \alpha_k(\bar{X}_m^k)(X_k)_{s-1,n}^{\urcorner} = 0,
\end{aligned} \tag{11.2.8}
$$

以及

$$
\sum_{i\in I} E_i^{\perp}(\bar{X}_m^i) X_i^{\lrcorner} + \sum_{j\in J} (X_j)_{ss} F_j^{\perp}(\bar{X}_m^j) + \sum_{k\in I\cap J} \alpha_k(\bar{X}_m^k)(X_k)_{sn} = 0 \tag{11.2.9}
$$

对所有的 $\bar{X}_m \in T_n(R)^m$. 根据引理 11.2.1, 可从 (11.2.9) 得出, $\alpha_k = 0$ 对所有的 $k \in I \cap J$, 以及存在 $q_{ij} : T_n(R)^{m-2} \to Q$, $i \in I$, $j \in J$, $i \neq j$, 使得

$$
\begin{aligned}
E_i^{\perp}(X_m^i) &= \sum_{\substack{j\in J\\ j\neq i}} (X_j)_{ss} q_{ij}(\bar{X}_m^{ij}), \quad i \in I, \\
F_j^{\perp}(X_m^j) &= -\sum_{\substack{i\in I\\ i\neq j}} q_{ij}(\bar{X}_m^{ij}) X_i^{\lrcorner}, \quad j \in J
\end{aligned} \tag{11.2.10}
$$

对所有的 $\bar{X}_m \in T_n(R)^m$. 把 (11.2.10) 代入到 (11.2.8) 中, 获得

$$\sum_{i\in I}\left[E_i^{\top}(\bar{X}_m^i) - \sum_{\substack{j\in J\\ j\neq i}}(X_j)^{\urcorner}_{s-1,s}q_{ij}(\bar{X}_m^{ij})\right]X_i^{\lrcorner} + \sum_{j\in J}(X_j)^{\ulcorner}_{s-1}F_j^{\top}(\bar{X}_m^j) = 0$$

对所有的 $\bar{X}_m \in T_n(R)^m$. 根据归纳假设可知, 存在 $r_{ij}: T_n(R)^{m-2} \to M_{(s-1)\times 1}(Q)$, $i\in I, j\in J, i\neq j$, 使得

$$E_i^{\top}(\bar{X}_m^i) - \sum_{\substack{j\in J\\ j\neq i}}(X_j)^{\urcorner}_{s-1,s}q_{ij}(\bar{X}_m^{ij}) = \sum_{\substack{j\in J\\ j\neq i}}(X_j)^{\ulcorner}_{s-1}r_{ij}(\bar{X}_m^{ij}), \quad i\in I,$$

$$F_j^{\top}(X_m^j) = -\sum_{\substack{i\in I\\ i\neq j}}r_{ij}(\bar{X}_m^{ij})X_i^{\lrcorner}, \quad j\in J$$

对所有的 $\bar{X}_m \in T_n(R)^m$. 这样, 得到

$$\begin{aligned}\begin{pmatrix} E_i^{\top}(\bar{X}_m^i) \\ E_i^{\perp}(\bar{X}_m^i) \end{pmatrix} &= \begin{pmatrix} \sum\limits_{\substack{j\in J\\ j\neq i}}(X_j)^{\ulcorner}_{s-1}r_{ij}(\bar{X}_m^{ij}) + \sum\limits_{\substack{j\in J\\ j\neq i}}(X_j)^{\urcorner}_{s-1,s}q_{ij}(\bar{X}_m^{ij}) \\ \sum\limits_{\substack{j\in J\\ j\neq i}}(X_j)_{ss}q_{ij}(\bar{X}_m^{ij}) \end{pmatrix} \\ &= \sum_{\substack{j\in J\\ j\neq i}}\begin{pmatrix} (X_j)^{\ulcorner}_{s-1} & (X_j)^{\urcorner}_{s-1,s} \\ 0 & (X_j)_{ss} \end{pmatrix}\begin{pmatrix} r_{ij}(\bar{X}_m^{ij}) \\ q_{ij}(\bar{X}_m^{ij}) \end{pmatrix} \end{aligned} \tag{11.2.11}$$

以及

$$\begin{pmatrix} F_j^{\top}(\bar{X}_m^j) \\ F_j^{\perp}(\bar{X}_m^j) \end{pmatrix} = -\sum_{\substack{i\in I\\ i\neq j}}\begin{pmatrix} r_{ij}(\bar{X}_m^{ij}) \\ q_{ij}(\bar{X}_m^{ij}) \end{pmatrix}X_i^{\lrcorner} \tag{11.2.12}$$

对所有的 $\bar{X}_m \in T_n(R)^m$. 定义 $p_{ij}: T_n(R)^{m-2} \to M_{s\times 1}(Q)$, $i\in I, j\in J, i\neq j$ 如下

$$p_{ij}(\bar{X}_m^{ij}) = \begin{pmatrix} r_{ij}(\bar{X}_m^{ij}) \\ q_{ij}(\bar{X}_m^{ij}) \end{pmatrix}.$$

这样, 我们可由 (11.2.11) 和 (11.2.12) 得到

$$E_i(\bar{X}_m^i) = \sum_{\substack{j\in J\\ j\neq i}}(X_j)^{\ulcorner}_{s}p_{ij}(\bar{X}_m^{ij}), \quad i\in I,$$

$$F_j(\bar{X}_m^j) = -\sum_{\substack{i\in I\\ i\neq j}}p_{ij}(\bar{X}_m^{ij})X_i^{\lrcorner}, \quad j\in J$$

对所有的 $\bar{X}_m \in T_n(R)^m$. □

下面我们给出本章的主要结果.

定理 11.2.1　设 R 是 Q 的一个 d-自由子集, 且 $0 \in R$. 设 $T_n(R)$ 表示 R 上全体 $n \times n$ 上三角矩阵组成的集合. 则对每一个 $n \in \mathbb{N}$, $T_n(R)$ 是 $T_n(Q)$ 的一个 d-自由子集.

证明　我们对 n 使用归纳法. 当 $n = 1$ 时, 结果显然成立. 假设 $n \geqslant 2$. 设 $m \in \mathbb{N}$ 以及 $I, J \subseteq \mathbb{N}^{\triangleleft}$. 设 $E_i, F_j : T_n(R)^{m-1} \to T_n(Q)$ 是任意映射. 令

$$E_i(\bar{X}_m^i) = \begin{pmatrix} E_i^{\ulcorner}(\bar{X}_m^i) & E_i^{\urcorner}(\bar{X}_m^i) \\ & E_i^{\lrcorner}(\bar{X}_m^i) \end{pmatrix} \tag{11.2.13}$$

以及

$$F_j(\bar{X}_m^j) = \begin{pmatrix} F_j^{\ulcorner}(\bar{X}_m^j) & F_j^{\urcorner}(\bar{X}_m^j) \\ & F_j^{\lrcorner}(\bar{X}_m^j) \end{pmatrix}. \tag{11.2.14}$$

下面的证明分成两个步骤.

步骤 1　假设 $\max\{|I|, |J|\} \leqslant d$. 我们指出, 下面等式

$$\sum_{i\in I} E_i(\bar{X}_m^i)X_i + \sum_{j\in J} X_j F_j(\bar{X}_m^j) = 0 \quad 对所有的\ \bar{X}_m \in T_n(R)^m \tag{11.2.15}$$

只有标准解.

容易验证 (11.2.15) 可推导出下面三个等式:

$$\sum_{i\in I} E_i^{\ulcorner}(\bar{X}_m^i)X_i^{\ulcorner} + \sum_{j\in J} X_j^{\ulcorner} F_j^{\ulcorner}(\bar{X}_m^j) = 0, \tag{11.2.16}$$

$$\sum_{i\in I} E_i^{\lrcorner}(\bar{X}_m^i)X_i^{\lrcorner} + \sum_{j\in J} X_j^{\lrcorner} F_j^{\lrcorner}(\bar{X}_m^j) = 0, \tag{11.2.17}$$

$$\sum_{i\in I} E_i^{\ulcorner}(\bar{X}_m^i)X_i^{\urcorner} + \sum_{i\in I} E_i^{\urcorner}(\bar{X}_m^i)X_i^{\lrcorner} + \sum_{j\in J} X_j^{\ulcorner} F_j^{\urcorner}(\bar{X}_m^j) + \sum_{j\in J} X_j^{\urcorner} F_j^{\lrcorner}(\bar{X}_m^j) = 0 \tag{11.2.18}$$

对所有的 $\bar{X}_m \in T_n(R)^m$.

我们首先考虑 (11.2.16). 任取 $X_1, X_2, \cdots, X_m \in T_n(R)$, 固定 $X_i^{\urcorner}, X_i^{\lrcorner}$ 对所有的 i. 令 $Y_i = X_i^{\ulcorner}$ 对所有的 i. 我们定义 $\bar{E}_i, \bar{F}_j : T_{n-1}(R)^{m-1} \to T_{n-1}(Q)$ 如下

$$\bar{E}_i(\bar{Y}_m^i) = E_i^{\ulcorner}(\bar{X}_m^i) \quad 与 \quad \bar{F}_j(\bar{Y}_m^j) = F_j^{\ulcorner}(\bar{X}_m^j)$$

对所有的 $\bar{Y}_m \in T_{n-1}(R)^m$. 这样, (11.2.16) 可写成

$$\sum_{i\in I} \bar{E}_i(\bar{Y}_m^i)Y_i + \sum_{j\in J} Y_j \bar{F}_j(\bar{Y}_m^j) = 0 \tag{11.2.19}$$

对所有的 $\bar{Y}_m \in T_{n-1}(R)^m$. 由归纳假设可知存在映射

$$\bar{p}_{ij} : T_{n-1}(R)^{m-2} \to T_{n-1}(Q), \quad i \in I, j \in J, i \neq j,$$
$$\bar{\lambda}_k : T_{n-1}(R)^{m-1} \to Z(Q), \quad k \in I \cup J,$$

使得

$$\begin{aligned} \bar{E}_i(\bar{Y}_m^i) &= \sum_{\substack{j\in J\\ j\neq i}} Y_j \bar{p}_{ij}(\bar{Y}_m^{ij}) + \bar{\lambda}_i(\bar{Y}_m^i) I_{n-1}, \\ \bar{F}_j(\bar{Y}_m^j) &= -\sum_{\substack{i\in I\\ i\neq j}} \bar{p}_{ij}(\bar{Y}_m^{ij}) Y_i - \bar{\lambda}_j(\bar{Y}_m^j) I_{n-1}, \\ \bar{\lambda}_k &= 0, \quad 当 \quad k \notin I \cap J. \end{aligned} \tag{11.2.20}$$

根据引理 11.1.1(5) 可知, $\bar{p}_{ij}$ 与 $\bar{\lambda}_i$ 是唯一决定的. 这样, 我们可以定义映射 p_{ij} : $T_n(R)^{m-2} \to T_{n-1}(Q)$ 和 $\lambda_k : T_n(R)^{m-1} \to Z(Q), i \in I, j \in J, i \neq j, k \in I \cup J$ 如下

$$p_{ij}(\bar{X}_m^{ij}) = \bar{p}_{ij}(\bar{Y}_m^{ij}) \quad 与 \quad \lambda_k(\bar{X}_m^k) = \bar{\lambda}_k(\bar{Y}_m^k).$$

由 (11.2.20) 可导出

$$\begin{aligned} E_i^{\ulcorner}(\bar{X}_m^i) &= \sum_{\substack{j\in J\\ j\neq i}} X_j^{\ulcorner} p_{ij}(\bar{X}_m^{ij}) + \lambda_i(\bar{X}_m^i) I_{n-1}, \\ F_j^{\ulcorner}(\bar{X}_m^j) &= -\sum_{\substack{i\in I\\ i\neq j}} p_{ij}(\bar{X}_m^{ij}) X_i^{\ulcorner} - \lambda_j(\bar{X}_m^j) I_{n-1}, \\ \lambda_k &= 0, \quad 当 \quad k \notin I \cap J \end{aligned} \tag{11.2.21}$$

对所有的 $\bar{X}_m \in T_n(R)^m$. 类似地, 由 (11.2.17) 可导出 $q_{ij} : T_n(R)^{m-2} \to Q$, $i \in I$, $j \in J$, $i \neq j$, 以及 $\mu_k : T_n(R)^{m-1} \to Z(Q)$, $k \in I \cup J$, 使得

$$\begin{aligned} E_i^{\lrcorner}(\bar{X}_m^i) &= \sum_{\substack{j\in J\\ j\neq i}} X_j^{\lrcorner} q_{ij}(\bar{X}_m^{ij}) + \mu_i(\bar{X}_m^i), \\ F_j^{\lrcorner}(\bar{X}_m^j) &= -\sum_{\substack{i\in I\\ i\neq j}} q_{ij}(\bar{X}_m^{ij}) X_i^{\lrcorner} - \mu_j(\bar{X}_m^j), \\ \mu_k &= 0, \quad 当 \quad k \notin I \cap J \end{aligned} \tag{11.2.22}$$

对所有的 $\bar{X}_m \in T_n(R)^m$.

下面考虑 (11.2.18). 使用 (11.2.21) 和 (11.2.22), 可把 (11.2.18) 写成

$$0 = \sum_{i\in I} \left(E_i^{\urcorner}(\bar{X}_m^i) - \sum_{\substack{j\in J\\ j\neq i}} X_j^{\urcorner} q_{ij}(\bar{X}_m^{ij}) \right) X_i^{\lrcorner}$$

$$
+\sum_{j\in J} X_j^{\ulcorner}\left(F_j^{\urcorner}(\bar{X}_m^j)+\sum_{\substack{i\in I\\ i\neq j}} p_{ij}(\bar{X}_m^{ij})X_i^{\urcorner}\right)
$$

$$
+\sum_{k\in I\cap J}\left(\lambda_k(\bar{X}_m^k)-\mu_k(\bar{X}_m^k)\right)X_k^{\urcorner} \tag{11.2.23}
$$

对所有的 $\bar{X}_m \in T_n(R)^m$. 使用引理 11.2.2 (这里, $s=n-1$), 可由 (11.2.23) 得到, $\lambda_k-\mu_k=0$ 对所有的 $k\in I\cap J$, 并且存在映射 $r_{ij}: T_n(R)^{m-2}\to M_{(n-1)\times 1}(Q)$, $i\in I, j\in J, i\neq j$, 使得

$$
\begin{aligned}
&E_i^{\urcorner}(\bar{X}_m^i)-\sum_{\substack{j\in J\\ j\neq i}} X_j^{\urcorner} q_{ij}(\bar{X}_m^{ij})=\sum_{\substack{j\in J\\ j\neq i}}(X_j)^{\ulcorner} r_{ij}(\bar{X}_m^{ij}), \quad i\in I,\\
&F_j^{\urcorner}(\bar{X}_m^j)+\sum_{\substack{i\in I\\ i\neq j}} p_{ij}(\bar{X}_m^{ij})X_i^{\urcorner}=-\sum_{\substack{i\in I\\ i\neq j}} r_{ij}(\bar{X}_m^{ij})X_i^{\lrcorner}, \quad j\in J
\end{aligned} \tag{11.2.24}
$$

对所有的 $\bar{X}_m \in T_n(R)^m$. 定义 $P_{ij}: T_n(R)^{m-2}\to T_n(Q), i\in I, j\in J, i\neq j$ 如下

$$
P_{ij}(\bar{X}_m^{ij})=\begin{pmatrix} p_{ij}(\bar{X}_m^{ij}) & r_{ij}(\bar{X}_m^{ij})\\ & q_{ij}(\bar{X}_m^{ij})\end{pmatrix}.
$$

使用 (11.2.21), (11.2.22), (11.2.24), 以及 $\lambda_k=\mu_k$ 对所有的 $k\in I\cup J$, 可把 (11.2.13) 和 (11.2.14) 写成

$$
\begin{aligned}
E_i(\bar{X}_m^i)&=\begin{pmatrix} \displaystyle\sum_{\substack{j\in J\\ j\neq i}} X_j^{\ulcorner} p_{ij}(\bar{X}_m^{ij})+\lambda_i(\bar{X}_m^i)I_{n-1} & \displaystyle\sum_{\substack{j\in J\\ j\neq i}} X_j^{\urcorner} q_{ij}(\bar{X}_m^{ij})+(X_j)^{\ulcorner} r_{ij}(\bar{X}_m^{ij})\\ 0 & \displaystyle\sum_{\substack{j\in J\\ j\neq i}} X_j^{\lrcorner} q_{ij}(\bar{X}_m^{ij})+\lambda_i(\bar{X}_m^i)\end{pmatrix}\\
&=\sum_{\substack{j\in J\\ j\neq i}} X_j P_{ij}(\bar{X}_m^{ij})+\lambda_i(\bar{X}_m^i)I_n, \quad i\in I,
\end{aligned}
$$

以及

$$
\begin{aligned}
F_j(\bar{X}_m^j)&=-\begin{pmatrix} \displaystyle\sum_{\substack{i\in I\\ i\neq j}} p_{ij}(\bar{X}_m^{ij})X_i^{\ulcorner}+\lambda_j(\bar{X}_m^j)I_{n-1} & \displaystyle\sum_{\substack{i\in I\\ i\neq j}} p_{ij}(\bar{X}_m^{ij})X_i^{\urcorner}+r_{ij}(\bar{X}_m^{ij})X_i^{\lrcorner}\\ 0 & \displaystyle\sum_{\substack{i\in I\\ i\neq j}} q_{ij}(\bar{X}_m^{ij})X_i^{\lrcorner}+\mu_j(\bar{X}_m^j)\end{pmatrix}\\
&=-\sum_{\substack{i\in I\\ i\neq j}} P_{ij}(\bar{X}_m^{ij})X_i-\lambda_j(\bar{X}_m^i)I_n, \quad j\in J.
\end{aligned}
$$

并且, 当 $k \notin I \cap J$ 时, $\lambda_k = 0$. 由上可见, (11.2.15) 只有标准解.

步骤 2　假设 $\max\{|I|, |J|\} \leqslant d-1$. 我们指出, 下面的等式

$$\sum_{i\in I} E_i(\bar{X}_m^i)X_i + \sum_{j\in J} X_j F_j(\bar{X}_m^j) \in Z(T_n(Q)) \quad \text{对所有的 } \bar{X}_m \in T_n(R)^m$$

只有标准解.

显然, 存在一个映射 $\beta : T_n(R)^m \to Z(Q)$ 使得

$$\sum_{i\in I} E_i(\bar{X}_m^i)X_i + \sum_{j\in J} X_j F_j(\bar{X}_m^j) = \beta(\bar{X}_m) I_n \tag{11.2.25}$$

对所有的 $\bar{X}_m \in T_n(R)^m$. 根据步骤 1, 只需证明, $\beta = 0$. 由 (11.2.25) 可得

$$\sum_{i\in I} E_i^{\lrcorner}(\bar{X}_m^i)X_i^{\lrcorner} + \sum_{j\in J} X_j^{\lrcorner} F_j^{\lrcorner}(\bar{X}_m^j) = \beta(\bar{X}_m)$$

对所有的 $\bar{X}_m \in T_n(R)^m$. 任取 $X_1, X_2, \cdots, X_m \in T_n(R)$, 令 $Y_i = X_i^{\lrcorner}$. 固定 $X_i^{\ulcorner}, X_i^{\urcorner}$ 对所有的 i. 定义 $\bar{E}_i, \bar{F}_i : R^{m-1} \to Q$ 和 $\bar{\beta} : R^m \to Z(Q)$ 如下

$$\bar{E}_i(\bar{Y}_m^i) = E_i^{\lrcorner}(\bar{X}_m^i), \quad \bar{F}_i(\bar{Y}_m^i) = F_i^{\lrcorner}(\bar{X}_m^i), \quad \bar{\beta}(\bar{Y}_m) = \beta(\bar{X}_m).$$

则有

$$\sum_{i\in I} \bar{E}_i(\bar{Y}_m^i)Y_i + \sum_{j\in J} Y_j \bar{F}_j(\bar{Y}_m^j) = \bar{\beta}(\bar{Y}_m)$$

对所有的 $\bar{Y}_m \in R^m$. 由于 R 是一个 d-自由子集, 我们得到, $\bar{\beta} = 0$. 进而, $\beta = 0$. □

作为定理 11.2.1 的一个直接推论, 我们有如下结论.

推论 11.2.1　设 A 是一个有 “1” 的环. 若 A 是一个 d-自由子集, 则 $T_n(A)$ 也是一个 d-自由子集.

11.3 注　　记

环上函数恒等式理论起源于 Brešar 在 20 世纪 90 年代 (参见文献 [2–4]). 到 21 世纪初, 环上函数恒等式理论建立完成并应用到 (半) 素环及相关代数上的映射问题研究中 (参见文献 [5–10]). 关于环上函数恒等式理论及其应用的详细介绍可见 Brešar 等的专著 [1].

环上函数恒等式理论中一个基本概念是 d-自由子集. 简单地说, d-自由子集是指在此子集上的任意变量个数小于 d 的函数恒等式只有标准解. 确定一个子集是

否为一个 d-自由子集是环上函数恒等式理论中的重要内容之一. (半) 素环上的一些子集的 d-自由性已经解决. 接下来就是考虑非半素环的 d-自由性问题.

目前, 三角环上 2 个变量的函数恒等式已经有研究成果出现 (见文献 [11–14]). 关于三角环上多个变量的函数恒等式还没有研究成果出现.

2016 年, Eremita 通过非常复杂的证明过程得到如下有趣的结果 (见 [15, 定理 3.8]):

设 Q 是一个有 "1" 的环. 设 R 是 Q 的一个子环, 且和 Q 有共同的单位元. 若 R 是 Q 的一个 d-自由子集, 则 $T_n(R)$ 也是 $T_n(Q)$ 的一个 d-自由子集.

从本章的定理可看出, 上面结果中的 R 只要是一个包含 0 的非空子集就能成立, 并不需要 R 是一个共用单位元的子环. 由此可见, 本章主要结果改进了 [15, 定理 3.8]. 本章的主要结果真正体现了 d-自由子集的本质特征, 即 d-自由子集本身是一个子集, 不要求具有代数结构.

此外, 本章定理的证明主要使用了扩大函数恒等式的变量个数的方法. 通过使用这种新的证明方法, 给出了 Eremita 定理的一个简化证明. 本人相信这种新方法同样适用于讨论其他函数恒等式问题. 本章内容目前还没有公开发表.

参 考 文 献

[1] Brešar M, Chebotar M A, Martindale W S. Functional Identities. Frontiers in Mathematics. Basel: Birkhäuser, 2007.

[2] Brešar M. Centralizing mappings and derivations in prime rings. J. Algebra, 1993, 156: 385-394.

[3] Brešar M. Commuting traces of biadditive mappings, commutativity-preserving mappings and Lie mappings. Trans. Amer. Math. Soc., 1993, 335: 525-546.

[4] Brešar M. Functional identities of degree two. J. Algebra, 1995, 172: 690-720.

[5] Beidar K I, Brešar M, Chebotar M A, Fong Y. Applying functional identities to some linear preserver problems. Pacific Journal of Mathematics, 2002, 204: 257-271.

[6] Beidar K I, Brešar M, Chebotar M A, Martindale W S. On Herstein's Lie map conjectures I. Trans. Amer. Math. Soc., 2001, 353: 4235-4260.

[7] Beidar K I, Brešar M, Chebotar M A, Martindale W S. On Herstein's Lie map conjectures II. J. Algebra, 2001, 238: 239-264.

[8] Beidar K I, Brešar M, Chebotar M A, Martindale W S. Polynomial preserving maps on certain Jordan algebras. Israel J. Math. 2004, 141: 285-313.

[9] Wang Y. Lie superhomomorphisms in superalgebras with superinvolution. J. Algebra, 2011, 344: 333-353.

[10] Wang Y. Functional identities in superalgebras. J. Algebra, 2013, 382: 144-176.

[11] Eremita D. Functional identities of degree 2 in triangular rings. Linear Algebra Appl., 2013, 438: 584-597.

[12] Eremita D. Functional identities of degree 2 in triangular rings revisited. Linear and Multilinear Algebra, 2015, 63: 534-553.

[13] Wang Y. Functional identities of degree 2 in arbitrary triangular rings. Linear Algebra Appl., 2015, 479: 171-184.

[14] Wang Y. On functional identities of degree 2 and centralizing maps in triangular rings. Operators and Matrices, 2016, 10: 485-499.

[15] Eremita D. Functional identities in upper triangular matrix rings. Linear Algebra Appl., 2016, 493: 580-605.

第 12 章　极大左商环在三角环上映射研究中的应用

本章首先介绍环的极大左商环的定义及性质, 然后介绍三角环的极大左商环的几个性质. 接下来给出极大左商环方法在三角环上映射研究的两个应用. 一是在三角环上 2 个变量的函数恒等式上的应用, 作为推论得到任意三角环上交换化映射和广义双导子的刻画. 二是在三角环上双导子上的应用, 作为推论得到上三角矩阵环上双导子的刻画.

12.1　环的极大左商环

我们知道, 每一个整环 (有 "1" 的无零因子交换环) 均可以嵌入到一个域中. 在此基础上各种商环相继构造出来. 对于有 "1" 的环以及半素环, 存在所谓的极大左商环.

定义 12.1.1　*设 R 是一个有 "1" 的环. I 为 R 的一个左理想. 如果对任意的 $0 \neq r_1 \in R, r_2 \in R$, 存在 $r \in R$ 使得 $rr_1 \neq 0, rr_2 \in I$, 则称 I 为稠密左理想. 类似地, 我们可以定义 R 的稠密右理想.*

我们用 $D(R)$ 表示 R 的所有稠密左理想的集合. 由于 $R \in D(R)$, 故 $D(R)$ 是一个非空集合. 设 S, T 是 R 的两个子集. 令

$$(S,T) = \{x \in R \mid xS \subseteq T\}.$$

性质 12.1.1　*设 R 是一个有 "1" 的环. $I, J \in D(R)$. 假设 $f: I \to R$ 是一个左 R-模同态. 则*

(1) $f^{-1}(J) = \{a \in I \mid f(a) \in J\} \in D(R)$,

(2) $I \cap J \in D(R)$,

(3) $(a, J) \in D(R)$ *对所有的* $a \in R$,

(4) *若 K 是 R 的一个左理想, $I \subseteq K$, 则 $K \in D(R)$.*

证明　(1) 任取 $r_1 \neq 0, r_2 \in R$, 由于 I 是一个稠密左理想, 存在 $r' \in R$ 使得 $r'r_1 \neq 0, r'r_2 \in I$. 类似地, 存在 $r'' \in R$ 使得 $r''(r'r_1) \neq 0, r''f(r'r_2) \in J$. 令 $r = r''r'$. 我们可得 $rr_1 \neq 0, rr_2 \in f^{-1}(J)$. 因此, $f^{-1}(J)$ 是 R 的一个稠密左理想.

(2) 设 i 是 I 到 R 的包含映射. 易见, $I \cap J = i^{-1}(J)$. 应用 (1) 得证.

(3) 设 r_a 表示右乘映射, 即 $r_a(x) = xa$ 对所有的 $x \in R$. 易见, r_a 是一个左 R-模同态, 且 $(a, J) = r_a^{-1}(J)$. 应用 (1) 得证.

(4) 由稠密左理想的定义可得. □

下面我们给出极大左商环的构造.

定义 12.1.2 设 R 是一个有 "1" 的环. 我们首先考虑如下有序对集合

$$K=\{(f;I)\mid I\text{ 是 }R\text{ 的一个稠密左理想},\ f:I\to R\text{ 是一个左 }R\text{- 模同态}\}.$$

我们在 K 上定义如下关系:

$$(f;I)\sim(g;J)\text{ 当且仅当 }f\text{ 与 }g\text{ 在属于 }I\cap J\text{ 的一个稠密左理想上相等}.$$

容易验证, $\sim$ 为等价关系. 我们用 $Q(R)$ 代表等价关系 $\sim$ 所决定的等价类. 我们用 $[f;I]$ 代表 $(f;I)$ 所在的等价类. 下面我们在 $Q(R)$ 上定义两个运算:

$$[f;I]+[g;J]=[f+g;I\cap J],$$
$$[f;I][g;J]=[gf;f^{-1}(J)].$$

容易验证, 在这两个运算下, $Q(R)$ 构成一个环. 我们称此环为 R 的极大左商环. 类似地, 我们可以定义 R 的极大右商环.

下面给出极大左商环的一个等价定义.

定义 12.1.3 设 R 是一个有 "1" 的环. $Q(R)$ 为一个满足如下条件的环:

(1) R 是 $Q(R)$ 的一个子环, 且和 $Q(R)$ 共用一个单位元,

(2) 任取 $q\in Q(R)$, 总存在 R 的一个稠密左理想 I, 使得 $Iq\subseteq R$,

(3) 如果 $0\neq q\in Q(R)$, I 是 R 的一个稠密左理想, 则 $Iq\neq 0$,

(4) 若 I 是 R 的一个稠密左理想, $f:I\to R$ 是一个左 R- 模同态, 则存在 $q\in Q(R)$, 使得 $f(x)=xq$ 对所有的 $x\in I$.

并且, 在同构意义下性质 (1)—(4) 唯一决定 $Q(R)$. 我们称 $Q(R)$ 为 R 的极大左商环.

使用 [1, 引理 2.1.8] 的证明方法可得如下结论.

性质 12.1.2 设 R 是一个有 "1" 的环. $q_1,q_2,\cdots,q_n\in Q(R)$, $I,J\in D(R)$. 则存在 $L\in D(R)$ 使得 $L\subseteq J$ 且 $Lq_i\subseteq I_i$ 对所有的 $i=1,2,\cdots,n$.

$Q(R)$ 的中心 $Z(Q(R))$ 称为 R 的扩展形心. 用 $C(R)$ 表示 R 的扩展形心.

下面结果的证明可参见文献 [1, 注释 2.3.1].

性质 12.1.3 设 R 是一个有 "1" 的环. 则

$$C(R)=\{q\in Q(R)\mid qx=xq\quad\text{对所有的 }x\in R\}\supseteq Z(R).$$

关于极大左商环的详细内容可参见文献 [1, 第二章]、[2, 附录 1], 以及 [3]. 需要说明的是, 文献 [1, 第二章] 和 [2, 附录 1] 是在半素环上讨论极大左商环, 但其中的大部分结果对有 "1" 的环也是成立的.

12.2　三角环的极大左商环

设 R 是一个具有非平凡幂等元 e 的有 "1" 的环, 且 eRf 是一个忠实 (eRe, fRf)-双模, $fRe = 0$, 这里 $f = 1 - e$, 称 R 是一个三角环. 每一个三角环 R 有如下的 Peirce 分解式:

$$R = eRe + eRf + fRf.$$

由于三角环是有 "1" 的环, 故三角环一定存在极大左商环.

先固定一些符号. 设 R 是一个有 "1" 的环. 我们用 $Z(R)$ 表示 R 的中心. 用 $Q_l(R)$ 表示 R 的极大左商环, 用 $Q_r(R)$ 表示 R 的极大右商环, 用 $C_l(R)$ 表示 $Q_l(R)$ 的中心, 也就是 R 的左扩展形心. 我们称 $RC_l(R)$ 为 R 的左中心闭包. 易见, $RC_l(R)$ 也是一个三角环. 类似地, 用 $C_r(R)$ 表示 $Q_r(R)$ 的中心, 也就是 R 的右扩展形心. 我们称 $RC_r(R)$ 为 R 的右中心闭包.

易见, 一个三角环 R 的极大左商环 $Q_l(R)$ 有如下的 Peirce 分解式:

$$Q_l(R) = eQ_l(R)e + eQ_l(R)f + fQ_l(R)e + fQ_l(R)f.$$

下面结果给出了三角环的极大左商环的性质.

性质 12.2.1　*设 $R = eRe + eRf + fRf$ 是一个三角环. 则 eR 是 R 的一个稠密左理想. 对任意的 $q \in Q(R)$, 这里, $Q(R)$ 表示 R 的极大左商环, 则下面两个性质成立:*

(1) 若 $eRfq = 0$, 则 $fq = 0$,

(2) 若 $qeRf = 0$, 则 $qe = 0$.

证明　易见, eR 是 R 的一个理想. 任取 $0 \neq r_1 \in R$, $r_2 \in R$, 我们指出: 存在 $r \in R$ 使得 $rr_1 \neq 0$, $rr_2 \in eR$. 当 $er_1 \neq 0$ 时, 取 $r = e$. 否则, 若 $fr_1f \neq 0$, 由于 eRf 是忠实右 fRf-模, 则存在 $r = erf \in eRf$, 使得 $erf \cdot fr_1f \neq 0$. 因此, $rr_1 \neq 0$ 以及 $rr_2 = err_2 \in eR$. 由此可见, eR 是 R 的一个稠密左理想. 这样, 由定义 12.1.3(3) 可知 (1) 成立.

为了证明 (2), 我们假设 $qeRf = 0$. 根据定义 12.1.3(2) 可知, 存在 R 的一个稠密左理想 I, 使得 $Iq \subseteq R$. 由于 $fRe = 0$, 可见 $fIqe = 0$. 由于 $eIqe \cdot eRf = 0$, 由于 eRf 是忠实左 eAe- 模, 可得 $eIqe = 0$. 从而, $Iqe = (e + f)Iqe = 0$. 由于 I 是一个稠密左理想, 可得 $qe = 0$. 可知 (1) 成立. □

下面的结果给出了三角代数的扩展形心的结构.

性质 12.2.2　*设 $R = eRe + eRf + fRf$ 是一个三角环, C 表示 R 的左扩展形心, Q 表示 R 的极大左商环, 则下面结论成立:*

(1) $C(R) = \{q \in eQe + fQf \mid q \cdot exf = exf \cdot q$ 对所有的 $x \in R\}$,

(2) $Z(eRe) \subseteq C(R)e$,

(3) 存在唯一的环同构 $\tau : C(R)e \to C(R)f$ 使得

$$\lambda e \cdot exf = exf \cdot \tau(\lambda e)$$

对所有的 $x \in R$, $\lambda \in C(R)$. 并且, $\tau(Z(R)e) = Z(R)f$.

证明 任取 $q \in C(R)$, 设 $q = eqe + eqf + fqf$. 由性质 12.1.3 得

$$(eqe + eqf + fqf)f = f(eqe + eqf + fqf).$$

特别地, 得到 $eqf = 0$. 从而 (1) 成立. 下面证明 (2) 成立.

对任意 $eae \in Z(eRe)$ 定义一个映射 $\varphi(x) = eaexf$ 对任意的 $x \in eR$. 易见, $\varphi : eR \to R$ 是一个左 R-模同态. 由定义 12.1.3(4) 可知, 存在 $q \in Q(R)$ 使得 $\varphi(x) = xq$ 对任意的 $x \in eR$. 由此可得, $eaexf = exq$. 进而

$$eae \cdot exf = exf \cdot fqf$$

对所有的 $x \in R$. 因此, 由性质 12.1.3 可见, $eae + fqf \in C(R)$. 由此可见, $eae \in C(R)e$. 从而 (2) 成立.

为了证明 (3), 定义一个映射 $\tau : C(R)e \to C(R)f$ 如下

$$\tau(\lambda e) = \lambda f$$

对所有的 $\lambda \in C(R)$. 容易验证, τ 是一个环同构, 且 $\tau(Z(R)e) = Z(R)f$, 以及

$$\lambda e \cdot exf = exf\tau(\lambda e)$$

对所有的 $x \in R$, $\lambda \in C(R)$. 由性质 12.2.1(1) 可得, τ 是唯一的环同构. □

性质 12.2.3 设 R 是一个三角环. 则 Rf 是 R 的一个稠密右理想. 并且

(1) $Z(eRe) \subseteq C_l(RC_r(R))e$,

(2) $Z(fRf) \subseteq C_r(R)f \subseteq C_l(RC_r(R))f$.

证明 显然, Rf 是 R 的一个理想. 任取 R 中两个元 r_1 与 r_2, 这里 $r_1 \neq 0$. 我们指出, 存在 $r \in R$ 使得 $r_1 r \neq 0$, $r_2 r \in Rf$. 若 $r_1 f \neq 0$, 取 $r = f$. 此外, 若 $er_1 e \neq 0$, 由于 eRf 是一个忠实左 eRe-模, 则存在 $r = erf \in eRf$ 使得 $er_1 erf \neq 0$. 因此, $r_1 r \neq 0$ 以及 $r_2 r \in Rf$. 从而, Rf 是 R 的稠密右理想. 易见, $Z(eRe) \subseteq Z(eRC_r(R)e)$. 根据性质 12.2.2 可见

$$Z(eRC_r(R)e) \subseteq C_l(RC_r(R))e.$$

因此, $Z(eRe) \subseteq C_l(RC_r(R))e$. 结论 (1) 成立. 下面证明结论 (2) 成立.

由于 $C_r(R) \subseteq C_l(RC_r(R))$, 我们只需证明, $Z(fRf) \subseteq C_r(R)f$. 对每一个 $fbf \in Z(fRf)$, 定义 $\phi : Rf \to R$ 如下

$$\phi(x) = exfbf$$

对所有的 $x \in Rf$. 易见, ϕ 是一个右 R-模同态. 因此, 由定义 12.1.3 可知存在 $q \in Q_r(R)$ 使得

$$\phi(x) = qx$$

对所有的 $x \in Rf$. 从而, $exfbf = qxf$ 对所有的 $x \in R$ 以及

$$exf \cdot fbf = eqe \cdot exf$$

对所有的 $x \in R$. 再利用性质 12.2.2 得

$$eqe + fbf \in C_r(R).$$

这样, $fbf \in C_r(R)f$. □

引理 12.2.1 设 R 是一个三角环. $a, b, q \in Q_l(R)$. 假设下面条件成立:

$$ax - xb + exfqe \in C_l(R) \tag{12.2.1}$$

对所有的 $x \in R$. 则 $a = b \in C_l(R)$, $fqe = 0$.

证明 由 (12.2.1) 得

$$ae - eb \in C_l(R) \quad 以及 \quad af - fb \in C_l(R).$$

因此

$$a = eae + faf \quad 和 \quad b = ebe + fbf.$$

由此可见

$$eae - ebe \in C_l(R) \quad 和 \quad faf - fbf \in C_l(R).$$

由 $C_l(R)$ 的结构知, $eae = ebe$, $faf = fbf$. 故有 $a = b$. 在 (12.2.1) 中用 exf 代替 x, 得到

$$eaexf - exfbf + exfqe \in C_l(R)$$

对所有的 $x \in R$. 由 $C_l(R)$ 的结构知

$$a = b \in C_l(R), \quad eRfqe = 0.$$

再根据性质 12.2.1 得到, $fqe = 0$. □

引理 12.2.2 设 R 是一个三角环. $p, q \in Q_l(R)$. 则下列条件等价:

(1) $exfqeyf + eyfpexf = 0$,

(2) $exfqe - fpexf \in C_l(R)$,

(3) $exfpe - fqexf \in C_l(R)$.

对所有的 $x, y \in R$.

证明 (1) $\Rightarrow$ (2): 由 $exfqeyf + eyfpexf = 0$ 可得

$$exfqe \cdot eyf = eyf \cdot (-fpexf)$$

对所有的 $x, y \in R$. 由性质 12.2.2 可见

$$exfqe - fpexf \in C_l(R).$$

(2) $\Rightarrow$ (1): 根据性质 12.2.2, 可由 $exfqe - fpexf \in C_l(R)$ 看出

$$exfqe \cdot eyf = eyf \cdot (-fpexf)$$

对所有的 $x, y \in R$. 由此可见

$$exfqeyf + eyfpexf = 0$$

对所有的 $x, y \in R$.

(1) $\Rightarrow$ (3): 由 $exfqeyf + eyfpexf = 0$ 可得

$$eyfpe \cdot exf = exf \cdot (-fqeyf)$$

对所有的 $x, y \in R$. 由性质 12.2.2 可见

$$eyfpe - fqeyf \in C_l(R)$$

所有的 $y \in R$.

(3) $\Rightarrow$ (1): 根据性质 12.2.2, 可由 $exfpe - fqexf \in C_l(R)$ 看出

$$eyfpe \cdot exf = exf \cdot (-fqeyf)$$

对所有的 $x, y \in R$. 从而

$$exfqeyf + eyfpe = 0$$

对所有的 $x, y \in R$. □

设 S 是一个有 "1" 的环. 设 $T_n(S)$ $(n \geqslant 2)$ 是 S 上的上三角矩阵环. 由文献 [4] 可知, $Q_l(T_n(S)) = M_n(Q_l(S))$. 类似地, $Q_r(T_n(S)) = M_n(Q_r(S))$. 由此可见, 上三角矩阵环的极大左商环是一个全矩阵环. 也就是说, $T_n(S)$ 的极大左商环的结构取决于 S 的极大左商环的结构.

引理 12.2.3 设 $R = T_n(S)$. 则有

$$C_r(R) = C_r(S) \cdot I_n, \quad C_l(R) = C_l(S) \cdot I_n,$$

以及

$$RC_r(R) = T_n(SC_r(S)),$$

$$Q_l(RC_r(R)) = M_n(Q_l(SC_r(S))),$$
$$C_l(RC_r(R)) = C_l(SC_r(S)) \cdot I_n,$$
$$RC_l(RC_r(R)) = T_n(SC_l(SC_r(S))).$$

证明　由上三角矩阵环的极大右商环和扩展形心性质得

$$\begin{aligned} C_r(R) &= Z(Q_r(T_n(S))) = Z(M_n(Q_r(S))) \\ &= Z(Q_r(S)) \cdot I_n = C_r(S) \cdot I_n. \end{aligned}$$

类似地, $C_l(R) = C_l(S) \cdot I_n$. 易见,

$$RC_r(R) = T_n(S)C_r(S) = T_n(SC_r(S)).$$

下面证明, $Q_l(RC_r(R)) = M_n(Q_l(SC_r(S)))$.

由上三角矩阵环的极大左商环的结构可知

$$Q_l(RC_r(R)) = Q_l(T_n(SC_r(S))) = M_n(Q_l(SC_r(S))).$$

其余等式可类似证明. □

12.3　极大 (右) 左商环与三角环上 2 个变量函数恒等式

一个映射 $F: R \to R$ 称为模 $Z(R)$ 可加的, 如果

$$F(x+y) - F(x) - F(y) \in Z(R)$$

对任意的 $x, y \in R$. 对于一个映射 $F: R \to R$ 以及一个正整数 n, 定义一个映射 $\delta_{n,F}: R^n \to R$ 如下

$$\delta_{n,F}(x_1, \cdots, x_n) = F(x_1 + \cdots + x_n) - F(x_1) - \cdots - F(x_n).$$

显然, 当 F 是 $Z(R)$ 模可加时, $\delta_{n,F}(R^n) \subseteq Z(R)$.

引理 12.3.1　设 R 是一个三角环. 假设 $F, G: eRf \to C_l(RC_r(R))e$ 是满足如下条件:

$$F(exf)eyf + G(eyf)exf = 0 \tag{12.3.1}$$

对所有的 $x, y \in R$. 则存在 $p, q \in Q_l(RC_r(R))$ 使得

$$F(exf) = exfqe \quad 与 \quad G(exf) = exfpe,$$

以及

$$exfqe - fpexf \in C_l(RC_r(R))$$

对所有的 $x \in R$.

证明 易见, $RC_r(R)$ 是一个三角代数. 我们首先指出, F 与 G 是可加映射. 对任意的 $x_1, x_2 \in R$, 可由 (12.3.1) 得到

$$(F(x_1+x_2)-F(x_1)-F(x_2))eyf=0$$

对所有的 $y \in R$. 由此得到

$$(F(x_1+x_2)-F(x_1)-F(x_2))eRC_r(R)f=0.$$

根据性质 12.2.1 可得

$$F(x_1+x_2)-F(x_1)-F(x_2)=0.$$

故 F 是可加的. 类似地, 可得 G 是可加的.

根据性质 12.2.1 可知, $eRC_r(R)$ 是 $RC_r(R)$ 的稠密左理想. 我们定义

$$F_1, G_1: eRC_r(R) \to Q_l(RC_r(R))$$

如下

$$F_1\left(e\sum_i x_ic_i\right)=\sum_i F(ex_if)c_i,$$

$$G_1\left(e\sum_i x_ic_i\right)=\sum_i G(ex_if)c_i,$$

这里 $x_i \in R$, $c_i \in C_r(R)$. 下面指出, F_1 与 G_1 是合理的.

假设

$$e\sum_i x_ic_i=0$$

对于 $x_i \in R$, $c_i \in C_r(R)$. 使用 (12.3.1) 可得

$$\begin{aligned}\left(\sum_i F(ex_if)c_i\right)eyf&=\sum_i F(ex_if)eyfc_i=-\sum_i G(eyf)ex_ifc_i\\&=-G(eyf)\left(e\sum_i x_ic_i\right)f=0\end{aligned}$$

对所有的 $y \in R$. 从而

$$\left(\sum_i F(ex_if)c_i\right)eRC_r(R)f=0.$$

再根据性质 12.2.1 得到, $\sum\limits_i F(ex_if)c_i=0$. 由此可见, F_1 是合理的. 类似地, 我们可得 G_1 也是合理的.

对任意的 $x = e\sum_i x_i c_i \in eRC_r(R)$, $x' = \sum_j x'_j c'_j \in RC_r(R)$, 这里 $x_i, x'_j \in R$, $c_i, c'_j \in C_r(R)$, 以及 $y \in R$, 使用 (12.3.1) 可得

$$\begin{aligned}
F_1(x'x)eyf &= F_1\left(\sum_{i,j} x'_j e x_i c_i c'_j\right) eyf = \left(\sum_{i,j} F(x'_j e x_i f) c_i c'_j\right) eyf \\
&= \sum_{i,j} F(x'_j e x_i f) eyf c_i c'_j = -\sum_{i,j} G(eyf) x'_j e x_i f c_i c'_j \\
&= -\sum_{i,j} x'_j e G(eyf) e x_i f c_i c'_j = \sum_{i,j} x'_j F(e x_i f) eyf c_i c'_j \\
&= \left(\sum_j x'_j c'_j\right)\left(\sum_i F(e x_i f) c_i\right) eyf \\
&= x' F_1(x) eyf,
\end{aligned}$$

从而

$$(F_1(x'x) - x'F_1(x))eRf = 0.$$

进一步得

$$(F_1(x'x) - x'F_1(x))eRC_r(R)f = 0.$$

由性质 12.2.1 得到

$$F_1(x'x) = x'F_1(x)$$

对所有的 $x' \in RC_r(R)$, $x \in eRC_r(R)$. 这样, F_1 是一个左 $RC_r(R)$- 模同态. 因此, 由定义 12.1.3 (或 [3, 定理 3]) 可知, 存在 $q \in Q_l(RC_r(R))$ 使得

$$F_1(x) = xq$$

对所有的 $x \in eRC_r(R)$. 由此可见,

$$F(exf) = exfqe$$

对所有的 $x \in R$. 类似地, 存在 $p \in Q_l(RC_r(R))$ 使得

$$G(eyf) = eyfpe$$

对所有的 $y \in R$. 这样, 由 (12.3.1) 推出

$$exfqe \cdot eyf + eyf \cdot fpexf = 0$$

对所有的 $x, y \in R$. 从而

$$exfqe \cdot eyf + eyf \cdot fpexf = 0$$

对所有的 $x \in R, y \in RC_r(R)$. 根据性质 12.2.2 得到

$$exfqe - fpexf \in C_l(RC_r(R))$$

对所有的 $x \in R$. □

下面我们给出本节的主要结果.

定理 12.3.1 设 R 是一个三角环. 假设 $F_1, F_2, G_1, G_2 : R \to R$ 是满足下面等式的任意映射:

$$F_1(x)y + F_2(y)x + xG_2(y) + yG_1(x) = 0 \tag{12.3.2}$$

对所有的 $x, y \in R$. 则存在 $p, q \in Q_l(RC_r(R)), p_1, p_2, q_1, q_2, r_1, r_2 \in RC_l(RC_r(R))$ 以及 $\alpha_1, \alpha_2 : R \to C_l(RC_r(R))$ 使得 $p_1 + p_2 = r_1 + r_2 \in C_l(RC_r(R))$, $exfqe - fpexf \in C_l(RC_r(R))$, $p_i[x, y] = [x, y]r_i$, $i = 1, 2$, 以及

$$\begin{aligned} F_1(x) &= xq_1 - p_1x + exfqe + \alpha_1(x), \\ F_2(x) &= xq_2 - p_2x + exfpe + \alpha_2(x), \\ G_1(x) &= xr_2 - q_2x - exfqe - \alpha_1(x), \\ G_2(x) &= xr_1 - q_1x - exfpe - \alpha_2(x) \end{aligned} \tag{12.3.3}$$

对所有的 $x, y \in R$.

证明 令

$$H(x, y) = F_1(x)y + F_2(y)x + xG_2(y) + yG_1(x)$$

对所有的 $x, y \in R$. 我们首先指出, F_1, F_2, G_1, G_2 是模 $Z(R)$ 可加的. 由于

$$H(x_1 + x_2, y) - H(x_1, y) - H(x_2, y) = 0$$

对所有的 $x_1, x_2, y \in R$, 可见

$$\delta_{2,F_1}(x_1, x_2)y + y\delta_{2,G_1}(x_1, x_2) = 0$$

对所有的 $x_1, x_2, y \in R$. 特别地, 取 $y = 1$ 得到

$$\delta_{2,F_1}(x_1, x_2) = -\delta_{2,G_1}(x_1, x_2).$$

从而

$$\delta_{2,F_1}(x_1, x_2) = -\delta_{2,G_1}(x_1, x_2) \in Z(R)$$

对所有的 $x_1, x_2 \in R$. 因此, F_1 与 G_1 是模 $Z(R)$ 可加的. 类似地, 我们可得 F_2 与 G_2 也是模 $Z(R)$ 可加的.

由 $H(x,1)=0$ 和 $H(1,x)=0$ 可见

$$\begin{aligned} F_1(x)+G_1(x) &= -F_2(1)x - xG_2(1), \\ F_2(x)+G_2(x) &= -F_1(1)x - xG_1(1) \end{aligned} \tag{12.3.4}$$

对所有的 $x \in R$. 特别地, 由 $H(1,1)=0$ 可得

$$F_1(1)+F_2(1)+G_2(1)+G_1(1)=0.$$

由 $eH(x,f)=0$ 可得

$$eF_1(x)f = -eF_2(f)x - exG_2(f) \tag{12.3.5}$$

对所有的 $x \in R$. 类似地, 有

$$\begin{aligned} eF_2(x)f &= -eF_1(f)x - exG_1(f), \\ eG_1(x)f &= -F_2(e)xf - xG_2(e)f, \\ eG_2(x)f &= -F1(e)xf - xG_1(e)f \end{aligned} \tag{12.3.6}$$

对所有的 $x \in R$. 由 $fH(exe,fyf)=0$ 可得

$$fF_1(exe)fyf + fyfG_1(exe)f = 0$$

对所有的 $x,y \in R$. 由此可见

$$fF_1(exe)f = -fG_1(exe)f \in Z(fRf) \tag{12.3.7}$$

对所有的 $x \in R$. 类似地, 有

$$\begin{aligned} fF_2(exe)f &= -fG_2(exe)f \in Z(fRf), \\ eF_1(fxf)e &= -eG_1(fxf)e \in Z(eRe), \\ eF_2(fxf)e &= -eG_2(fxf)e \in Z(eRe) \end{aligned} \tag{12.3.8}$$

对所有的 $x \in R$. 由 $H(exe,eyf)=0$ 可得

$$F_1(exe)eyf + F_2(eyf)exe + exeG_2(eyf) + eyfG_1(exe) = 0 \tag{12.3.9}$$

进而

$$F_1(exe)eyf + exeG_2(eyf)f + eyfG_1(exe)f = 0$$

对所有的 $x,y \in R$. 进一步, 使用 (12.3.6) 可得

$$F_1(exe)eyf - exeF_1(e)eyf - exeyfG_1(e)f + eyfG_1(exe)f = 0$$

对所有的 $x, y \in R$. 根据性质 12.2.3 以及 (12.3.7), 有

$$\begin{aligned}&(eF_1(exe)e - exeF_1(e) - exe\tau^{-1}(fG_1(e)f)\\&+\tau^{-1}(fG_1(exe)f))eyf = 0\end{aligned}$$

对所有的 $x, y \in R$. 故有

$$\begin{aligned}&(eF_1(exe)e - exeF_1(e) - exe\tau^{-1}(fG_1(e)f)\\&+\tau^{-1}(fG_1(exe)f))eyf = 0\end{aligned}$$

对所有的 $y \in RC_r(R)$. 根据性质 12.2.1 得到

$$eF_1(exe)e = exe(F_1(e)e + \tau^{-1}(fG_1(e)f)) - \tau^{-1}(fG_1(exe)f) \tag{12.3.10}$$

对所有的 $x \in R$. 类似地, 可得

$$eF_2(exe)e = exe(F_2(e)e + \tau^{-1}(fG_2(e)f)) - \tau^{-1}(fG_2(exe)f)$$

对所有的 $x \in R$. 用 e 右乘 (12.3.9) 得到

$$eF_2(eyf)exe + exeG_2(eyf)e = 0$$

对所有的 $x \in R$. 从而

$$eF_2(eyf)e = -eG_2(eyf)e \in Z(eRe)$$

对所有的 $y \in R$. 类似地, 得到

$$\begin{aligned}fF_2(eyf)f &= -fG_2(eyf)f \in Z(fRf),\\ eF_1(eyf)e &= -eG_1(eyf)e \in Z(eRe),\\ fF_1(eyf)f &= -fG_1(eyf)f \in Z(fRf)\end{aligned} \tag{12.3.11}$$

对所有的 $y \in R$. 由 $H(exf, eyf) = 0$ 得到

$$F_1(exf)eyf + F_2(eyf)exf + exfG_2(eyf) + eyfG_1(exf) = 0,$$

这样, 使用 (12.3.11) 可得

$$F_1(exf)eyf + F_2(eyf)exf - exfF_2(eyf)f - eyfF_1(exf)f = 0$$

对所有的 $x, y \in R$. 由性质 12.2.3 得

$$\begin{aligned}&(eF_1(exf)e - \tau^{-1}(fF_1(exf)f))eyf\\&+(eF_2(eyf)e - \tau^{-1}(fF_2(eyf)f))exf = 0\end{aligned}$$

对所有的 $x, y \in R$. 根据引理 12.3.1, 存在 $p, q \in Q_l(RC_r(R))$ 使得

$$eF_1(exf)e = exfqe + \tau^{-1}(fF_1(exf)f),$$

以及

$$eF_2(exf)e = exfpe + \tau^{-1}(fF_2(exf)f),$$

从而

$$exfqe - fpexf \in C_l(RC_r(R))$$

对所有的 $x \in R$. 因此

$$eF_1(exf)e + fF_1(exf)f - exfqe \in C_l(RC_r(R)), \tag{12.3.12}$$

以及

$$eF_2(exf)e + fF_2(exf)f - exfpe \in C_l(RC_r(R))$$

对所有的 $x \in R$. 由于 $H(fxf, eyf) = 0$, 得到

$$F_1(fxf)eyf + F_2(eyf)fxf + fxfG_2(eyf) + eyfG_1(fxf) = 0,$$

从而

$$eF_1(fxf)eyf + eF_2(eyf)fxf + eyfG_1(fxf)f = 0$$

对所有的 $x, y \in R$. 使用 (12.3.6) 与 (12.3.8), 得到

$$eyf\left(\tau(eF_1(fxf)e) - (\tau(eF_1(f)e) + fG_1(f)f)fxf + fG_1(fxf)f\right) = 0$$

对所有的 $x, y \in R$, 进而

$$eyf\left(\tau(eF_1(fxf)e) - (\tau(eF_1(f)e) + fG_1(f)f)fxf + fG_1(fxf)f\right) = 0$$

对所有的 $x \in R$, $y \in RC_r(R)$. 根据性质 12.2.1 可得

$$fG_1(fxf)f = (\tau(eF_1(f)e) + fG_1(f)f)fxf - \tau(eF_1(fxf)e) \tag{12.3.13}$$

对所有的 $x \in R$. 类似地,

$$fG_2(fxf)f = (\tau(eF_2(f)e) + fG_2(f)f)fxf - \tau(eF_2(fxf)e)$$

对所有的 $x \in R$. 由 $H(fxf, f) = 0$ 可得

$$fF_1(fxf)f + fF_2(f)fxf + fxfG_2(f) + fG_1(fxf) = 0.$$

再使用 (12.3.13) 得到

$$fF_1(fxf)f=-(fF_2(f)f+fG_1(f)f+\tau(eF_1(f)e))fxf \\ -fxfG_2(f)f+\tau(eF_1(fxf)e) \qquad (12.3.14)$$

对所有的 $x\in R$.

我们现在确定 F_1. 使用 (12.3.10), (12.3.5), (12.3.9) 以及 (12.3.14) 可得

$$\begin{aligned}F_1(x)&=eF_1(x)e+eF_1(x)f+fF_1(x)f\\&=eF_1(exe)e+eF_1(exf)e+eF_1(fxf)e+eF_1(x)f\\&\quad+fF_1(exe)f+fF_1(exf)f+fF_1(fxf)f\\&\quad+\delta_{3,F_1}(exe,exf,fxf)\\&=exe(F_1(e)e+\tau^{-1}(fG_1(e)f))-\tau^{-1}(fG_1(exe)f)\\&\quad+eF_1(exf)e+eF_1(fxf)e-eF_2(f)xf\\&\quad-exG_2(f)f-fG_1(exe)f+fF_1(exf)f\\&\quad-(fF_2(f)f+fG_1(f)f+\tau(eF_1(f)e))fxf\\&\quad-fxfG_2(f)f+\tau(eF_1(fxf)e)\\&\quad+\delta_{3,F_1}(exe,exf,fxf)\end{aligned}$$

对所有的 $x\in R$. 定义一个映射 α_1 如下

$$\begin{aligned}\alpha_1(x)=&(eF_1(exf)e+fF_1(exf)f-exfqe)\\&+(eF_1(fxf)e+\tau(eF_1(fxf)e))\\&-(\tau^{-1}(fG_1(exe)f)+fG_1(exe)f)\\&+\delta_{3,F_1}(exe,exf,fxf)\end{aligned}$$

对所有的 $x\in R$. 根据 (12.3.12), (12.3.7), 以及 (12.3.8) 我们可见

$$\alpha_1(R)\subseteq C_l(RC_r(R)).$$

这样

$$F_1(x)=exe(F_1(e)e+\tau^{-1}(fG_1(e)f))-eF_2(f)xf-exG_2(f)f \\ -(fF_2(f)f+fG_1(f)f+\tau(eF_1(f)e))fxf \\ -fxfG_2(f)f+exfqe+\alpha_1(x) \qquad (12.3.15)$$

对所有的 $x\in R$. 明显地,

$$
\begin{aligned}
&eF_2(f)exf = eF_2(f)ex - xeF_2(f)e,\\
&-G_2(f) = -G_2(f)f + eF_2(f)e,\\
&F_2(f) = F_2(f)f + eF_2(f)e.
\end{aligned}
$$

这样, 可把 (12.3.15) 写成

$$
\begin{aligned}
F_1(x) = & x(eF_1(e)e - G_2(f) + \tau^{-1}(fG_1(e)f))\\
& -(fG_1(f)f + F_2(f) + \tau(eF_1(f)e))x\\
& +exfqe + \alpha_1(x)
\end{aligned} \tag{12.3.16}
$$

对所有的 $x \in R$. 类似地, 得到

$$
\begin{aligned}
F_2(x) = & x(eF_2(e)e - G_1(f) + \tau^{-1}(fG_2(e)f))\\
& -(fG_2(f)f + F_1(f) + \tau(eF_2(f)e))x\\
& +exfpe + \alpha_2(x)
\end{aligned} \tag{12.3.17}
$$

对所有的 $x \in R$, 这里

$$
\begin{aligned}
\alpha_2(x) = & (eF_2(exf)e + fF_2(exf)f - exfpe)\\
& + (eF_2(fxf)e + \tau(eF_2(fxf)e))\\
& - (\tau^{-1}(fG_2(exe)f) + fG_2(exe)f)\\
& + \delta_{3,F_2}(exe, exf, fxf) \in C_l(RC_r(R)).
\end{aligned}
$$

使用 (12.3.4) 可得

$$
\begin{aligned}
G_1(x) = & -F_1(x) - F_2(1)x - xG_2(1)\\
= & -x(eF_1(e)e + G_2(1) - G_2(f) + \tau^{-1}(fG_1(e)f))\\
& +(fG_1(f)f - F_2(1) + F_2(f) + \tau(eF_1(f)e))x\\
& -exfqe - \alpha_1(x)
\end{aligned} \tag{12.3.18}
$$

以及

$$
\begin{aligned}
G_2(x) = & -F_2(x) - F_1(1)x - xG_1(1)\\
= & -x(eF_2(e)e + G_1(1) - G_1(f) + \tau^{-1}(fG_2(e)f))\\
& +(fG_2(f)f - F_1(1) + F_1(f) + \tau(eF_2(f)e))x\\
& -exfpe - \alpha_2(x).
\end{aligned} \tag{12.3.19}
$$

令

$$
\begin{aligned}
q_1 &= eF_1(e)e - G_2(f) + \tau^{-1}(fG_1(e)f),\\
q_2 &= eF_2(e)e - G_1(f) + \tau^{-1}(fG_2(e)f),\\
\lambda &= (eF_2(f)e + \tau(eF_2(f)e)) + (\tau^{-1}(fG_1(e)f) + fG_1(e)f),\\
\mu &= (eF_1(f)e + \tau(eF_1(f)e)) + (\tau^{-1}(fG_2(e)f) + fG_2(e)f).
\end{aligned}
$$

易见 $q_1, q_2 \in RC_l(RC_r(R))$ 以及 $\lambda, \mu \in C_l(RC_r(R))$. 使用 (12.3.8) 和 (12.3.6), 容易验证

$$\lambda - q_1 = fG_2(f)f + \tau(eF_2(f)e) - F_1(e)$$

以及

$$\mu - q_2 = fG_1(f)f + \tau(eF_1(f)e) - F_2(e).$$

因此

$$
\begin{aligned}
fG_1(f)f + F_2(f) + \tau(eF_1(f)e) &= \mu - q_2 + F_2(e) + F_2(f),\\
fG_2(f)f + F_1(f) + \tau(eF_2(f)e) &= \lambda - q_1 + F_1(e) + F_1(f),
\end{aligned}
$$

以及

$$
\begin{aligned}
eF_1(e)e + G_2(1) - G_2(f) + \tau^{-1}(fG_1(e)f) &= G_2(1) + q_1,\\
eF_2(e)e + G_1(1) - G_1(f) + \tau^{-1}(fG_2(e)f) &= G_1(1) + q_2.
\end{aligned}
$$

综上所述, 根据 (12.3.16)—(12.3.19), 得到

$$
\begin{aligned}
F_1(x) &= xq_1 - (\mu - q_2 + F_2(e) + F_2(f))x + exfqe + \alpha_1(x),\\
F_2(x) &= xq_2 - (\lambda - q_1 + F_1(e) + F_1(f))x + exfpe + \alpha_2(x),\\
G_1(x) &= -x(G_2(1) + q_1 - \mu + \delta_{2,F_2}(e,f)) - q_2x - exfqe - \alpha_1(x),\\
G_2(x) &= -x(G_1(1) + q_2 - \lambda + \delta_{2,F_1}(e,f)) - q_1x - exfpe - \alpha_2(x)
\end{aligned}
$$

对所有的 $x \in R$. 令

$$
\begin{aligned}
p_1 &= \mu - q_2 + F_2(e) + F_2(f),\\
p_2 &= \lambda - q_1 + F_1(e) + F_1(f),\\
r_2 &= -G_2(1) - q_1 + \mu - \delta_{2,F_2}(e,f),\\
r_1 &= -G_1(1) - q_2 + \lambda - \delta_{2,F_1}(e,f),
\end{aligned}
$$

得到 (12.3.3), 这里 $p_1, p_2, r_1, r_2 \in RC_l(RC_r(R))$. 将 (12.3.3) 代入 (12.3.2) 可得

$$p_1xy + p_2yx - xyr_1 - yxr_2 = 0 \tag{12.3.20}$$

对所有的 $x, y \in R$. 最后, 由 (12.3.20) 得到

$$p_1 + p_2 = r_1 + r_2 \in C_l(RC_r(R))$$

以及 $p_i[x, y] = [x, y]r_i$ 对所有的 $x, y \in R$, $i = 1, 2$. □

12.4　极大左 (右) 商环与三角环上交换化映射

设 R 是一个环. 令 $[a, b] = ab - ba$. 一个可加映射 $F : R \to R$ 称为交换化映射, 如果 $[F(x), x] = 0$ 对所有的 $x \in R$.

使用定理 12.3.1 和引理 12.2.1, 在无任何假设条件之下, 我们给出三角环上交换化映射的一种刻画.

定理 12.4.1　设 R 是一个三角环. 假设 $F : R \to R$ 是模 $Z(R)$ 可加的. 若 F 是交换化映射, 则存在 $\lambda \in C_l(RC_r(R))$, $q \in Q_l(RC_r(R))$, 以及一个映射 $\alpha : R \to C_l(RC_r(R))$ 使得

$$exfqe - fqexf \in C_l(RC_r(R)),$$

以及

$$F(x) = \lambda x + exfqe + \alpha(x)$$

对所有的 $x \in R$. 并且 $exfqexf = 0$ 对所有的 $x \in R$.

证明　考虑 F 是模 $Z(R)$ 可加的, 线性化 $[F(x), x] = 0$ 可得

$$F(x)y + F(y)x - xF(y) - yF(x) = 0$$

对所有的 $x, y \in R$. 根据定理 12.3.1 得到

$$\begin{aligned} F(x) &= xq_1 - p_1x + exfqe + \alpha_1(x), \\ -F(x) &= xr_1 - q_1x - exfpe - \alpha_2(x) \end{aligned} \tag{12.4.1}$$

对所有的 $x \in R$, 这里 $p, q \in Q_l(RC_r(R))$, $p_1, q_1, r_1 \in RC_l(RC_r(R))$, $\alpha_1, \alpha_2 : R \to C_l(RC_r(R))$ 且有

$$exfqe - fpexf \in C_l(RC_r(R))$$

对所有的 $x \in R$. 由 (12.4.1) 得到

$$x(q_1 + r_1) - (p_1 + q_1)x + exf(q - p)e \in C_l(RC_r(R))$$

对所有的 $x \in R$. 从而

$$x(q_1 + r_1) - (p_1 + q_1)x + exf(q - p)e \in C_l(RC_r(R))$$

对所有的 $x \in RC_r(R)$. 由于 $RC_r(R)$ 是一个三角环, 根据引理 12.2.1 可知

$$p_1 + q_1 \in C_l(RC_r(R)).$$

令 $c = p_1 + q_1$. 可从 (12.4.1) 得出

$$F(x) = q_1x + xq_1 - cx + exfqe + \alpha_1(x)$$

对所有的 $x \in R$. 由于 $[F(x), x] = 0$ 对所有的 $x \in R$, 有

$$[q_1x + xq_1 + exfqe, x] = 0 \tag{12.4.2}$$

对所有的 $x \in R$. 由于 $fRC_l(RC_r(R))e = 0$, 可见 $fq_1e = 0$. 在 (12.4.2) 中取 $x = e$ 可得 $eq_1f = 0$. 这样, $q_1 = eq_1e + fq_1f$.

任取 $r \in R$, 在 (12.4.2) 中取 $x = erf$ 可得, $erfqerf = 0$ 对所有的 $r \in R$. 再在 (12.4.2) 中取 $x = e + erf$ 得到

$$\begin{aligned}
0 &= [(eq_1e + fq_1f)(e + erf) + (e + erf)(eq_1e + fq_1f) + erfqe, e + erf] \\
&= [2eq_1e + eq_1erf + erfq_1f + erfqe, e + erf] \\
&= 2eq_1erf - eq_1erf - erfq_1f + erfqerf \\
&= eq_1erf - erfq_1f
\end{aligned}$$

对所有的 $r \in R$. 由此可见

$$eq_1erf = erfq_1f$$

对所有的 $r \in R$, 以及

$$eq_1e \cdot erf = erf \cdot fq_1f$$

对所有的 $r \in RC_r(R)$. 由扩展形心的结构知

$$q_1 = eq_1e + fq_1f \in C_l(RC_r(R)).$$

进而, $p_1 \in C_l(RC_r(R))$. 令 $\lambda = q_1 - p_1$ 与 $\alpha = \alpha_1$ 最后得到

$$F(x) = \lambda x + exfqe + \alpha(x)$$

对所有的 $x \in R$. □

作为定理 12.4.1 和引理 12.2.3 的一个推论, 我们有如下结论.

推论 12.4.1 设 S 是一个有 “1” 的环. $T_n(S)$ $(n \geqslant 2)$ 是 S 上的上三角矩阵环. 假设 $F : T_n(S) \to T_n(S)$ 是模 $Z(S) \cdot I_n$ 可加的. 若 F 是交换化映射, 则存在

$\lambda \in C_l(SC_r(S))\cdot I_n$, $q \in M_n(Q_l(SC_r(S)))$, 以及一个映射 $\alpha: T_n(S) \to C_l(SC_r(S))\cdot I_n$ 使得

$$exfqe - fqexf \in C_l(AC_r(S)) \cdot I_n$$

以及

$$F(x) = \lambda x + exfqe + \alpha(x)$$

对所有的 $x \in T_n(S)$. 并且 $exfqexf = 0$ 对所有的 $x \in T_n(S)$.

12.5 极大左 (右) 商环与三角环上广义内导子

设 $a, b \in R$. 一个映射 $g: R \to R$ 若具有形式

$$g(x) = ax + xb$$

对所有的 $x \in R$, 称 g 是一个广义内导子.

定义 12.5.1 一个双可加映射 $B: R \times R \to R$ 称为广义内双导子, 如果对每一个 $y \in R$, 映射 $x \mapsto B(x, y)$ 以及 $x \mapsto B(y, x)$ 都是广义内导子.

应用定理 12.3.1, 在无任何假设条件下给出三角环上广义内导子的一个刻画.

定理 12.5.1 设 R 是一个三角环. 假设 $G: R \times R \to R$ 是一个广义内双导子. 则存在 $q \in Q_l(RC_r(R))$, $p_1, p_2, q_1, q_2, r_1, r_2 \in RC_l(RC_r(R))$, 这里

$$p_1 + p_2 = r_1 + r_2 \in C_l(RC_r(R)),$$

以及 $p_i[x, y] = [x, y]r_i$, $i = 1, 2$, 使得

$$\begin{aligned} G(x, y) &= (p_2 y - y q_2)x + x(q_1 y - y r_1) + exfqeyf \\ &= (xq_1 - p_1 x)y + y(xr_2 - q_2 x) + exfqeyf \end{aligned}$$

对所有的 $x, y \in R$.

证明 由于 G 是一个广义双导子, 则存在 $g_1, g_2, g_3, g_4: R \to R$ 使得

$$G(x, y) = g_1(y)x + xg_2(y) = g_3(x)y + yg_4(x) \tag{12.5.1}$$

对所有的 $x, y \in R$. 从而

$$g_3(x)y - g_1(y) - xg_2(y) + yg_4(x) = 0$$

对所有的 $x, y \in R$. 根据定理 12.3.1 得, 存在 $p, q \in Q_l(RC_r(R))$, $p_1, p_2, q_1, q_2, r_1, r_2 \in RC_l(RC_r(R))$, $\alpha_1, \alpha_2: R \to C_l(RC_r(R))$ 使得

$$p_1 + p_2 = r_1 + r_2 \in C_l(RC_r(R)), \quad p_i[x, y] = [x, y]r_i$$

对所有的 $x, y \in R$, $i = 1, 2$. 并且

$$\begin{aligned} g_3(x) &= xq_1 - p_1x + exfqe + \alpha_1(x), \\ -g_1(x) &= xq_2 - p_2x + exfpe + \alpha_2(x), \\ g_4(x) &= -xr_2 - q_2x - exfqe - \alpha_1(x), \\ -g_2(x) &= xr_1 - q_1x - exfpe - \alpha_2(x), \end{aligned} \tag{12.5.2}$$

这里

$$exfqe - fpexf \in C_l(RC_r(R))$$

对所有的 $x \in R$. 注意到 $RC_r(R)$ 也是三角环. 使用引理 12.2.2, 可由 (12.5.1) 和 (12.5.2) 得到

$$\begin{aligned} G(x, y) &= (p_2y - yq_2)x + x(q_1y - yr_1) + exfqeyf \\ &= (xq_1 - p_1x)y + y(xr_2 - q_2x) + exfqeyf \end{aligned}$$

对所有的 $x, y \in R$. □

作为定理 12.5.1 和引理 12.2.3 的一个推论, 我们有如下结论.

推论 12.5.1 设 S 是一个有 "1" 的环. $T_n(S)$ $(n \geqslant 2)$ 是 S 上的上三角矩阵环. 假设 $G : T_n(S) \times T_n(S) \to T_n(S)$ 是一个广义内双导子. 则存在 $q \in M_n(Q_l(AC_r(S)))$, $p_1, p_2, q_1, q_2, r_1, r_2 \in T_n(AC_r(S))$, 这里

$$p_1 + p_2 = r_1 + r_2 \in C_l(AC_r(S)) \cdot I_n,$$

以及 $p_i[x, y] = [x, y]r_i$, $i = 1, 2$, 使得

$$\begin{aligned} G(x, y) &= (p_2y - yq_2)x + x(q_1y - yr_1) + exfqeyf \\ &= (xq_1 - p_1x)y + y(xr_2 - q_2x) + exfqeyf \end{aligned}$$

对所有的 $x, y \in T_n(S)$.

12.6 极大左商环与三角环上双导子

设 R 是一个环. 一个可加映射 $\varphi : R \times R \to R$ 称为双导子, 如果它在每一个变量上都是导子. 映射

$$\varphi(x, y) = \lambda[x, y]$$

对所有的 $x, y \in R$, 这里 $\lambda \in Z(R)$, 称为内双导子.

一个双可加映射 $\phi : R \times R \to R$ 称为极端双导子, 如果它具有形式

$$\phi(x, y) = [x, [y, a]]$$

对所有的 $x, y \in R$, 这里 $a \in R$ 与 $a \notin Z(R)$, 且 $[[R, R], a] = 0$.

引理 12.6.1([5, 推论 2.4])　设 $\varphi: R \times R \to R$ 是一个双导子. 则

$$D(x,y)[u,v] = [x,y]D(u,v)$$

对所有的 $x, y, u, v \in R$.

引理 12.6.2([6, 引理 4.2])　设 $\varphi: R \times R \to R$ 是一个双导子. 则

$$(\varphi(x,y) + \varphi(y,x))[A,A] = 0 = [A,A](\varphi(x,y) + \varphi(y,x))$$

对所有的 $x, y \in A$.

假设 A 与 B 是 $Q_l(R)$ 的两个子集. 令

$$C(A,B) = \{q \in A \mid qx = xq \text{ 对所有的 } x \in B\}.$$

特别地, $C_l(R) = C(Q_l(R), R)$ (参见性质 12.2.2).

下面的结果将在定理证明中使用.

引理 12.6.3　设 $R = eRe + eRf + fRf$ 是一个三角环. 假设 $\varphi: R \times R \to R$ 是一个双导子. 若 $x, y \in R$, $[x,y] = 0$, 则 $\varphi(x,y) = e\varphi(x,y)f$.

证明　由引理 12.6.1 得, 若 $[x,y] = 0$, 则

$$\varphi(x,y)[u,v] = 0$$

对所有的 $u, v \in R$. 取 $u = e$, $v = m$ 得

$$e\varphi(x,y)em = 0$$

对所有的 $m \in eRf$. 由于 eAf 是左忠实 eAe-模, 得到 $e\varphi(x,y)e = 0$. 由引理 12.6.1 得

$$[u,v]D(x,y) = 0$$

对所有的 $x, y, u, v \in R$. 类似地, 取 $u = e$, $v = m$ 得到 $f\varphi(x,y)f = 0$. 从而 $\varphi(x,y) = e\varphi(x,y)f$. □

引理 12.6.4　设 $\varphi: R \times R \to R$ 是一个双导子. 则

$$\varphi(eRf, R) \subseteq eRf \quad \text{以及} \quad \varphi(R, eRf) \subseteq eRf.$$

证明　对任意的 $x, y \in R$, 有

$$\begin{aligned}\varphi(exf, y) &= \varphi(e,y)exf + e\varphi(exf,y) \\ &= \varphi(e,y)exf + e\varphi(exf,y)f + exf\varphi(f,y).\end{aligned}$$

从而, $\varphi(exf, y) \in eRf$ 对所有的 $x, y \in R$. 类似地, 可得, $\varphi(x, eyf) \in eRf$ 对所有的 $x, y \in R$. □

下面结果可由双导子的定义得到, 我们省略它的证明过程.

引理 12.6.5 设 $R = eRe + eRf + fRf$ 是一个三角环. 设 $\varphi: R \times R \to R$ 是双导子. 则

(1) $\varphi(x,1) = 0 = \varphi(1,x)$,

(2) $\varphi(x,0) = 0 = \varphi(0,x)$,

(3) $\varphi(e,e) = -\varphi(e,f) = -\varphi(f,e) = \varphi(f,f)$,

对所有的 $x \in R$.

命题 12.6.1 设 $R = eRe + eRf + fRf$ 是一个三角环. 设 $\varphi: R \times R \to R$ 是一个双导子. 若 $\varphi(e,e) \neq 0$, 则

$$\varphi = \psi + \theta,$$

这里 $\psi(x,y) = [x,[y,\varphi(e,e)]]$ 是一个极端双导子, θ 是一个双导子, 且 $\theta(e,e) = 0$.

证明 由于 $[e,e] = 0$ 可由引理 12.6.3 得到

$$\varphi(e,e) = e\varphi(e,e)f.$$

这样, $\varphi(e,e) \notin Z(R)$. 使用引理 12.6.2 得到

$$\varphi(e,e)[x,y] = [e,e]\varphi(x,y) = 0,$$
$$[x,y]\varphi(e,e) = \varphi(x,y)[e,e] = 0$$

对所有的 $x,y \in R$. 从而

$$[[x,y],\varphi(e,e)] = 0$$

对所有的 $x,y \in R$. 由此可见

$$\psi(x,y) = [x,[y,\varphi(e,e)]]$$

是一个极端双导子. 并且

$$\begin{aligned}\psi(e,e) &= [e,[e,\varphi(e,e)]] = [e,[e,e\varphi(e,e)f]] \\ &= e\varphi(e,e)f = \varphi(e,e).\end{aligned}$$

令 $\theta = \varphi - \psi$. 则 θ 是一个双导子, 且 $\theta(e,e) = 0$. □

下面我们给出本节的主要结果.

定理 12.6.1 设 $R = eRe + eRf + fRf$ 是一个三角环. 假设下列条件成立:

(1) $C(fQ_l(R)f, fRf) = C_l(R)f$,

(2) $eRC_l(R)e$ 或者 $fRC_l(R)f$ 不包含非零中心理想.

则 R 的每一个双导子一定是一个极端双导子与一个内双导子之和.

证明　设 $\varphi: R \times R \to R$ 是一个双导子. 由命题 12.6.1, 不妨假设 $\varphi(e, e) = 0$. 下面证明

$$\varphi(x, y) = \lambda[x, y]$$

对所有的 $x, y \in R$, 这里, $\lambda \in C_l(R)$.

由于 φ 是双可加的, 得

$$\begin{aligned}\varphi(x,y) =& \varphi(exe + exf + fxf, eye + eyf + fyf) \\ =& \varphi(exe, eye) + \varphi(exe, eyf) + \varphi(exe, fyf) \\ &+ \varphi(exf, eye) + \varphi(exf, eyf) + \varphi(exf, fyf) \\ &+ \varphi(fxf, eye) + \varphi(fxf, eyf) + \varphi(fxf, fyf)\end{aligned} \tag{12.6.1}$$

对所有的 $x, y \in R$. 我们将证明分成若干步骤.

步骤 1　我们指出

$$\varphi(exe, fyf) = 0 = \varphi(fyf, exe) \tag{12.6.2}$$

对所有的 $x, y \in R$.

由于 $[exe, fyf] = 0$, 由引理 12.6.3 得

$$\varphi(exe, fyf) \in eRf.$$

根据引理 12.6.5 可知 $\varphi(e, f) = 0$. 从而

$$\begin{aligned}\varphi(exe, fyf) &= \varphi(exe, f)fyf + f\varphi(exe, fyf) \\ &= \varphi(exe, f)efyf + exe\varphi(e, f)fyf = 0\end{aligned}$$

对所有的 $x, y \in R$. 类似地, 可得, $\varphi(fyf, exe) = 0$ 对所有的 $x, y \in R$.

步骤 2　我们指出, 存在 $\alpha \in C_l(R)e$ 使得

$$\begin{aligned}\varphi(exe, eyf) &= -\varphi(eyf, exe) = \alpha exeyf, \\ \varphi(exf, fyf) &= -\varphi(fyf, exf) = \alpha exfyf\end{aligned} \tag{12.6.3}$$

对所有的 $x, y \in R$.

注意到 eR 是 R 的稠密左理想 (见性质 12.2.1). 根据引理 12.6.4, 定义 $\phi: eR \to eRf$ 如下

$$\phi(x) = \varphi(e, exf)$$

对所有的 $x \in eR$. 下面指出, ϕ 是一个左 R-模同态. 事实上

$$\phi(rx) = \varphi(e, erexf) = \varphi(e, ere)exf + r\varphi(e, exf) = r\phi(x)$$

对所有的 $x \in eR, r \in R$. 根据定义 12.1.3 可知, 存在 $q \in Q_l(R)$ 使得, $\phi(x) = xq$ 对所有的 $x \in eR$. 特别地, $\phi(e) = eq = 0$. 由此可见, $q = fq$. 这样, $\phi(x) = xfqf$ 对所有的 $x \in eR$. 对每一个 $r \in fRf$, 由步骤 1 得

$$\begin{aligned}\phi(xr) &= \varphi(e, exfr) \\ &= \varphi(e, exf)r + exf\varphi(e, r) \\ &= \varphi(e, exf)r = \phi(x)r\end{aligned}$$

对所有的 $x \in eR$. 即

$$xrfqf = xfqfr$$

对所有的 $x \in eR, r \in fRf$. 从而

$$eRf(rfqf - fqfr) = 0$$

对所有的 $r \in fRf$. 根据性质 12.2.1 得

$$rfqf = fqfr$$

对所有的 $r \in fRf$. 也就是

$$fqf \in C(fQ_l(R)f, fRf) = C_l(R)f.$$

令 $\alpha = \tau^{-1}(fqf)$. 这样

$$\varphi(e, exf) = \alpha exf$$

对所有的 $x \in R$. 类似地, 存在 $\beta \in C_l(R)e$ 使得

$$\varphi(exf, e) = \beta exf$$

对所有的 $x \in eR$.

下面指出

$$\varphi(e, exf) = \alpha exf = -\varphi(exf, e) \tag{12.6.4}$$

对所有的 $x \in R$. 我们只需指出, $\alpha+\beta = 0$. 由假设条件 (2), 我们不妨假设 $eRC(R)e$ 不包含非零中心理想. 根据引理 12.6.2 可得

$$\begin{aligned}0 &= [eRe, eRe](\varphi(e, exf) + \varphi(exf, e)) \\ &= [eRe, eRe](\alpha + \beta)exf\end{aligned}$$

对所有的 $x \in R$. 这样, 由性质 12.2.1 可知

$$(\alpha + \beta)[eRe, eRe] = 0.$$

从而

$$[(\alpha+\beta)eRC_l(R)e, eRC_l(R)e]=0.$$

因此, $(\alpha+\beta)eRC_l(R)e$ 是 $eRC_l(R)e$ 中的一个中心理想. 故有, $\alpha+\beta=0$.

由于

$$\varphi(e, exf)+\varphi(f, exf)=0 \quad 与 \quad \varphi(exf, e)+\varphi(exf, f)=0,$$

使用 (12.6.4) 得到

$$\varphi(exf, f)=\alpha exf=-\varphi(f, exf) \tag{12.6.5}$$

对所有的 $x\in R$. 由于 $\varphi(exe, eyf)\in eRf$ 对所有的 $x, y\in R$, 可从 (12.6.4) 得出

$$\begin{aligned}\varphi(exe, eyf)&=\varphi(exe, eyf)e+exe\varphi(e, eyf)\\&=\alpha exeyf\end{aligned}$$

对所有的 $x, y\in R$. 类似地, 使用 (12.6.4) 与 (12.6.5) 可得到 (12.6.3) 中的其余等式.

步骤 3　我们指出

$$\varphi(exe, eye)=\alpha[exe, eye] \quad 以及 \quad \varphi(fxf, fyf)=\tau(\alpha)[fxf, fyf] \tag{12.6.6}$$

对所有的 $x, y\in R$.

首先指出

$$\varphi(exe, e)=0=\varphi(e, eye)$$

对所有的 $x, y\in R$. 由于 $[exe, e]=0$, 由引理 12.6.3 得

$$\varphi(exe, e)\in eRf$$

对所有的 $x\in R$. 由此可见

$$\varphi(exe, e)=\varphi(exe, e)e+exe\varphi(e, e)=0$$

对所有的 $x\in R$. 类似地, 我们可得, $\varphi(e, eye)=0$ 对所有的 $x\in R$. 由于

$$\begin{aligned}\varphi(exe, eye)&=e\varphi(exe, eye)\\&=e\varphi(exe, eye)e,\end{aligned}$$

可得, $\varphi(exe, eye)\in eRe$ 对所有的 $x, y\in R$. 使用引理 12.6.1 加上 (12.6.4) 可得

$$\begin{aligned}\varphi(exe, eye)[e, ezf]&=[exe, eye]\varphi(e, ezf)\\&=\alpha[exe, eye]ezf\end{aligned}$$

对所有的 $x, y, z \in R$. 这样

$$(\varphi(exe, eye) - \alpha[exe, eye])eRf = 0$$

对所有的 $x, y \in R$. 根据性质 12.2.1 可知

$$\varphi(exe, eye) = \alpha[exe, eye]$$

对所有的 $x, y \in R$. 类似地, 可得

$$\varphi(fxf, fyf) \in fRf$$

以及

$$\begin{aligned}[e, ezf]\varphi(fxf, fyf) &= \varphi(e, ezf)[fxf, fyf] \\ &= \alpha ezf[fxf, fyf]\end{aligned}$$

对所有的 $x, y, z \in R$. 故有

$$eRf(\varphi(fxf, fyf) - \tau(\alpha)[fxf, fyf]) = 0.$$

这样, 由性质 12.2.1 可得

$$\varphi(fxf, fyf) = \tau(\alpha)[fxf, fyf]$$

对所有的 $x, y \in R$.

步骤 4 我们指出

$$\varphi(exf, eyf) = 0 \tag{12.6.7}$$

对所有的 $x, y \in R$.

由于 $[exf, eyf] = 0$, 由引理 12.6.4 得, $\varphi(exf, eyf) \in eRf$. 固定 $y \in R$. 定义 $\phi_y : eR \to R$ 如下

$$\phi_y(x) = \varphi(exf, eyf)$$

对所有的 $x \in eR$. 由于

$$\begin{aligned}\phi_y(rx) &= \varphi(rexf, eyf) \\ &= r\varphi(exf, eyf) + \varphi(r, eyf)exf \\ &= r\varphi(exf, eyf) = r\phi_y(x)\end{aligned}$$

对所有的 $x \in eR$, $r \in R$. 因此, ϕ_y 是一个左 R- 模同态. 根据定义 12.1.3 得, 存在 $q_y \in Q_l(R)$ 使得

$$\phi(x) = xq_y$$

对所有的 $x \in eR$. 特别地, $\phi(e) = eq_y = 0$. 这样, $q_y = fq_y$. 由此可见

$$\phi_y(x) = xfq_yf$$

对所有的 $x \in eR$. 任取 $r \in fRf$, 有

$$\begin{aligned}\phi_y(xr) &= \varphi(exfr, eyf) \\ &= \varphi(exf, eyf)r + exf\varphi(r, eyf)bn \\ &= \varphi(exf, eyf)r = \phi_y(x)r\end{aligned}$$

对所有的 $x \in eR$. 即

$$xrfq_yf = xfq_yfr$$

对所有的 $x \in eR, r \in fRf$. 从而

$$eRf(rfq_yf - fq_yfr) = 0$$

对所有的 $r \in fRf$. 由于 eR 是稠密左理想, 得到

$$rfq_yf = fq_yfr$$

对所有的 $r \in fRf$. 因此, $fq_yf \in C(fQ_l(R)f, fRf) = C_l(R)f$.

不妨假设 $eRC_l(R)e$ 不包含非零中心理想. 使用引理 12.6.4 可得

$$\begin{aligned}0 &= \varphi(exe, eye)[ex'f, ey'f] \\ &= [exe, eye]\varphi(ex'f, ey'f) \\ &= [exe, eye]ex'fq_{y'}f \\ &= [\tau^{-1}(fq_{y'}f)exe, eye]ex'f\end{aligned}$$

对所有的 $x, x', y, y' \in R$. 因此

$$[\tau^{-1}(fq_{y'}f)exe, eye] = 0$$

对所有的 $x, y, y' \in R$. 由此可见, $\tau^{-1}(fq_{y'}f)eRC_l(R)e$ 是 $eRC_l(R)e$ 的一个中心理想. 故有, $\tau^{-1}(fq_{y'}f) = 0$, 也就是, $fq_{y'}f = 0$ 对所有的 $y' \in R$. 因此

$$\varphi(exf, eyf) = exfq_yf = 0$$

对所有的 $x, y \in R$.

最后, 令 $\lambda = \alpha + \tau(\alpha) \in C_l(R)$. 把 (12.6.2)、(12.6.3)、(12.6.6), 以及 (12.6.7) 代入 (12.6.1) 中, 得到

$$\begin{aligned}\varphi(x,y) &= \alpha[exe,eye] + \alpha exeyf - \alpha eyexf + \alpha exfyf \\ &\quad - \alpha eyfxf + \tau(\alpha)[fxf,fyf] \\ &= \lambda[x,y]\end{aligned}$$

对所有的 $x,y \in R$. □

12.7 极大左商环与上三角矩阵环上双导子

作为定理 12.6.1 的一个推论, 我们有如下结论.

推论 12.7.1 设 S 是一个 "1" 的环. 设 $n \geqslant 3$. 则 $T_n(S)$ 上的每一个双导子一定是一个极端双导子与一个内双导子之和.

证明 令 $e = e_{11}$, $f = I_n - e_{11}$. 则 $T_n(S)$ 是一个三角环. 由性质 12.1.3 和引理 12.2.3 得

$$\begin{aligned}C(fQ_l(T_n(S))f, fT_n(S)f) &= C(fM_n(Q_l(S))f, fT_n(S)f) \\ &= C(M_{n-1}(Q_l(S)), T_{n-1}(S)) \\ &= C(Q_l(T_{n-1}(S)), T_{n-1}(S)) \\ &= C_l(T_{n-1}(S)) \\ &= C_l(S)\cdot f.\end{aligned}$$

此外, 由引理 12.2.3 得

$$\begin{aligned}fT_n(S)C_l(T_n(S))f &= fT_n(S)C_l(S)f \\ &= fT_n(SC_l(S))f \\ &= T_{n-1}(SC_l(S)).\end{aligned}$$

由于 $n-1 \geqslant 2$, 可见, $fT_n(S)C_l(T_n(S))f$ 不包含非零中心理想. 这样, 定理 12.6.1 的全部假设条件都成立. 则此结果可由定理 12.6.1 得到. □

12.8 注　　记

1956 年, Utumi 首先给出了环的极大左商环概念 (见文献 [7]). 有 "1" 环和半素环都存在极大左商环, 因此, 三角代数存在极大左商环. (半) 素环上映射问题研究早在 20 世纪 90 年代就已经普通使用了极大左商环方法 (文献 [2, 3, 8]). 证明了使用一个环的扩环的方法来研究映射问题是一种非常有效的研究方法.

三角代数的映射问题研究始于 2001 年 Cheung 的一篇论文 (见文献 [9]). 他在三个假设条件下给出了三角代数上交换化映射的刻画. 从那时起, 关于三角代数上映射问题的研究成果大量出现. 直到 2015 年, 人们才开始使用三角代数的极大左商环的方法来研究映射问题. 据本人所知, 目前已经有三篇论文使用了极大左商环方法研究了三角环上映射问题 (见文献 [10–12]). 其中, Eremita 在文献 [10] 中使用极大左商环方法在一个假设条件下重新给出了三角环上 2 个变量的函数恒等式一种刻画. 从而把原来结果中的三个假设条件减少为一个假设条件 (见文献 [13]). 作为推论, 他在一个假设条件下给出了三角环上交换化可加映射与广义双导子的刻画.

本章使用极大 (右) 左商环方法在无任何假设条件下给出了三角环上 2 个变量的函数恒等式一种刻画. 作为推论, 在无任何假设条件下给出了三角环上交换化可加映射与广义双导子的一种刻画. 特别地, 给出了任意上三角矩阵环上交换化可加映射的一种刻画. 从而改进了 Cheung 的经典结果以及 Eremita 的结果. 说明了极大左商环的方法确实是研究三角环上映射问题的一种有效方法. 此部分内容可见文献 [11].

2009 年, Benkovič 在多个假设条件下给出了三角代数上双导子的一个刻画 (见文献 [14]). 作为主要结果的推论, 他给出了一类特殊环上的上三角矩阵代数以及套代数上双导子的刻画.

本章使用极大左商环方法重新讨论了三角环上双导子的结构. 在两个具有极大左商环特征的假设条件下给出了三角环上双导子的一个刻画. 由于这两个具有极大左商环特征的假设条件在上三角矩阵环上是成立的, 因此作为推论, 在无任何假设条件下给出了阶大于 2 的上三角矩阵环上双导子的刻画. 从而改进了 Benkovič 的相应结果. 这又一次说明了在三角代数上映射问题研究中使用极大商环方法的可行性. 此部分内容见文献 [12].

需要说明的是, 使用极大左商环方法研究三角环上映射问题时, 为了在上三角矩阵环与套代数上获得更一般的推论, 就需要知道上三角矩阵环和套代数的极大左商环的结构. 上三角矩阵环的极大左商环结构已经清楚 (见文献 [4]), 据本人所知, 套代数的极大左商环的结构目前还没有研究成果出现.

参 考 文 献

[1] Beidar K I, Martindale W S, Mikhalev A. Rings with Generalized Identities. New York-Basel-Hong Kong: Marcel Dekker, 1996.

[2] Brešar M, Chebotar M A, Martindale W S. Functional Identities. Frontiers in Mathematics. Basel: Birkhäuser, 2007.

[3] Lee T K. Generalized derivations of left faithful rings. Comm. Algebra, 1999, 27: 4057-4073.

[4] Stenström B. The maximal ring of quotients of a triangular matrix ring. Math. Scand., 1974, 34: 162-166.

[5] Brešar M. On generalized biderivations and related maps. J. Algebra, 1995, 172: 764-786.

[6] Du Y Q, Wang Y. Biderivations of generalized matrix algebras. Linear Algebra Appl., 2013, 438: 483-4499.

[7] Utumi Y. On quotient rings. Osaka J. Math., 1956, 8: 1-18.

[8] Brešar M. Functional identities of degree two. J. Algebra, 1995, 172: 690-720.

[9] Cheung W S. Commuting maps of triangular algebras. J. London Math. Soc., 2001, 63:117-127.

[10] Eremita D. Functional identities of degree 2 in triangular rings revisited. Linear and Multilinear Algebra, 2015, 63: 534-553.

[11] Wang Y. Functional identities of degree 2 in arbitrary triangular rings. Linear Algebra Appl., 2015, 479: 171-184.

[12] Wang Y. Biderivations of triangular rings. Linear and Multilinear Algebra, 2016, 64: 1952-1959.

[13] Eremita D. Functional identities of degree 2 in triangular rings. Linear Algebra Appl., 2013, 438: 584-597.

[14] Benkovič D. Biderivations of triangular algebras. Linear Algebra Appl., 2009, 431: 1587-1602.

索　　引

T

Y

Z

其他